Das Elektrostahlverfahren

Ofenbau, Elektrotechnik, Metallurgie und Wirtschaftliches

Nach

F. T. Sisco

„The Manufacture of Electric Steel"

umgearbeitet und erweitert

von

Dr.-Ing. St. Kriz
Stahlwerksleiter im Stahlwerk Düsseldorf
Gebr. Böhler & Co. A.-G.

Mit 123 Textabbildungen

Berlin
Verlag von Julius Springer
1929

ISBN-13:978-3-642-89457-2 e-ISBN-13:978-3-642-91313-6
DOI: 10.1007/978-3-642-91313-6

Softcover reprint of the hardcover 1st edition 1929

Vorwort.

Das vorliegende Buch möchte als Versuch einer Einführung in die Kunst, einwandfreien Elektrostahl wirtschaftlich zu erschmelzen, gewertet werden. Dieser Zielsetzung gemäß kann sich der Inhalt nicht auf eine beschreibende Zusammenstellung der im Elektrostahlbetrieb verwendeten Öfen und Vorrichtungen beschränken, sondern muß darüber hinaus einen ausführlichen Einblick in das Arbeitsverfahren selbst und dessen metallurgische Grundlagen zu geben versuchen. Nun ist leider aus Gründen, auf die später noch zurückzukommen sein wird, sowohl das deutsche wie auch das ausländische Schrifttum außerordentlich arm an Beiträgen über die Metallurgie der Stahlschmelzverfahren. In besonderem Maße gilt diese Feststellung für das Elektrostahlschmelzen, das, bisher wenigstens, zum weitaus überwiegenden Teile von Elektrotechnikern, Ofenbauern und Hochschullehrern beschrieben worden ist. Dem Elektrostahlwerker können naturgemäß solche Bücher auf manche Frage keine Antwort und in mancher Betriebsschwierigkeit keinen Rat erteilen. Eine der bemerkenswertesten Ausnahmen auf diesem Gebiet bildet das Buch des Amerikaners Frank T. Sisco: The Manufacture of Electric Steel, in welchem auch die metallurgischen Grundlagen des Elektrostahlverfahrens in außerordentlich glücklicher Weise behandelt sind.

Es lag daher nahe und entsprach auch dem Wunsche des Verlegers und eigener Einsicht, das Hauptgerüst der stofflichen Gliederung und die Betrachtungsweise des genannten Buches in die vorliegende Arbeit zu übernehmen. In Anlehnung an das amerikanische Vorbild wird zuerst ein einleitender Überblick über die Entwicklung des Elektrostahlschmelzens gegeben, worauf die einzelnen Ofenbauarten mit ihren Vorzügen und Nachteilen beschrieben werden. Sodann wird eingehend die bauliche Gestaltung der Lichtbogenöfen und ihre elektrische Ausrüstung behandelt. Nach einem weiteren Abschnitt über die Energiewirtschaft des

Verfahrens gelangen die feuerfesten Baustoffe, die Einsatzstoffe und die Schlackenbildner zur Erörterung. Es folgt eine Übersicht über den allgemeinen Schmelzungsgang bei festem Einsatz, dann eine ins einzelne gehende Darstellung der Frisch- und Feinungsvorgänge bei basischer Schmelzungsführung. Weiterhin werden behandelt die Abarten des Einschmelzens, der Betrieb bei flüssigem Einsatz, die Besonderheiten bei verschiedenen Stahlsorten und das saure Schmelzverfahren. Ein Abschnitt über das Selbstkostenwesen in Elektrostahlwerken bildet den Abschluß.

Seinem Inhalte gemäß wendet sich das Buch vor allem an die angehenden und die bereits tätigen Elektrostahlwerker, also an jenen Kreis, dem die Aufgabe zugefallen ist, das von einer vorhergehenden Generation übernommene Verfahren metallurgisch und wirtschaftlich weiter fortzubilden. Ferner will es auch den Stahlwerkern und Metallurgen im allgemeinen behilflich sein, die Arbeitsweise, den Anwendungsbereich und die Zukunftsaussichten der einzelnen Stahlschmelzverfahren gegeneinander abzuwägen. Schließlich hoffe ich, daß auch die Abnehmer und Verbraucher von Elektrostahl, sowie die Lieferer von Strom, feuerfesten Baustoffen, Einsatzstoffen, Elektroden usw. mit Nutzen Hinweise aus den entsprechenden Abschnitten entnehmen können.

Im allgemeinen habe ich nicht davor zurückgescheut, auch gesetzlich geschützte Vorrichtungen und Arbeitsverfahren in den Kreis der Betrachtungen einzubeziehen. Der Entschluß dazu ist mir nicht immer leicht gefallen. Man wird aber zugeben müssen, daß ablehnende Urteile stets eine sachliche Begründung aufweisen und dadurch vielleicht mittelbar geeignet sind, Umbildungen und Verbesserungen anzuregen.

Was ich nicht erhoffen kann, ist das einmütige Einverständnis der Fachgenossen mit sämtlichen hier vertretenen Ansichten. Die Darlegung begründeter Einwendungen und abweichender Anschauungen würde jedoch dankbar begrüßt werden und sicherlich für die gemeinsame Sache förderlich sein; die Verlagsbuchhandlung ist gern bereit, die Übermittlung vorzunehmen.

Düsseldorf-Oberkassel, Dezember 1928.

Stephan Kriz.

Inhaltsverzeichnis.

I. Die Entwicklung des Elektrostahlverfahrens.

Einleitung.

Unter den Stahlgewinnungsverfahren der Gegenwart ist das Elektrostahlverfahren das jüngste; erst um die Jahrhundertwende trat es aus den Versuchsstätten in den gewerblichen Großbetrieb der Stahlwerke über. Prüft man heute, nach einer nunmehr fünfundzwanzigjährigen Entwicklung, den Stand der Elektrostahlerzeugung, so wird man zugeben müssen, daß sich in diesem verhältnismäßig kurzen Zeitraum der Elektrostahlofen neben dem Tiegelofen, der Birne und dem Martinofen einen gesicherten und beachtenswerten Platz erkämpft hat. Als Beleg mögen folgende Tatsachen dienen: Die Zahl der Elektrostahlöfen hat heute das erste Tausend überschritten; zu den ursprünglichen, weniger als eine Tonne fassenden Öfen sind solche mit einem Fassungsvermögen bis zu 60 t getreten (Abb. 1) und die jährliche Welterzeugung an Elektrostahl hat etwa 1000000 t erreicht. Wenn auch diese Zahl vorerst nicht mehr als etwa 2% der gesamten Stahlerzeugung ausmacht, so ist doch ihre wirtschaftliche Bedeutung weit höher als es dem reinen Mengenverhältnis entspricht; der genannte Betrag enthält nämlich einen erheblichen, vielleicht den überwiegenden Anteil der Edelstahlerzeugung der Welt.

Die Anfänge der Elektrostahlerzeugung.

Den ersten „Elektrostahl" erschmolz Wilhelm v. Siemens 1879 (Abb. 2) in einem kleinen Tiegel, zu dessen Beschickung ein Lichtbogen von einer Kohleelektrode übersprang. Seine Versuche hatten jedoch damals nur wissenschaftlichen Wert und kamen für eine Übertragung in die Großerzeugung nicht in Frage. Die elektrische Energie war noch zu teuer, um als Heizquelle für die Stahlerzeugung nutzbar gemacht werden zu können. Überdies war kurz zuvor das Siemens-Martinstahlverfahren erstanden, das eine wirtschaftliche Verwertung des stets steigenden Stahlschrottentfalls ermöglichte und dessen Vervollkommnung die Arbeit der Stahlwerker völlig in Anspruch nahm.

Es ist daher nicht verwunderlich, daß während der zwei Jahrzehnte von 1880 bis 1900 die Versuche, Stahl mittels Elektrizität

Abb. 1. Ansicht eines neuzeitlichen 30 t-Lichtbogenelektrostahlofens.

zu erschmelzen, völlig ruhten. Dennoch war dieser Zeitraum für die Entwicklung der Elektrometallurgie nicht ergebnislos. Der allmähliche Ausbau der Wasserkräfte und die Fortschritte im Maschinenbau setzten die Elektrotechnik in Stand, die Gestehungs- und Fortleitungskosten der elektrischen Energie nach und nach so weit herabzusetzen, daß für Aluminium, für Ferrolegierungen und für Kalziumkarbid die elektrothermische Gewinnung lohnend wurde und in stets steigendem Maße zur Anwendung kam. Die Metallurgen lernten bei diesen Verfahren die wertvollen Besonderheiten kennen, die den elektrischen Strom als Heizquelle auszeichnen: die hohe Intensität, die leichte Regelbarkeit und die chemische Indifferenz.

Um die Jahrhundertwende waren schließlich auch in der Stahlindustrie die Umstände für die Einführung des Elektroofens reif. Der um diese Zeit einsetzende erhebliche Bedarf des Maschinen-, Schiff- und Fahrzeugbaus sowie des Waffenwesens an hochwertigem Stahl schuf einen starken Anreiz, an Stelle des für diese Zwecke bis dahin fast ausschließlich verwendeten Tiegelstahles einen gleich guten, aber billigeren Stahl zu erschmelzen. So setzten denn in dem Jahrfünft von 1900 bis 1905 Stassano in Turin, Kjellin in Gysinge (Schweden) und Héroult in Remscheid einen Elektrostahlofen eigener Bauart in Betrieb. Es ist bemerkenswert, daß mit diesen ersten drei Öfen gleichzeitig die drei Grundformen vorweggenommen waren, von welchen die spätere Entwicklung aller Elektrostahlöfen ihren Ausgang genommen hat. Der Stassanoofen ist das Vorbild der Strahlungsöfen, bei welchen ein über der Beschickung freihängender Lichtbogen die Heizquelle bildet. Der Héroultofen ist der kennzeichnende Vertreter der unmittelbaren Lichtbogenöfen, bei welchen die Beschickung in den Elektrodenstromkreis eingeschaltet ist. Der Kjellinofen schließlich ist die Urform der

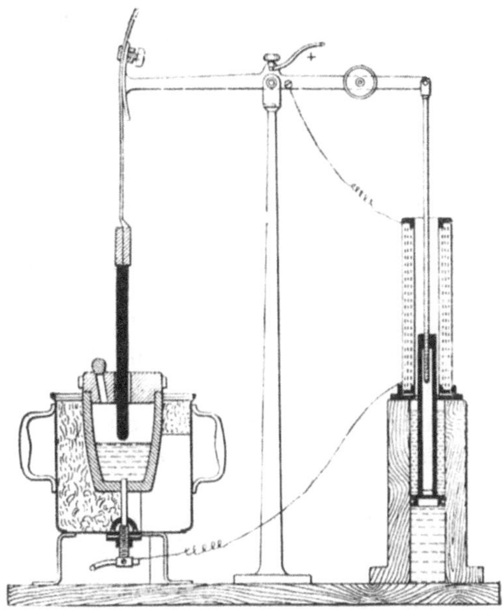

Abb. 2. Lichtbogenofen von Wilhelm v. Siemens. (Nach Wilhelm Siemens, Stahl u. Eisen 1881.)

Induktionsöfen, bei welchen die Umwandlung der elektrischen Energie in Wärme als Widerstandsheizung des Einsatzes vor sich geht.

Die gewerbliche Entwicklung der Elektrostahlerzeugung.

Auf der durch die eben genannten Vorkämpfer geschaffenen Grundlage setzte in dem nun folgenden Jahrzehnt bis zum Ausbruch des Weltkrieges eine rege Erfinder- und Forschertätigkeit ein. Es galt zuerst, die Öfen im Hinblick auf die hüttenmännischen Erfordernisse baulich durchzugestalten: Chaplet, Frick, Girod, Hiorth, Keller, Nathusius, Rennerfelt, Röchling-Rodenhauser, Snyder und andere traten mit ihren abgeänderten Bauarten auf den Plan. Weiterhin mußte zur Erzielung geringen Energieverbrauchs und damit niedriger Schmelzkosten die zweckmäßigste Stromart und Spannung erprobt und die elektrische Ofenausrüstung vervollkommnet werden: dieses neuen Arbeitsgebietes nahmen sich die führenden Elektrizitätsfirmen AEG, Bergmann, Brown-Boveri, Siemens und später in Amerika die General Electric Co. mit erfolgreichem Eifer an. Schließlich waren auch noch die metallurgischen Leitgedanken für die Schmelzungsführung des neuen Verfahrens auszuarbeiten; das Hauptverdienst, die hier dargebotenen Möglichkeiten zur Durchführung ganz neuer hüttenmännischer Arbeitsweisen erkannt und verwertet zu haben, gebührt insbesondere den Mitarbeitern Lindenbergs, Thallner und Eichhoff.

Mitten in diese stetige Fortentwicklung brach der Weltkrieg mit seinen ungeheueren Anforderungen an die Stahlerzeuger aller Länder ein. Dem Elektrostahlofen fiel dabei die Aufgabe zu, jene Stähle zu erschmelzen, deren einwandfreie Herstellung im Martinofen zu schwierig und im Tiegelofen zu kostspielig und zeitraubend gewesen wäre. Allerorts entstanden neue Elektroofenanlagen, um der stürmischen Nachfrage nach Geschoß-, Geschütz- und Panzerstahl zu genügen. Die Welterzeugung an Elektrostahl wuchs dementsprechend sprunghaft von 170000 t im Jahre 1913 auf 1150000 t im Jahre 1918 an. Leider hielt aber die metallurgische Durchbildung des Verfahrens mit der mengenmäßigen Entwicklung nicht gleichen Schritt. Im Gegenteil, die Hast und Unruhe der Kriegsarbeit verdarb die etwa noch vorhandene gute Überlieferung der Vorkriegszeit und stellte plötzlich und unvorbereitet eine Generation von Stahlwerkern an den Elektroofen, die durch die Macht der Verhältnisse allmählich und unwillkürlich dazu erzogen wurde, in ihm einen Apparat zu sehen, der sozusagen selbsttätig aus Sammelschrott, Drehspänen und altem Geschirr den feinsten Stahl hervorbrachte.

Diese ungünstige Wendung in der Entwicklung des Elektrostahlverfahrens wurde durch einen weiteren Umstand verschärft. In den angelsächsischen Ländern hatte bis zum Kriegsausbruch das Elektrostahlverfahren noch nicht recht Fuß fassen können. Die Bedürfnisse der Kriegsführung verlangten jedoch auch dort die plötzliche Aufstellung zahlreicher Elektroofenanlagen. Da auf die Erfahrungen Deutschlands und Österreichs gar nicht und auf diejenigen Frankreichs nur in sehr beschränktem Maße zurückgegriffen werden konnte, entstanden in Amerika und England zahlreiche neue Bauarten, Booth-Hall, Greaves-Etchells, Grönwall-Dixon, Ludlum, Moore, Webb und andere, deren überstürzte Einführung naturgemäß das Auftreten mancher anderswo bereits überwundener Betriebsschwierigkeiten mit sich brachte.

Die eben geschilderte Sachlage läßt es begreiflich erscheinen, daß nach der Wiederherstellung einer einigermaßen ausgeglichenen Erzeugungsgrundlage unvermeidlich ein Rückschlag kommen mußte. Dieser trat denn auch gegen das Jahr 1920, als der allgemeine Stahlhunger der ersten Nachkriegsjahre einigermaßen befriedigt war, in mehr oder minder ausgeprägtem Maße in allen elektrostahlerzeugenden Ländern ein. Am fühlbarsten wurden wohl Amerika, England und Italien betroffen, wo ja auch die Entwicklung am stürmischsten vor sich gegangen war. Die Minderwertigkeit erheblicher Mengen bis zu diesem Zeitpunkt gelieferten Elektrostahles hatte vielerorts in den Verbraucherkreisen ein solches Mißtrauen entstehen lassen, daß die Bezeichnung „Elektrostahl" fast zu einem die Verkaufsmöglichkeit ausschließenden Entwertungsstempel wurde.

Erst im Laufe des vergangenen Jahrfünfts gelang es den Elektrostahlwerkern, durch Anknüpfung an die qualitative Entwicklung der Vorkriegszeit die metallurgische Überlegenheit des Elektrostahlverfahrens über das Siemens-Martinverfahren allmählich wieder zur Geltung zu bringen. Bei dieser Arbeit standen sie ganz allein auf dem Plan. Die gewerblichen und rein wissenschaftlichen Forschungsstätten haben nämlich während der letzten beiden Jahrzehnte ihre Aufgabe ausschließlich darin erblickt, das Verhalten der Stähle im festen Zustand möglichst umfassend zu untersuchen; den Fragen, die mit den Umsetzungen im flüssigen Stahle verknüpft sind, sind sie leider aus dem Wege gegangen. Erst in neuester Zeit ist hierin ein gewisser Wandel eingetreten, der den Stahlwerker hoffen läßt, auch in metallurgischer Beziehung die Unterstützung zu finden, die er beispielsweise bei der wärmetechnischen Durchgestaltung seiner Öfen und Verfahren gern und dankbar in Anspruch genommen hat.

Der Hauptinhalt dieses Buches soll der Aufgabe gewidmet sein, zu zeigen, auf welche Weise der Elektrostahlwerker sein Ziel erreicht hat. Daß er es erreicht hat und daß der Tiefstand der Elektrostahlerzeugung wieder überschritten ist, läßt nachstehende Zahlentafel 1 erkennen.

Zahlentafel 1. Welterzeugung an Elektrostahl (Blöcken u. Formguß).

Land	Erzeugung in t					Anteil in % der Welterzeugung	
	1913	1918	1924	1925	1926	1913	1925
Ver. St. v. Am.	30200	511400	432500[1]	615500	662100	17,8	53,6
Italien	—	52800	142600	~186000	?	—	16,2
Deutschland	88900	240000	80000	~125000	~78000[2]	52,3	10,9
Frankreich	21100	52200	65600	82500	83500	12,5	7,2
England	—	115400	64500	64100	~62000	—	5,6
Schweden	2300	13100	37600	42600	~42000	1,3	3,7
Japan	—	4300	12000	14000	?	—	1,2
Kanada	500	119100	6200	9900	?	0,3	0,9
Belgien	—	—	7900	~8000	~12000	—	0,7
Österreich-Ungarn	26900	41200	?	?	?	15,8	?
Insgesamt:	169900	1149500	~848900	1147600	?	100,0	100,0

Der jetzige Stand und die Zukunftsaussichten.

Im Kreise der Stahlgewinnungsverfahren hat sich der Elektroofen an der Grenze zwischen Tiegel- und Martinofen eingeschoben; seine zukünftige Bedeutung wird von dem Gebietsumfang ab-

[1] 1922 nur 346000 t. [2] 1927 etwa 170000 t.

hängen, den er seinen beiden Nachbarn wird streitig machen können.

Gegenüber dem Tiegelofen ist er unleugbar Sieger geblieben und hat die Erzeugung der weitaus größten Menge an legiertem und unlegiertem Werkzeugstahl an sich gerissen. Sowohl in Europa wie in Amerika wird allmählich ein Tiegelofen nach dem andern abgestellt, und sicherlich wäre das Ende dieses Aussterbevorganges bereits heute erreicht, wenn nicht manche Tiegelstähle sich doch noch einen Rest von Überlegenheit über den Elektrostahl bewahrt hätten. Auf welchen Umständen dieser Gütevorsprung beruht, soll in diesem Buche noch dargelegt werden; daß er wirklich besteht und auch willig anerkannt wird, beweist der höhere Preis, den die Verbraucher vielfach für Tiegelstahl gegenüber Elektrostahl gleicher Zusammensetzung anlegen.

Im Gegensatz zum Tiegelofen hat sich der Martinofen im allgemeinen dem Elektroofen gegenüber gut behauptet und hat sogar Gebiete zurückzugewinnen vermocht, die ursprünglich dem letzteren vorbehalten schienen. Bei der Erzeugung von gewöhnlicher Handelsware — Schienen, Formeisen, Blechen usw. — kann ja der Elektroofen nur dort erfolgreich mit dem Martinofen in Wettbewerb treten, wo sehr niedrige Stromkosten hohen Preisen anderer Heizquellen (Kohle, Öl, Gas) gegenüberstehen. Aber auch bei der Erzeugung unlegierter und niedrig legierter Baustähle hat die Verbesserung des metallurgischen Arbeitens im Martinofenbetrieb dazu geführt, daß diese Stähle heute vielfach in durchaus ausreichender Güte statt im Elektroofen in großen Martinöfen erschmolzen werden. Sogar die Erschmelzung der billigeren Werkzeugstähle bleibt dem Elektroofen nicht unbestritten, da hier insbesondere der sauer zugestellte Martinofen in steigendem Maß herangezogen wird. Zur Veranschaulichung dieser Verhältnisse sei nachstehend der Anteil angeführt, der beispielsweise in den Vereinigten Staaten im Jahre 1925 den einzelnen Schmelzverfahren bei der Erzeugung legierter Stähle und legierten Stahlformgusses zukam. An der Herstellung dieser Stahlsorten war der Martinofen mit 88%, der Elektroofen mit 9%, der Kleinkonverter mit 3% und der Tiegelofen mit weniger als 1% beteiligt. Wenn auch die Amerikaner die Bezeichnung „legierter Stahl“ freigebiger anwenden als es in Deutschland üblich ist, so lassen doch die angeführten Zahlen keinen Zweifel darüber bestehen, daß auf diesem Gebiet der Martinofen den Elektroofen in die Verteidigungsstellung gedrängt hat.

Nur bei der Erzeugung von gewöhnlichem Stahlformguß setzt sich der Elektroofen allmählich stärker durch, da hier eine Reihe günstiger Umstände seine Wettbewerbsfähigkeit gegenüber dem Martinofen erheblich verbessert. Als solche sind zu nennen: niedrigere Anlagekosten, bessere Anpassungsfähigkeit an unterbrochenen Betrieb, geringere Einsatzkosten durch Wegfall des Stahleisens und Möglichkeit der nachträglichen Entschwefelung, leichte Umstellung von Stahlguß- auf Graugußerschmelzung, sowie schließlich besseres Ausbringen bei dünnwandigem und sperrigem Guß infolge wesentlich erleichterter Überhitzungsmöglichkeit.

II. Die Lichtbogenöfen.

Allgemeines.

In der Entwicklungsgeschichte der gewerblichen Verfahren beherrschen anfangs meist bauliche Fragen das Feld; erst später, wenn sich aus der ursprünglichen Vielheit der Formen einige wenige bewährte Regelbauarten herausgestaltet haben, tritt die technische und wirtschaftliche Vervollkommnung des Arbeitsganges selbst in den Vordergrund. Von dieser Regel hat auch das Elektrostahlverfahren keine Ausnahme gemacht. Das erste Jahrzehnt seiner Entwicklung war fast ausschließlich mit Auseinandersetzungen zwischen den Ofenerbauern angefüllt, von denen fast jeder die baulichen und elektrischen Eigenheiten gerade seines Ofens als unerläßliche Voraussetzungen für den Betriebserfolg hinstellte. Die vorhandenen Unterschiede waren aber nur zum Teil von wesentlicher Bedeutung; vielmehr entsprang ihre Verfechtung und Beibehaltung oft nur dem an sich verständlichen Bestreben, patentfähige Merkmale für einen gesetzlichen Schutz zu schaffen.

Die allmählich einsetzende Auslese unter den einander gegenüberstehenden Bauarten wurde leider durch den Krieg in ihrem natürlichen Ablauf unterbrochen. Nach Kriegsende jedoch machte die Angleichung der verschiedenen Ofenarten, begünstigt durch das Erlöschen grundlegender Patente, so rasche Fortschritte, daß heute die Frage der Bauart im wesentlichen als geklärt angesehen werden kann.

Demgemäß braucht an dieser Stelle nur eine gedrängte Übersicht über die besonderen Merkmale der zu gewerblicher Bedeutung gelangten Öfen gegeben zu werden; die ausführliche Darlegung der allgemeingültigen baulichen, elektrischen, metallurgischen und wirtschaftlichen Verhältnisse soll den Inhalt der übrigen Abschnitte dieses Buches bilden.

Sämtliche Bauarten lassen sich in die beiden großen Gruppen der Lichtbogenöfen und der Induktionsöfen eingliedern. Die Lichtbogenöfen sind entweder mittelbar oder unmittelbar beheizte Öfen; bei letzteren stellt die fehlende oder vorhandene

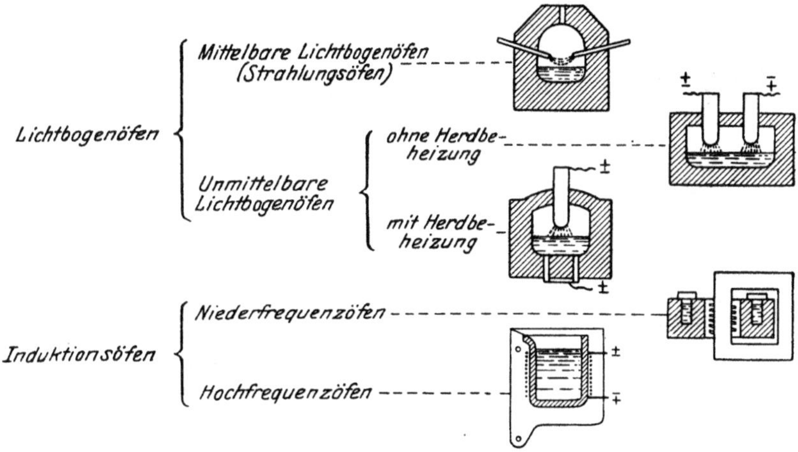

Abb. 3. Die Bauarten der Elektrostahlöfen.

Herdbeheizung ein weiteres Unterscheidungsmerkmal dar. Die Induktionsöfen lassen sich je nach der Wechselzahl des verwendeten Stromes in Niederfrequenz- und Hochfrequenzöfen einteilen. Abb. 3 veranschaulicht die allgemeine Gliederung in übersichtlicher Weise.

Der Vollständigkeit halber sei nachstehend eine kurze Zusammenstellung der bekannteren Firmen gegeben, welche sich in Deutschland dem Bau von Elektrostahlöfen widmen; soweit tunlich, sind gleichzeitig die Mitarbeiter für den elektrischen Teil der Ofenanlagen angeführt.

Übersicht über die Elektrostahlofen-Baufirmen in Deutschland.

Name	Sitz	Ofenbauarten	Mitarbeiter für den elektrischen Teil
Bonner Maschinenfabr. Mönkemöller	Bonn	Strahlungsöfen	
Dameg (Deutsch-Amer. Elektroofengesellschaft)	Berlin	Unmittelbare Lichtbogenöfen	Bergmann
Demag	Duisburg	Strahlungsöfen, unmittelbare Lichtbogenöfen	AEG.
Elektrostahl G. m. b. H.	Baden-Baden	Strahlungsöfen, unmittelbare Lichtbogenöfen	Brown-Broveri
Gesellschaft f. Elektrostahlanlagen (Gesta)	Berlin-Siemensstadt	Strahlungsöfen, unmittelbare Lichtbogenöfen, Niederfrequenz-Induktionsöfen	Siemens
Hirsch, Kupfer- u. Messingwerke A. G.	Eberswalde	Strahlungsöfen, unmittelbare Lichtbogenöfen, Hochfrequenz-Induktionsöfen	
Lorenz A. G.	Berlin-Tempelhof	Hochfrequenz-Induktionsöfen	
Maschinenbauanstalt Humboldt	Köln-Kalk	Unmittelbare Lichtbogenöfen	

Die Lichtbogenbeheizung.

Die Lichtbogenbeheizung, die eine der beiden Hauptarten elektrischer Schmelzofenbeheizung, beruht auf der im Lichtbogen erfolgenden Umformung elektrischer Energie in Wärme. Als Stromart wird ein- oder mehrphasiger Wechselstrom beliebiger Periodenzahl, hoher Stromstärke und niedriger Spannung benutzt. Wenn, wie es die Regel darstellt, der Ofen aus einem Werks- oder Überlandnetz hoher Spannung gespeist wird, so geschieht die Umwandlung auf die zwischen 80 und 200 Volt liegende Ofenspannung mittels ruhender Transformatoren. Als Träger für die Lichtbögen dienen, wie bei den elektrischen Bogenlampen, starke Kohlestifte, die Elektroden, die schräg oder senkrecht in das Ofengefäß eingeführt werden.

Bei schräger Elektrodenstellung treten die Lichtbögen, ohne das Stahlbad und die darüber liegende Schlackenschicht zu berühren, zwischen den einander genäherten Elektrodenspitzen selbst über. Man spricht in diesem Falle von mittelbaren Lichtbogenöfen oder Strahlungsöfen, weil die Hitze des Lichtbogens mittelbar durch Strahlung an das Beschickungsgut übertragen wird.

Bei senkrecht eingeführten Elektroden bilden sich die Lichtbögen zwischen den Elektroden und dem Einsatz aus; Stahlbad und Schlacke sind also in den Stromweg eingeschaltet. Der durch den Widerstand der Schlacke und des Metalls in Wärme umgesetzte Teil der elektrischen Energie ist freilich sehr geringfügig, und nach wie vor wird der weitaus überwiegende Teil durch die strahlende Wärme des Lichtbogens übertragen. Nichtsdestoweniger bezeichnet man diese Öfen nicht mehr als Strahlungsöfen, sondern als unmittelbare oder reine Lichtbogenöfen.

Bei den unmittelbaren Lichtbogenöfen unterscheidet man noch als besondere Untergruppe die Öfen mit Herdbeheizung; bei diesen wird der Strom zum Teil oder zur Gänze gezwungen, seinen Weg von der Beschickung durch den Ofenherd zu nehmen. Der sich dem Stromdurchgang entgegenstellende Widerstand des Bodens bewirkt eine entsprechende Umwandlung in Wärme, die sich dem im Lichtbogen umgesetzten Betrag hinzufügt.

Die Besonderheiten der Strahlungsöfen.

Bei den Strahlungsöfen kommt, wie eben erwähnt, der Lichtbogen nicht in unmittelbare Berührung mit der Beschickung, sondern wird oberhalb derselben zwischen geneigten oder wagerechten Elektroden freischwebend ausgezogen. Die senkrechte Einführung der Elektroden verbietet sich bei dieser Beheizungsart; bei parallelen Elektroden könnten die an der Spitze gebildeten Lichtbögen sich nämlich beliebig weit aufwärts bis unmittelbar unter das Gewölbe fortsetzen.

Das Ofenfutter wird bei den Strahlungsöfen stark auf Abschmelzen beansprucht, da nicht nur beim Feinen des flüssigen Bades, sondern auch beim Einschmelzen des festen Einsatzes der Lichtbogen stets frei über der Beschickung schwebt und ohne Abschirmung an die Seitenwände und das Gewölbe ausstrahlt. Aus diesem Grunde benutzt man als Baustoff für die Ofenausfütterung meist den widerstandsfähigeren Magnesit an Stelle des weniger haltbaren Dolomits. Auch legt man den Lichtbogen so nahe an das Bad, daß gerade noch eine Berührung der Elektroden beim Aufwallen des flüssigen Stahls vermieden wird; die Entfernung zum Ofengewölbe hingegen wird möglichst groß bemessen.

Die Strahlungsöfen werden, je nach ihrer Größe, mit Spannungen von 80 bis 130 Volt betrieben. Der Ofentransformator ist meist so eingerichtet, daß er innerhalb dieser Grenzen zwei verschiedene Spannungen abzugeben vermag. Unmittelbar nach dem Beschicken mit festem Einsatz benutzt man die höhere Spannungsstufe; in dem Maße, wie die Ofenatmosphäre heißer und dadurch besser leitend wird, wächst bei gleichem Elektrodenabstand die durchfließende Strommenge und infolgedessen auch der in Wärme umgesetzte Energiebetrag. Da jedoch mit fortschreitender Verflüssigung des Einsatzes der Wärmebedarf des Ofens geringer wird, muß die Lichtbogenenergie herabgesetzt werden. Hätte man nur eine einzige Spannung zur Verfügung, so könnte man dieses Ziel nur durch Erhöhung des Lichtbogenwiderstandes, also durch Verlängerung des Lichtbogens erreichen; man würde aber damit die zerstörende Einwirkung auf das Ofenfutter verstärken. Durch Umschalten auf eine niedrigere Spannungsstufe kann man die Lichtbogenenergie verringern, ohne den Lichtbogen verlängern zu müssen.

Übrigens wird, wenn die Ofenwände auf volle Hitze gekommen sind, die elektrische Energie nicht mehr ausschließlich im Lichtbogen umgesetzt. Bei hohen Temperaturen beginnen nämlich Magnesit und Dolomit, die in der Kälte Nichtleiter sind, in steigendem Maße stromleitend zu werden. An den Eintrittsstellen der Elektroden in den Ofenraum fließt alsdann ein Teil des Stromes in die Ofenwand über und wirkt dort durch Widerstandsbeheizung.

Die Elektrodenanzahl pflegt sich nach der verwendeten

Stromart zu richten. Bei Ein- oder Zweiphasenwechselstrom benutzt man meist zwei, bei Drehstrom drei Elektroden. Durch besondere, später zu erörternde Maßnahmen kann man sich freilich in der Elektrodenzahl von der Phasenzahl des Stromes weitgehend unabhängig machen.

Die Strahlungsöfen haben ihre Hauptanwendung als Betriebsschmelzöfen in kleinen Stahlformgießereien und als Versuchsschmelzöfen in Edelstahlwerken gefunden. Ofeneinheiten über 2 bis 3 t Fassung werden kaum gebaut, da bei größeren Elektrodendurchmessern die in den geneigten Elektroden auftretenden Biegungsbeanspruchungen leicht zu Elektrodenbrüchen führen. Innerhalb ihres Verbreitungsgebietes bewähren sich die Strahlungsöfen besonders dort, wo ein Anschluß an empfindliche und wenig leistungsfähige Stromnetze in Frage kommt. Die Lichtbögen brennen sehr ruhig, da das Beschickungsgut mit seinem stetig veränderlichen Widerstand nicht im Stromweg liegt. Die gleichmäßige und fast stoßfreie Stromentnahme gestattet den Verzicht auf die bei den unmittelbaren Lichtbogenöfen unentbehrlichen selbsttätigen Elektrodenregler; dieser Umstand bringt eine nicht unerhebliche Verringerung der Anlagekosten und eine merkliche Vereinfachung des Betriebes mit sich.

Die Bauarten der Strahlungsöfen.

Die beiden Bauarten, die bei der Entwicklung der Strahlungsöfen eine gewisse Rolle gespielt haben, sind der Stassano-Ofen und der Rennerfelt-Ofen.

Der Stassano-Ofen, nach dem Italiener Stassano benannt, ist einer der ältesten Elektrostahlöfen. Ursprünglich war das Ofengefäß auf einer schiefen Ebene um eine senkrechte Achse drehbar angeordnet, weil man nur auf diese Weise eine genügende Durchmischung der einzelnen Badschichten erzielen zu können glaubte. Die Drehbewegung machte zur Stromabgabe an den Ofen Schleifbürsten erforderlich, die bei den hohen Stromstärken ständig Anlaß zu Betriebsstörungen gaben. Die Bonner Maschinenfabrik Mönkemöller gestaltete deshalb später, als die Betriebserfahrungen die Überflüssigkeit der Drehbewegung dargelegt hatten, den Ofen in die heute allgemein benutzte Form eines Kippofens um. (Bonner oder Mönkemöller-Ofen).

Einen schematischen Schnitt durch den Bonner Ofen zeigt Abb. 4, eine Ansicht des Ofens Abb. 5.

Die seitlichen Elektrodeneintrittsöffnungen sind als doppelwandige, wassergekühlte Zylinder ausgebildet; die Elektrodenverstellung geschieht von Hand oder mittels wasserdruckbewegter Kolben. Die Verteilung der Elektroden auf den Ofenumfang richtet sich nach ihrer Stückzahl: drei Elektroden sind um 120°, zwei um 180° gegeneinander versetzt angeordnet.

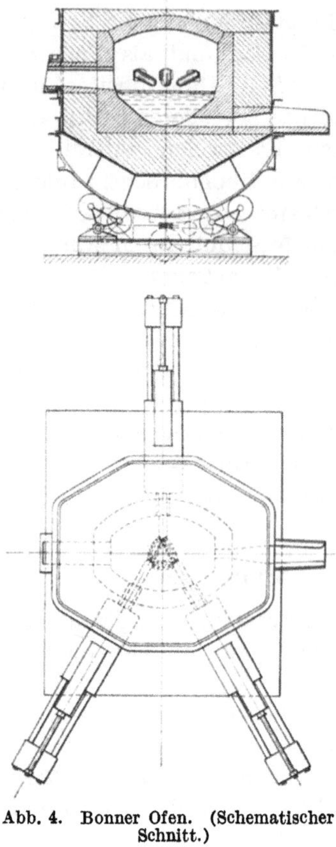

Abb. 4. Bonner Ofen. (Schematischer Schnitt.)

Der Rennerfelt-Ofen, nach dem schwedischen Ingenieur Rennerfelt benannt, ist ein zylindrischer, um eine wagerechte Achse auf Rollen drehbarer Strahlungsofen. Seine Elektrodenanordnung ist, wie Abb. 6 zeigt, von der des Stassano-Ofens verschieden. Zwei Elektroden werden seitlich wagerecht in den Ofen eingeführt; eine dritte Elektrode, die senkrecht von oben zwischen die Spitzen der beiden übrigen eintritt, gibt dem Lichtbogen eine Krümmung auf das Schmelzbad zu. Der Ofen kann sowohl mit Einphasenwechselstrom wie auch mit Drehstrom betrieben werden; im letzteren Falle kommt meist die später zu besprechende Scottsche Schaltung zur Anwendung. Die Mittelelektrode führt, elektrischer Gesetzmäßigkeiten halber, einen $\sqrt{2}$fach stärkeren Strom als die beiden Seitenelektroden; infolgedessen weist sie gegenüber diesen den $\sqrt{2}$fachen Querschnitt, das heißt, den 1,2fachen Durchmesser auf.

Die Beschränkung der Ofengröße infolge der auf die wagerechten Elektroden wirkenden Biegungsbeanspruchungen gilt für den Rennerfelt-Ofen in gleicher Weise wie für die übrigen Strahlungsöfen. Rennerfelt hat zwar größere Ofeneinheiten durch

Abb. 5. 3 t-Bonner Ofen.

einfaches Aneinanderreihen mehrerer Elektrodensysteme in einem einzigen Ofengefäß (Multipel-Ofen) gestaltet; wenn auch dieser

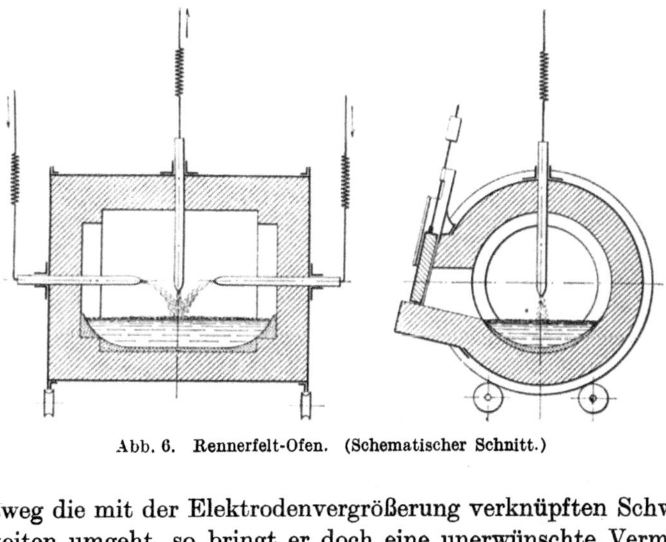

Abb. 6. Rennerfelt-Ofen. (Schematischer Schnitt.)

Ausweg die mit der Elektrodenvergrößerung verknüpften Schwierigkeiten umgeht, so bringt er doch eine unerwünschte Vermehrung der Elektrodeneintrittsstellen mit sich.

Übrigens ist man mancherorts dazu übergegangen, die seitlichen Elektroden ebenfalls senkrecht durch das Gewölbe einzuführen und den Ofen als unmittelbaren Lichtbogenofen zu betreiben.

Rennerfelt-Öfen sind in schwedischen und englischen Stahlwerksbetrieben mehrfach anzutreffen; ihre Hauptverbreitung

Abb. 7. 250 kg-Strahlungsofen der Demag.

haben sie jedoch in Schmelzbetrieben für Kupfer und andere Nichteisenmetalle gefunden.

Die neuzeitlichen Strahlungsöfen der Demag, Gesta, Hirsch, Kupfer- und Messingwerke usw. unterscheiden sich von den eben angeführten Ofenarten durch die vereinfachte Einführung der Elektroden in das Ofeninnere. Die Abb. 7 und

Abb. 8 zeigen derartige Öfen mit Elektrodeneintritt durch das Gewölbe.

Abb. 8. 500 kg-Strahlungsofen der Hirsch, Kupfer- u. Messingwerke.

Die Besonderheiten der unmittelbaren Lichtbogenöfen.

In den unmittelbaren Lichtbogenöfen werden die Lichtbögen nicht zwischen den Elektrodenspitzen selbst, sondern zwischen Elektroden und Einsatz gebildet; der feste Schrott oder das flüssige Bad mitsamt seiner Schlackendecke sind also in den Stromweg eingeschaltet. Als Lichtbogenträger dienen senkrecht durch das Ofengewölbe eingeführte Elektroden, deren Anzahl sich nach der Stromart, der Schaltungsweise und der Ofengröße richtet. Öfen mit einem Einsatzgewicht unter 3 t sind meist mit zwei oder drei, solche mit 3 bis 30 t Fassung fast ausschließlich mit drei Elektroden ausgerüstet. Die ganz vereinzelt mit einem noch größeren

Fassungsvermögen gebauten Öfen weisen bis zu acht Elektroden auf.

Die senkrechte Elektrodeneinführung und die Einbeziehung der Beschickung in den Stromkreis sind die beiden Umstände, welche die Entwicklung der unmittelbaren Lichtbogenöfen am nachhaltigsten beeinflußt haben. Die Elektroden sind nur mehr während der kurzen Zeit des Ofenkippens schädlichen Biegungsbeanspruchungen ausgesetzt; infolgedessen können ohne Gefahr dickere Elektroden verwendet werden, womit gegenüber den Strahlungsöfen einer der Gesichtspunkte für die Beschränkung der Ofenfassung wegfällt. Außerdem übernehmen die Elektroden eine gewisse Abschirmung des Ofengewölbes gegen die Lichtbogenstrahlung und erhöhen dadurch mittelbar die Haltbarkeit dieses empfindlichsten Teiles der feuerfesten Ofenzustellung.

In elektrischer Beziehung ist die Einschaltung der Beschickung in den Stromweg zunächst mit einer Erschwerung des Ofenbetriebes verknüpft gewesen, da namentlich beim Einschmelzen von festem Einsatz heftige Stromstöße auftreten können. Bei den Strahlungsöfen ist der den Lichtbogen durchfließende Strom plötzlichen Schwankungen kaum ausgesetzt, da in ihnen der Lichtbogenwiderstand, nämlich die überbrückte Luftstrecke zwischen den Elektrodenspitzen, annähernd unverändert bleibt. Bei den unmittelbaren Lichtbogenöfen hingegen ist während des Einschmelzens ein gleichbleibender Widerstand nicht vorhanden; denn sowohl die Hauptlichtbögen zwischen Elektrodenspitzen und Einsatzgut, wie auch die zahlreichen Nebenlichtbögen an den Annäherungs- und Berührungsstellen der einzelnen Schrottstücke sind infolge des Zusammensinterns und Schmelzens der Beschickung fortwährend plötzlichen Längenänderungen unterworfen. Vom unmittelbaren Kurzschluß zweier Elektroden durch ein zwischen ihnen liegendes Metallstück bis zum gänzlichen Abreißen und Erlöschen des Lichtbogens findet ein stetiger Wechsel statt, der sich in starken Belastungsstößen auf das Netz auswirkt und an die Überlastungsfähigkeit der stromerzeugenden Betriebe harte Anforderungen stellen kann. Erklärlicherweise mußten bereits frühzeitig Mittel zur Abhilfe entwickelt werden; heute gehören sowohl selbsttätige Elektrodenregler für einen mechanischen Ausgleich der Lichtbogenschwankungen wie auch

Drosselspulen für eine elektrische Dämpfung zum unentbehrlichen Rüstzeug aller unmittelbaren Lichtbogenöfen.

Der Anschluß an das Stromnetz wird, wie bei den Strahlungsöfen, heute durchweg mittels ruhender Transformatoren bewerkstelligt, die ofenseitig meist mehrere Spannungen im Bereiche von 80 bis 200 Volt abgeben. Während des Einschmelzens werden die höheren, nach beendeter Verflüssigung des Einsatzes die niedrigeren Spannungsstufen eingeschaltet.

Im äußeren Aufbau unterscheiden sich die unmittelbaren Lichtbogenöfen nicht sehr wesentlich von den Strahlungsöfen. Ein starker Blechmantel umschließt den meist zylindrischen, selten elliptischen oder rechteckigen Ofenraum, der mit einem abnehmbaren Gewölbe abgedeckt ist. Um leichtes und unbehindertes Abschlacken zu ermöglichen, ist das Ofengefäß durchweg auf Wiegen, Rollenbahnen oder in seitlichen Tragzapfen kippbar eingerichtet. Eine oder mehrere Arbeitstüren gewährleisten die vollkommene Zugänglichkeit des Herdraumes.

Die Elektroden werden entweder von galgenartigen Auslegern getragen, die sich in fest mit dem Ofengefäß verbundenen Führungssäulen auf- und abwärts bewegen; oder sie hängen frei an kleinen Laufkatzen, deren Fahrschienen unabhängig vom Ofen abgestützt sind. Die Elektroden sind meist im Kreise, selten nebeneinander in einer Reihe angeordnet.

Die unmittelbaren Lichtbogenöfen sind die meist verbreitete Ofenbauart; man kann ihren Anteil an der Gesamtzahl der Elektrostahlöfen auf mehr als 90% veranschlagen. Sie verdanken diese Beliebtheit vor allem ihrer einfachen und betriebssicheren baulichen Ausbildung sowie ihrer weitgehenden Anpassungsfähigkeit an die verschiedensten hüttenmännischen Anforderungen.

Die Bauarten der unmittelbaren Lichtbogenöfen.

Der Héroult-Ofen ist der Vorläufer und das Vorbild sämtlicher unmittelbaren Lichtbogenöfen. Der erste Ofen (siehe Abb. 9) kam im Jahre 1906 unter Mitwirkung des französischen Erfinders auf einem deutschen Stahlwerk in Betrieb; heute arbeiten mehr als ein halbes Tausend dieser Öfen mit Fassungen bis zu 40 t in allen Ländern der Welt. Von den Abmessungen und dem Aufbau eines 30 t-Ofens gibt Abb. 1 eine Vorstellung; die

Abb. 10 und 11 geben das Aussehen eines 8 t- und eines 6 t-Ofens wieder. Die bauliche Ausgestaltung, deren allgemeine Grundzüge bereits in den voraufgegangenen Darlegungen erörtert wurden, geht aus den Abb. 12, 13 und 14 hervor; dieselben zeigen den Längsschnitt, die Rückansicht und die Aufsicht eines neuzeitlichen 7 t-Ofens.

Da die ausführliche Behandlung der baulichen Fragen einem späteren Abschnitt vorbehalten ist, seien hier anschließend gleich

Abb. 9. Nachbildung des ersten Héroult-Ofens. (Deutsches Museum, München.)

die Merkmale der aus der Urform des Héroult-Ofens hervorgegangenen Sonderbauarten gekennzeichnet.

Der Webb-Ofen ist amerikanischen Ursprungs. Sein besonderes Merkmal ist eine außerordentlich hohe Ofenspannung. Während man bei den übrigen Lichtbogenöfen bis zu einem Einsatzgewicht von 5 t selten über eine Spannung von 150 Volt zwischen den Elektroden hinausgeht, werden Webb-Öfen schon bei einer Fassung von 4 t während des Einschmelzens mit 230 Volt betrieben. Der Ansporn zur Spannungserhöhung ging aus dem Bestreben hervor, durch verstärkte Leistungszufuhr die Einschmelzdauer abzukürzen, ohne gleichzeitig den Querschnitt der Stromzuleitungen zum Ofen und der Elektroden vergrößern zu müssen. Verstärkt man nämlich die Leistung durch erhöhte Stromstärke, so muß die Bemessung der stromführenden Teile der Steigerung Rechnung tragen, während die Höhe der Spannung in

Abb. 10. 8 t-Héroult-Ofen der Demag.

dieser Hinsicht ohne Einfluß bleibt. In einem späteren Abschnitt wird die Frage der Ofenspannungen ausführlich erörtert werden; hier genüge der Hinweis, daß beim Webb-Ofen der günstigste Spannungswert bereits überschritten zu sein scheint.

Die drei Elektroden sind nicht im Kreise, sondern nebeneinander freihängend angeordnet. Die Mittelelektrode tritt senkrecht

Abb. 11. 6 t-Héroult-Ofen in Kippstellung.

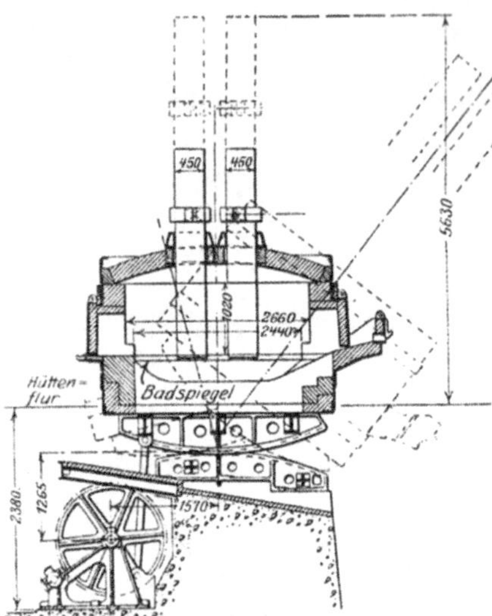

Abb. 12. 7 t-Héroult-Ofen. (Längsschnitt.)

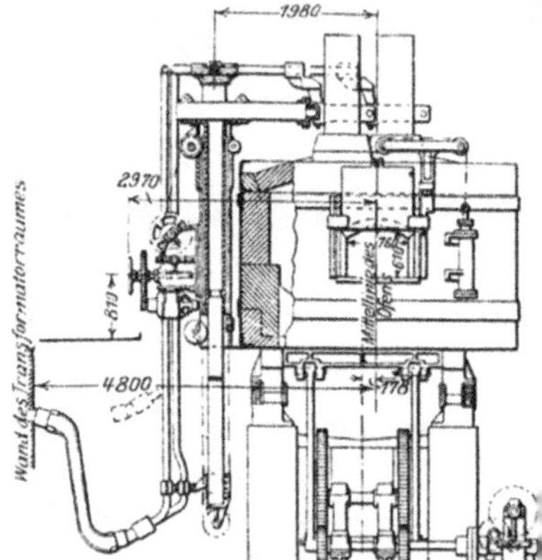

Abb. 13. 7 t-Héroult-Ofen. (Rückansicht.)

durch das Ofengewölbe in den Herdraum, die beiden Seitenelektroden werden geneigt eingeführt. Diese Maßnahme bezweckt, den hochgespannten Lichtbogen, der sich zwischen den Elektrodenspitzen bildet, bei einer Wanderung nach oben zum Erlöschen zu bringen.

Der Webb-Ofen hat keinen rechten Anklang gefunden; jedenfalls sind die beiden im Jahre 1918 gebauten Öfen bis zum Jahre 1924 die einzigen ihrer Art geblieben. Die zerstörenden Wirkungen langer, hochgespannter Lichtbögen auf die feuerfeste Ofenauskleidung, die Unzuträglichkeit der schrägen Elektrodenstellung bei größeren Ofeneinheiten und die Schwierigkeiten sicherer Isolierung bei den hohen Betriebsspannungen scheinen ausreichende Gründe zur Erklärung der geringen Verbreitung zu sein.

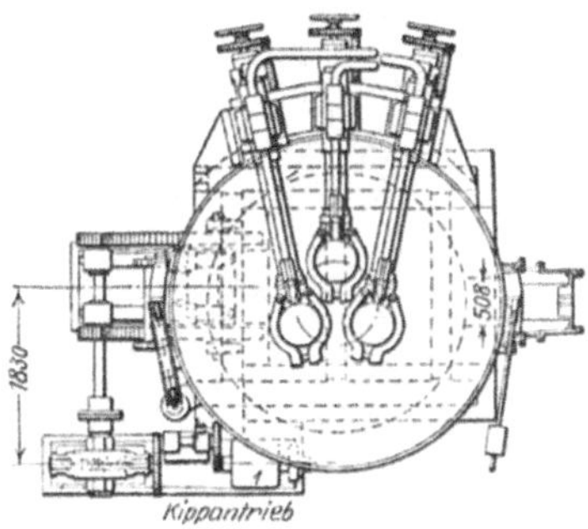

Abb. 14. 7 t-Héroult-Ofen. (Aufsicht.)

Der Moore-Ofen, neuerdings auch Lectromelt-Ofen genannt, ist gleichfalls amerikanischen Ursprungs. Er weist gewöhnlich nur eine, der Abstichtür gegenüber liegende Arbeitsöffnung auf, die gleichzeitig auch zum Beschicken und zum Abschlacken dient. Um das Abschlacken an dieser Stelle vornehmen zu können, ist der Ofen nicht nur nach vorwärts, sondern auch um etwa 30^0 nach rückwärts kippbar. Beim Moore-Ofen ist wohl auch erstmalig die Muldenbeschickung zur Anwendung gekommen; wie später noch zu zeigen sein wird, läßt man den Inhalt länglicher Mulden in den in Kippstellung befindlichen Ofen durch die Arbeitstür hineingleiten.

Die drei Elektroden stehen im Kreise und werden von Auslegern getragen, die gleichzeitig die Stromzufuhr besorgen. Die Ausleger (siehe Abb. 15) bewegen sich in starren, rohrartigen Masten, die an einer Ofenseite angebracht sind; das Senken und Heben wird von Hand oder durch Seilzug vermittels außerhalb des Ofens liegender Windenmotoren betätigt. Die Elektroden können ganz aus dem Ofen herausgehoben und mitsamt den Elektrodenarmen nach auswärts geschwenkt werden; durch diese Vorrichtung soll das Auswechseln des Ofengewölbes erleichtert und beschleunigt werden.

Der Moore-Ofen hat sich in Amerika rasch eingebürgert. Anfang 1924 waren dort 53 Öfen dieser Bauart, meist sauer zugestellte Stahlformgußöfen bis zu 3 t Fassung, im Betrieb. In Deutschland wird der Ofen neuerdings von der Dameg (Deutsch-Amerikanische Elektroofen-Gesellschaft) geliefert; Abb. 16 zeigt einen 6 t-Ofen dieser Bauart.

Abb. 15. Ansicht eines 3 t-Moore-Ofens.

Der Ludlum-Ofen ist ebenfalls in den Vereinigten Staaten entstanden. Er weist, wie aus den Abb. 17 und 18 zu ersehen ist, einen elliptischen Herdraum auf; die drei senkrechten Elektroden stehen in einer Reihe nebeneinander. Die hervorstechendsten Kennzeichen des Ofens sind die niedrige Bauhöhe zwischen Gewölbe und Bad sowie die geringe Badtiefe. Von diesen beiden Besonderheiten soll die erste eine Ersparnis an feuerfesten Ofenbaustoffen und eine Verringerung der Wärmeausstrahlungsverluste zur Folge haben; die zweite bedeutet eine Vergrößerung der Berührungsfläche zwischen Metall und Schlacke, und infolgedessen eine Erleichterung und Beschleunigung der an dieser Grenzschicht verlaufenden metallurgischen Umsetzungen.

Die Zahl der Ludlum-Öfen in den Vereinigten Staaten beläuft sich dem Vernehmen nach auf etwa 20; darunter

Abb. 16. 6 t-Dameg-Ofen.

befinden sich auch Öfen mit einem Einsatzgewicht von 10 t und darüber.

Der Volta-Ofen, der in Kanada einige Verbreitung gefunden hat, sowie der Snyder-, jetzt Industrial-Ofen, den man in den Vereinigten Staaten und in England antrifft, unterscheiden sich so wenig von dem gewöhnlichen Héroult-Ofen, daß sich eine gesonderte Besprechung erübrigt.

Abb. 17. 6 t-Ludlum-Ofen.

Abb. 18. 10 t-Ludlum-Ofen.

Der Vom Baur-Ofen ist während des Weltkrieges in Frankreich entstanden. Er weist, gleichwie der Ludlum-Ofen, einen elliptischen Herdraumquerschnitt und drei senkrechte, in einer Reihe angeordnete Elektroden auf. Die Elektrodenständer stehen nebeneinander an einer Ofenseite. Abb. 19 zeigt einen 6 t-Vom Baur-Ofen.

Abb. 19. 6 t-Vom Baur-Ofen.

Die elektrische Schaltung des Ofens erinnert an die des Rennerfelt-Ofens. Die Elektroden werden nämlich während des Einschmelzens mittels Scottscher Schaltung in der Weise an ein Drehstromnetz angeschlossen, daß die Mittelelektrode einen $\sqrt{2}$fach stärkeren Strom als die Seitenelektroden führt. Diese Maßnahme bezweckt das beschleunigte Einschmelzen des in der Ofenmitte am dichtesten aufgehäuften Beschickungsgutes. Nach beendeter Verflüssigung des Einsatzes wird wieder jede Elektrode für sich in üblicher Weise an eine Drehstromphase angeschlossen, so daß alsdann die Leistungen der drei Lichtbögen annähernd gleich sind.

Der Stobie-Ofen ist englischen Ursprungs und wurde anfangs hauptsächlich zum Anschluß an Zweiphasenwechselstrom gebaut. In dieser Ausführung weist er vier Elektroden auf, von denen je eine mit dem Anfangs- und Endpunkt jeder Phase verbunden ist. Der Ofen besitzt, wie aus Abb. 20 zu ersehen ist, achteckigen Querschnitt; die Elektroden werden nicht von galgenartigen Auslegern, sondern von einer starren Brücke getragen, die sich beiderseits am Ofen abstützt.

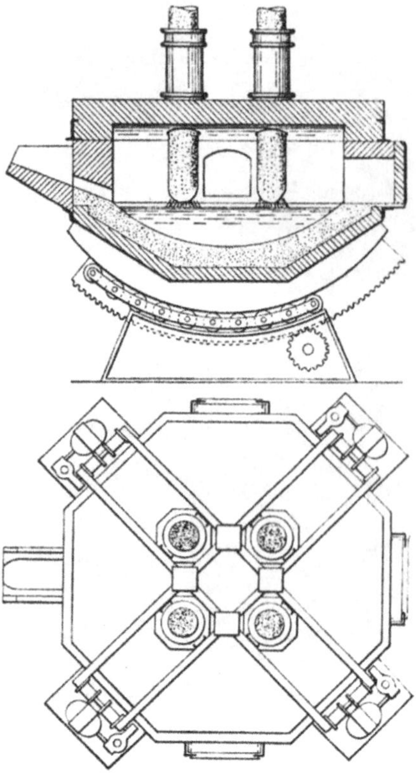

Abb. 20. Schema eines 15 t-Stobie-Ofens.

Beim Anschluß an Drehstromnetze unterscheidet sich der Ofen in keiner Weise vom Héroult-Ofen.

Der Greene-Ofen, der in den Vereinigten Staaten häufiger anzutreffen ist, wurde bisher in Größen bis zu etwa 3 t gebaut und ist meist sauer zugestellt. Das Ofengefäß hat die Form eines liegenden Zylinders. An den beiden Stirnseiten sind die Arbeitstüren angebracht; die Abstichschnauze befindet sich in der Mantelmitte. Die senkrecht eingeführten Elektroden hängen nebeneinander in der Zylinderachse.

Ähnlich wie der Rennerfelt-Ofen ist auch der Greene-Ofen außer in Stahlwerksbetrieben häufig in Schmelzbetrieben für Nichteisenmetalle zu finden.

Die Besonderheiten der Herdbeheizung.

Bei den herdbeheizten Öfen findet, wie bei den übrigen unmittelbaren Lichtbogenöfen, eine Stromzufuhr von den Spitzen der Lichtbogenelektroden zum Einsatz statt; außerdem ist aber auch der Ofenherd durch Einbau metallischer Körper leitend gemacht und in den Stromweg einbezogen. Bei den älteren Bauarten waren zu diesem Zweck in die feuerfeste Auskleidung des Bodens Eisenstäbe eingebaut, die an ihrem oberen Ende mit dem Einsatz in unmittelbarer Verbindung standen und am untern Ende an die Stromableitung unter der Bodenplatte angeschlossen waren. Bei den späteren Bauarten wurde die unmittelbare Berührung mit dem flüssigen Metall beseitigt, da sie Anlaß zu zahlreichen Betriebsstörungen gab und man inzwischen erkannt hatte, daß auch eine ziemlich dicke Schutzschicht aus Dolomit oder Magnesit bei genügender Hitze den Stromdurchgang nicht unterbindet. Ferner leitet man heute nicht mehr, wie bei den ersten Ausführungen, den gesamten Strom durch den Boden ab, sondern begnügt sich damit, mehr oder minder große Ausgleichströme darin fließen zu lassen.

Die Einführung der Herdbeheizung milderte zwei Schwierigkeiten, mit welchen die unmittelbaren Lichtbogenöfen in ihrer ersten Entwicklungsstufe zu kämpfen hatten, nämlich die stoßartige Stromentnahme beim Einschmelzen festen Einsatzes und die manchmal ungenügende Wärmezufuhr zu den unteren Badschichten. Da der leitende Herd einen annähernd gleichbleibenden Widerstand aufweist, vermindern sich nämlich die plötzlichen Stromschwankungen im Verhältnis der Energiebeträge, die im Lichtbogen und im Boden in Wärme umgesetzt werden. Darüber hinaus kann durch besondere elektrische Schaltungen eine noch weitergehende Dämpfung in der Weise erzielt werden, daß bei der Annäherung an einen Lichtbogenkurzschluß die Lichtbogenenergie selbsttätig vermindert und der Ausgleich in den Boden verlegt wird.

Neben der Verringerung der Stromstöße hat der Stromdurchfluß durch den Ofenherd auch noch eine Erhitzung desselben zur Folge; die zusätzliche Wärmezufuhr vom Boden her wird besonders bei jenen Schmelzungen angenehm empfunden, bei denen große Mengen schwer schmelzbarer Legierungsmetalle zugesetzt und von der Badsohle allmählich losgeschmolzen werden müssen.

Trotz dieser beiden unbestreitbaren Vorteile weist die Verbreitung der herdbeheizten Öfen, deren Zahl eine Zeitlang die der Öfen ohne Bodenbeheizung fast erreichte, einen rückläufigen Gang auf. Der Grund dafür liegt darin, daß man auch bei den nicht herdbeheizten Öfen allmählich die oben erwähnten Schwierigkeiten beseitigen konnte, ohne als Kaufpreis die erschwerte Instandhaltung und verringerte Haltbarkeit des Ofenherdes zahlen zu müssen.

Die Bauarten der herdbeheizten Öfen.

Unter den herdbeheizten Öfen haben die Öfen von Girod, Keller, Electro-Metals, Greaves-Etchells, Nathusius und Fiat im Laufe der Entwicklung größere Bedeutung erlangt. Abb. 21

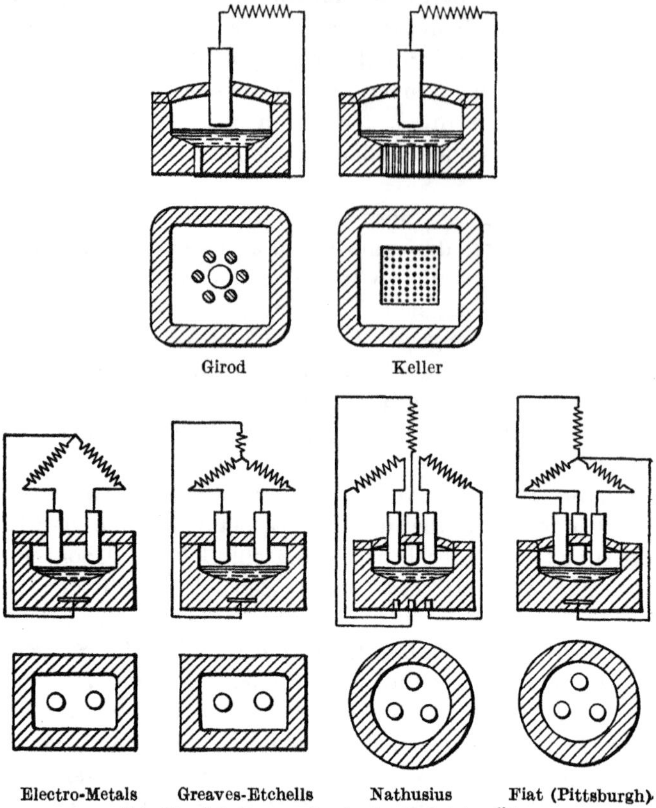

Abb. 21. Schaltungsweise der herdbeheizten Öfen.

gibt eine Übersicht über die Schaltungsweise der einzelnen Bauarten.

Der Girod-Ofen, französischen Ursprungs, weist eine oder mehrere Lichtbogenelektroden auf, die sämtlich an der gleichen Phase hängen. Da demnach kein Spannungsunterschied zwischen ihnen besteht, findet auch kein Stromfluß von einer Lichtbogenelektrode zur andern statt. Der Strom geht vielmehr unter Lichtbogenbildung auf das Bad über und verläßt dieses auf dem Wege durch den Ofenherd, der an die andere Phase angeschlossen ist. Wie Abb. 22 zeigt, sind als Strombahnen in den Herd je nach der Ofengröße 6 bis 20 Eisenstäbe eingebaut, die etwa 100 mm stark sind, am oberen Ende in den Badraum hineinragen und am untern Ende durch eine wasserdurchspülte Bohrung gekühlt werden. Sämtliche Bodenelektroden sind unter sich und mit dem Ofenblech leitend verbunden. Während des Betriebes schmelzen sie an ihrem oberen Ende so weit ab, wie es die Kühlung von unten her zuläßt; der nach dem Abgießen in den Löchern zurückbleibende und erstarrende Stahl übernimmt beim Einsetzen der nächsten Schmelzung wieder die Stromleitung.

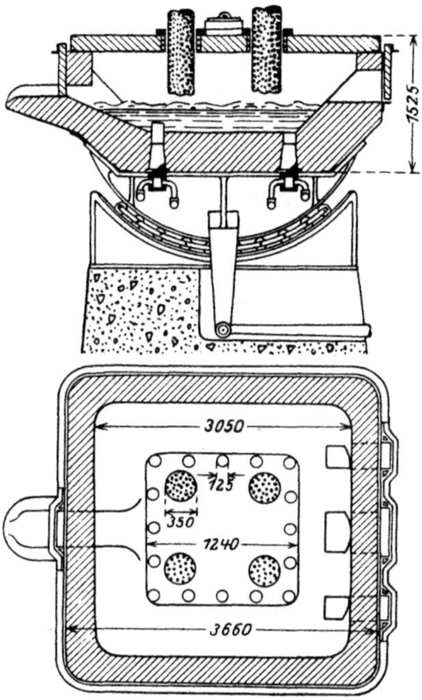

Abb. 22. Schema eines Girod-Ofens mit vier Lichtbogenelektroden

Anfangs wurden die Girod-Öfen fast ausschließlich mit Einphasenwechselstrom von etwa 60 bis 70 Volt Spannung betrieben, wobei, wie gesagt, die Lichtbogenelektroden an das eine Ende, die Bodenelektroden mit dem Ofenherd an das andere Ende der Stromerzeuger- oder Transformatorwicklung angeschlossen waren. Später wurden die Öfen mittels besonderer Schaltung auch an Drehstrom angeschlossen. Die allerletzten Ausführungen unterscheiden sich eigentlich kaum mehr von einem Héroult-Ofen: die drei Lichtbogenelektroden hängen an den drei Phasen eines Drehstromnetzes, und als Überrest der Herdbeheizung ist

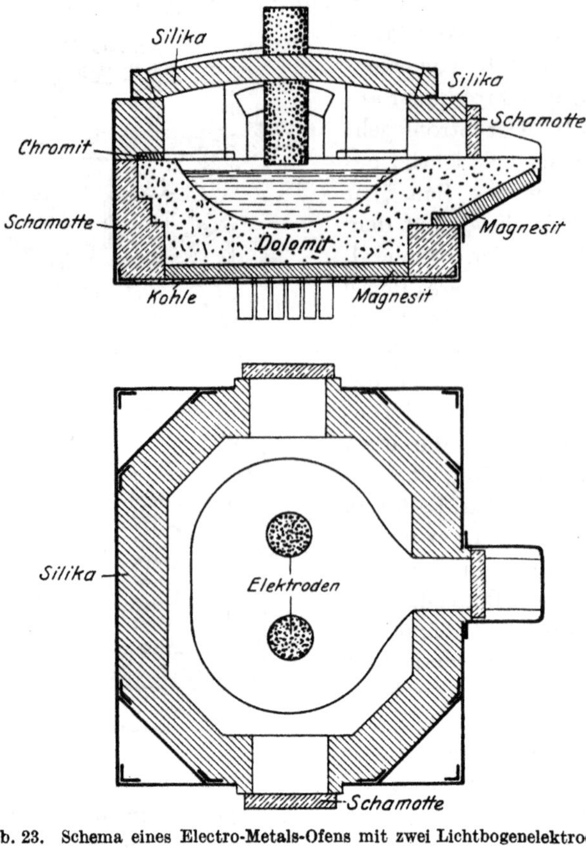

Abb. 23. Schema eines Electro-Metals-Ofens mit zwei Lichtbogenelektroden.

lediglich eine tief im Herd eingebettete, mit dem Sternpunkt des Transformators verbundene Platte übrig geblieben, welche bei ungleicher Belastung der Lichtbogenelektroden die Ausgleichströme dem Boden zuführt.

Der Keller-Ofen, ebenfalls in Frankreich entstanden, ähnelt in seinem Aufbau vollkommen den ersten Girod-Öfen. Der Herd besteht aus zahlreichen auf einer gemeinsamen Grundplatte befestigten dünnen Eisenstäben, die in Magnesitstampfmasse eingebettet sind. Dieses bewehrtem Beton ähnliche Gefüge ist ohne

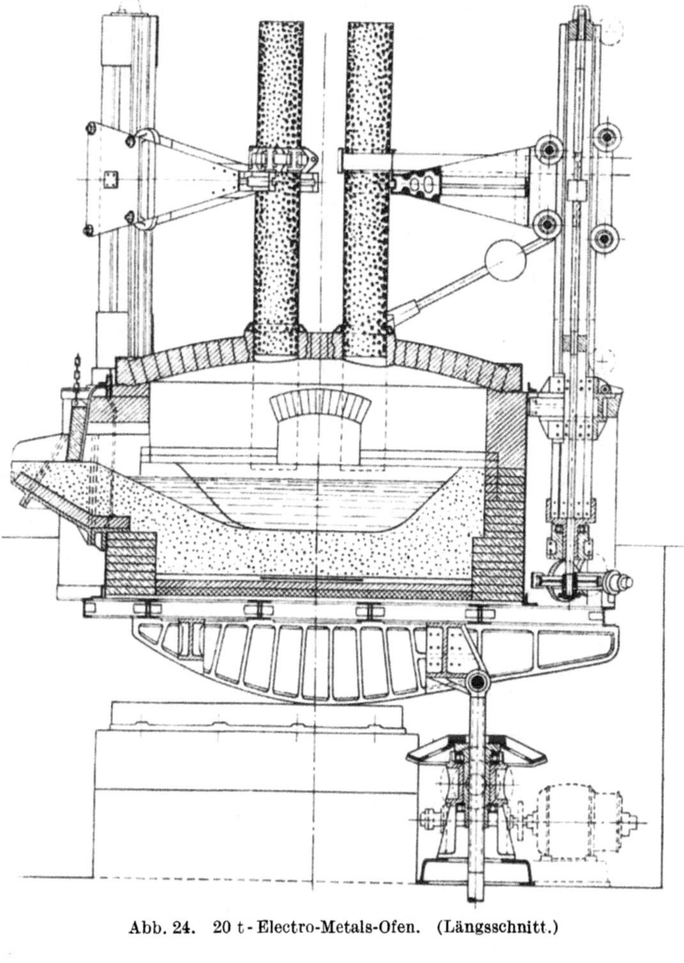

Abb. 24. 20 t-Electro-Metals-Ofen. (Längsschnitt.)

weiteres stromleitend; beim Zurückschmelzen des Herdes wird mit einer leitfähigen Mischung aus Magnesit und Eisenfeilspänen geflickt.

Keller-Öfen werden heute kaum noch betrieben.

Der Electro-Metals-Ofen, auch Grönwall-Dixon-Ofen genannt, hat hauptsächlich in den Vereinigten Staaten und in

England Verbreitung gefunden. Er weist (siehe Abb. 23) zwei Lichtbogenelektroden auf, die an je einer Phase eines Zweiphasenwechselstromnetzes hängen. Größere Öfen sind, wie aus den Abb. 24 und 25 hervorgeht, mit vier Elektroden ausgerüstet, die paarweise parallel geschaltet sind. Vom Knotenpunkt der beiden Phasen führt eine dritte Strombahn zum leitenden Herd. Die

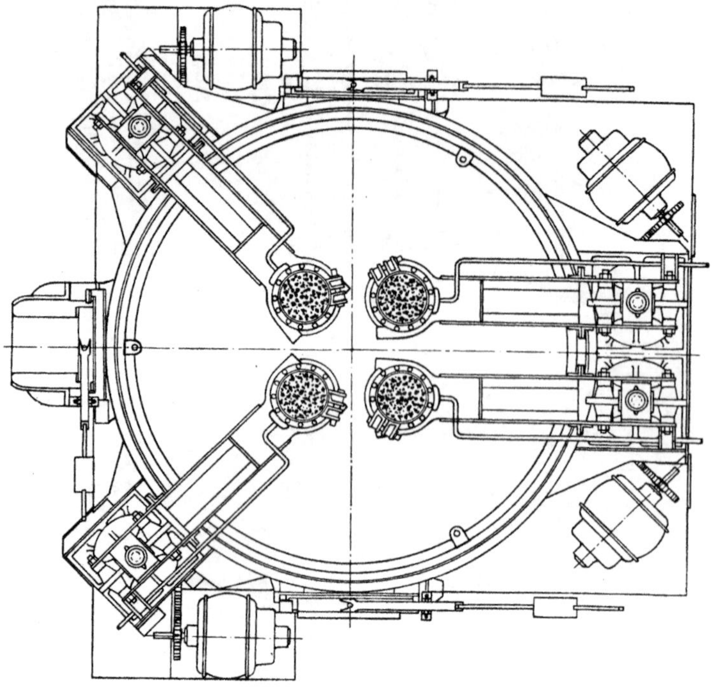

Abb. 25. 20 t-Electro-Metals-Ofen. (Querschnitt.)

Schaltungsweise entspricht also vollkommen jener der Rennerfelt-Öfen, nur mit der Abweichung, daß die Mittelelektrode nicht als Lichtbogenelektrode ausgebildet, sondern als Bodenelektrode im Herd eingebettet ist.

Die Bodenelektrode besteht aus Kohle, aus einer Kupferplatte oder aus Kupferstäben und ist mit einer etwa 200 mm starken Schutzschicht aus reinem Dolomit überstampft. Dieses Merkmal bedeutet einen grundsätzlichen Fortschritt gegenüber der ursprünglichen Form der Öfen von Girod und Keller. Wenn bei letzteren der Herd durch irgendwelche Umstände seine Leitfähigkeit eingebüßt hatte, fand kein Stromfluß im Ofen mehr statt, da ein von der Herdableitung unabhängiger Lichtbogen nicht entstehen konnte. Der Electro-Metals-Ofen hingegen kann auch als reiner Lichtbogenofen betrieben werden; da zwischen den oberen Elektroden ein Spannungsunterschied in Höhe der Phasenspannung herrscht, ist auch eine Lichtbogenbildung lediglich auf dem Wege über die Beschickung möglich. Die Bodenelektrode

Abb. 26. 3 t-Greaves-Etchells-Ofen.

wird erst dann eingeschaltet, wenn das überdeckende Dolomitfutter durch Erhitzung vom Einsatz her stromleitend geworden ist.

Die Unabhängigkeit der Lichtbogenbildung von der Herdbeheizung findet sich auch bei den übrigen noch zu erörternden Bauarten als kennzeichnendes Merkmal wieder.

Der Greaves-Etchells-Ofen ist während des Weltkrieges in England ausgebildet worden. Zwei Phasen eines Drehstromnetzes sind mit zwei Lichtbogenelektroden verbunden, während die dritte Phase einer über dem Bodenblech im Ofenherd angebrachten Kupferplatte zugeführt wird. Diese Bodenelektrode ist etwa 500 mm hoch überstampft, und zwar zunächst mit einer gut leitenden Schicht aus Kohle- oder Graphit-Teermischung, darüber mit einer erst bei Rotglut leitfähig werdenden Lage aus Teermagnesit oder Teerdolomit. Eine Wasserkühlung der Bodenelektrode ist infolge ihrer geschützten Anordnung nicht

Abb. 27. 6 t-Greaves-Etchells-Ofen.

mehr notwendig. Abb. 26 zeigt einen 3 t-Ofen, Abb. 27 einen solchen mit einer Fassung von 6 t.

Der im Boden in Wärme umgesetzte Energieanteil beträgt nur etwa 10% der gesamten Energiezufuhr. Infolgedessen muß durch besondere Transformatorbauart die ungleiche Belastung der beiden Lichtbogenphasen und der Bodenphase so weit ausgeglichen werden, daß sie im Stromnetz nicht störend in Erscheinung tritt; auf die dabei angewendete, in Abb. 28 dargestellte Schaltungsart — netzseitig Dreieck, ofenseitig Stern — wird später noch ausführlich eingegangen werden.

Wenn für größere Ofeneinheiten die Zahl von zwei Lichtbogenelektroden nicht ausreicht, werden an jede Phase statt einer einzigen zwei bis vier parallel geschaltete Elektroden angeschlossen. Beispielsweise sind bei dem größten bisher gebauten Elektrostahlofen, dem etwa 60 t fassenden Greaves - Etchells - Ofen der Ford Motor Co. in Detroit, acht Lichtbogenelektroden vorgesehen (siehe Abb. 29).

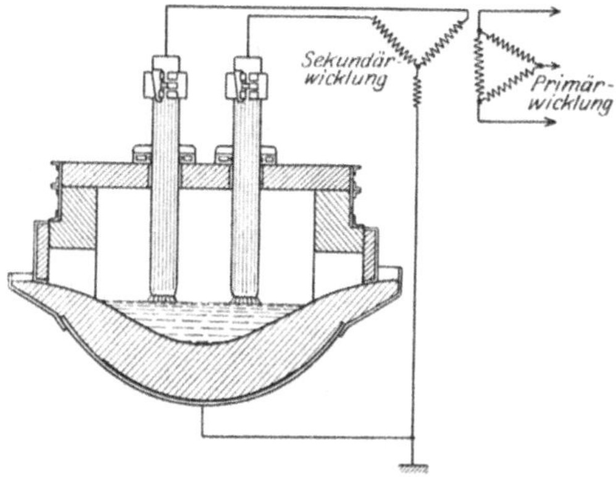

Abb. 28. Schaltungsweise des Greaves-Etchells-Ofens.

Greaves-Etchels-Öfen sind hauptsächlich in England und in den Vereinigten Staaten zu finden; insgesamt sollen etwa 60 Öfen dieser Art in Betrieb stehen.

Der Nathusius-Ofen ist deutschen Ursprungs und fast ausschließlich in Deutschland verbreitet. Er ist mit drei Lichtbogenelektroden ausgerüstet und kann mit diesen allein als regelrechter reiner Lichtbogenofen ohne Herdbeheizung betrieben werden. Im Ofenherd sind drei, bei größeren Öfen sechs pilzförmige Eisenelektroden eingebaut, die etwa 150 bis 300 mm hoch mit Teerdolomitmasse überstampft sind. Diese Bodenelektroden sind jeweils an dem einen Ende, die Lichtbogenelektroden am entgegengesetzten Ende der Transformatorspulen angeschlossen; der sogenannte Sternpunkt des Transformators ist in die Ofenbeschikkung selbst verlegt. Durch diese

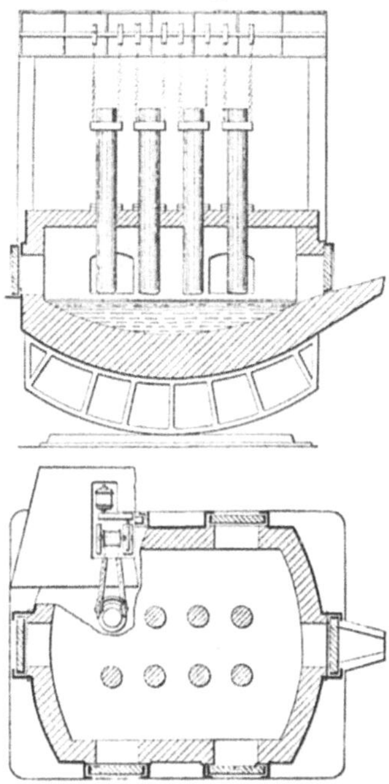

Abb. 29. Schema eines 60 t - Greaves-Etchells - Ofens mit acht Lichtbogenelektroden.

Schaltungsart wird erreicht, daß sowohl zwischen den Lichtbogenelektroden unter sich und den Bodenelektroden unter sich, wie auch zwischen den Lichtbogen- und Bodenelektroden verschiedene Spannungen herrschen und in allen Richtungen Stromfluß stattfindet. Die Spannung zwischen den Lichtbogenelektroden beträgt 100 bis 150 V, zwischen den Bodenelektroden 6 bis 25 V und zwischen Lichtbogen- und Bodenelektroden 60 bis 90 V.

Bei der üblichen Schaltung kann die Energieaufnahme des Bodens bis zu rund 10% der zugeführten Energie betragen.

Abb. 30. Anlage mit zwei 6 t-Nathusius-Öfen.

Sonderschaltungen, bestehend in stufenweiser Zuschaltung eines Zusatztransformators für die Bodenelektroden, vermögen diesen Anteil noch zu steigern. In den weitaus meisten Fällen macht man jedoch heute von der Möglichkeit der Bodenbeheizung keinen Gebrauch mehr und betreibt die Öfen als reine Lichtbogenöfen.

Eine Anlage von zwei 6 t-Nathusius-Öfen zeigt Abb. 30, einen 12 t-Ofen Abb. 31.

Nathusius war der erste, der grundsätzlich die Tragvorrichtung der Lichtbogenelektroden von der Ofenwanne unabhängig machte und die Elektroden freihängend an Zugseilen in Laufschienen über dem Ofen anbrachte. Über die Vor- und Nachteile dieser Anordnung wird noch in einem späteren Abschnitt zu sprechen sein.

Abb. 31. 12 t-Nathusius-Ofen.

Der Fiat-Ofen steht, ähnlich dem Nathusius-Ofen, an der Grenze der bodenbeheizten und der reinen Lichtbogenöfen. Die Herdbeheizung beschränkt sich darauf, daß bei manchen Ausführungen über dem Bodenblech eine Kupferplatte angeordnet ist, die an dem Sternpunkt des Transformators angeschlossen wird. Infolge dieser Schaltung wird dem Boden der sogenannte Ausgleichstrom zugeführt, d. h. jener Energieunterschied, der bei ungleicher Leistung der drei Lichtbögen in den drei Phasen des Drehstromnetzes auftritt.

Die Erbauer des erst in Italien, später auch in Deutschland und andern Ländern verbreiteten Fiat-Ofens können das Verdienst

Abb. 32. 1½ t-Fiat-Ofen der Demag.

für sich in Anspruch nehmen, erstmalig bewußt viel stärkere Ofentransformatoren aufgestellt zu haben als es früher üblich war. Der damit eingeschlagenen Entwicklungsrichtung, welche eine erhebliche Kürzung der Einschmelzdauer mit sich brachte, haben sich auch die übrigen Ofenerbauer allmählich angeschlossen.

Über den Wert einer weiteren Eigentümlichkeit des Fiat-Ofens, nämlich der kunstvoll aufgebauten Abdichtungsvorrichtung für die Elektrodeneintrittsstellen in das Ofengewölbe, gehen die Meinungen der Stahlwerker noch stark auseinander.

In Abb. 32 ist ein 1½ t-Fiat-Ofen dargestellt, in Abb. 33 ein 7½ t-Ofen.

Der Pittsburgh-Ofen, in den Vereinigten Staaten gebaut, ist in seiner Schaltungsweise vom Fiat-Ofen nicht verschieden; der gleichfalls amerikanische Booth-Hall-Ofen ähnelt in seiner Wirkungsweise und Schaltart dem Nathusius-Ofen.

Abb. 33. 7½ t-Fiat-Ofen der Demag.

III. Die Induktionsöfen.

Die Induktionsbeheizung.

Während die Lichtbogenöfen ihr sinnfälliges Vergleichsbild in den Kohlenstift-Bogenlampen haben, sind die Induktionsöfen dem Wesen nach nichts anderes als elektrische Transformatoren. Ein Transformator besteht im allgemeinen aus einem Eisenkern, um welchen zwei voneinander getrennte Wicklungen gelegt sind. Ein die Primärwicklung durchfließender Wechselstrom kann ohne metallische Leitung, lediglich durch die induzierende Wirkung seines magnetischen Feldes, seine gesamte Energie auf die Sekundärwicklung übertragen. Die Spannungen von erzeugenden und erzeugten Strom stehen dabei im gleichen Verhältnis wie die Windungszahlen der beiden Wicklungen; die Stromstärken verhalten sich umgekehrt. Diese elektromagnetische Kopplung von Primär- und Sekundärstrom ist es, die in den Induktionsöfen als Beheizungsmittel ausgenutzt wird.

Der Induktionsofen besteht grundsätzlich (Abb. 34), gleich einem Transformator aus einem Eisenkern *k*, einer Primärwicklung *p* und einer Sekundärwicklung *s*. Die Sekundärwicklung ist jedoch (Abb. 35) nichts anderes als das in sich ringförmig geschlossene Eisenbad, welches in einem feuerfesten Kanal *m* Eisenkern und Primärspule umschließt. Wird in die Primärwicklung ein Wechselstrom hoher Spannung hineingeschickt, so kreist in der einen Sekundärwicklung, dem Stahlbade, ein induzierter Strom von geringer Spannung, aber außerordentlich hoher Stromstärke. Der enge Querschnitt und die große Länge des Bades in der Schmelzrinne setzt der hohen Stromstärke einen beträchtlichen elektrischen Widerstand entgegen, welcher die Umsetzung in Wärme bewirkt und damit die Aufheizung des Beschickungsgutes besorgt. Aus der eben dargelegten Beheizungsweise ergeben sich als natürliche Folge sämtliche baulichen, elektrischen und betrieblichen Besonderheiten des Induktionsofens: die kanalartige Form des Bades, die Notwendigkeit flüssiger Beschickung, der niedrige elektrische Leistungsfaktor, die geringe Haltbarkeit der Ofenzustellung und die Umsetzungsträgheit der Schlacke.

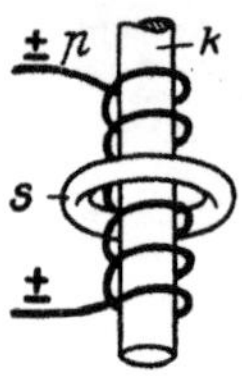

Abb. 34. Transformatorkern mit kurzgeschlossener Sekundärwindung.

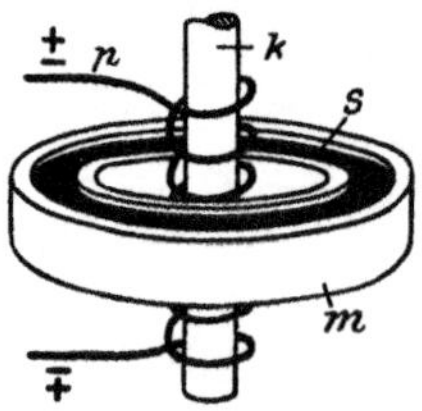

Abb. 35. Induktionsbeheizung.

Die bisherigen Darlegungen können freilich nur für die sogenannten Niederfrequenzöfen volle Geltung beanspruchen, d. h. für jene Öfen, die mit Wechselstrom geringer Wechselzahl betrieben werden. In den letzten Jahren hat man versucht, auch hochfrequenten Strom, d. h. Wechselstrom sehr hoher Wechselzahl, für das Stahlschmelzen nutzbar zu machen. Den Anreiz zu diesen Bemühungen bildet die Tatsache, daß bei Verwendung dieser Stromart die Kopplung von Primär- und Sekundärstromkreis durch ein Eisenjoch entbehrlich wird. Durch den Fortfall des Transformatorkerns vereinfacht sich der Ofenaufbau nicht unbeträchtlich; der Ofen wird zu einem mit einer Primärspule umwickelten feuerfesten Tiegel, in dessen Innenraum ein äußerst starkes magnetisches Wechselfeld auch festen Einsatz zum Schmelzen bringen kann. Von diesem Unterschied abgesehen, bleiben die übrigen Eigentümlichkeiten der Niederfrequenzöfen auch bei der Hochfrequenzbeheizung größtenteils bestehen.

Der Ofenaufbau und die Badform der Induktionsöfen.

Die Lichtbogenöfen zeichnen sich durch einfachen und betriebssicheren Ofenaufbau aus. Das Ofeninnere ist in seiner ganzen Ausdehnung leicht zugänglich; ein etwaiger Durchbruch flüssigen Stahles durch das Ofenfutter nach außen hin kann keinen wichtigen Ofenteil gefährden und pflegt als einzige Störung einen mehrstündigen Zeitaufwand für sorgfältiges Flicken nach sich zu ziehen.

Bei den Niederfrequenzöfen jedoch, zu deren Wesen die lange, schmale, das Transformatorjoch ringförmig umgebende Schmelzrinne gehört, ist der Herdraum der laufenden Beobachtung und Einwirkung teilweise entzogen. Die ungünstige Form erschwert sowohl die Zugänglichkeit des Bades bei der metallurgischen Behandlung von Stahl und Schlacke, wie auch die der Ofenzustellung bei den laufenden Instandhaltungsarbeiten. Um diesen Nachteil der ursprünglichen „Einrinnenöfen“ etwas auszugleichen, ist man bei den späteren Bauarten überwiegend zur „Doppelrinnenform“ übergegangen. Ein Doppelrinnenofen entsteht durch Zusammenfügen zweier einfacher Schmelzrinnen (siehe Abb. 36), deren Berührungsstelle sich zu einem geräumigeren Arbeitsherd erweitert. Durch diese Verbesserung wird zwar der Mittelherd ebenso leicht zugänglich wie der Herdraum eines Lichtbogenofens; jedoch entziehen auch bei dieser Ausführungsform die beiden Seitenkanäle einen Teil des Schmelzbades und der Ofenzustellung der laufenden Überwachung und Einwirkungsmöglichkeit. Schadhafte Stellen im Ofenfutter entgehen leicht der sofortigen Ermittlung; da sie mit Vorliebe an der inneren, dem Transformatorkern zugewandten Seite auftreten, hat ein Stahldurchbruch fast stets eine Beschädigung des Transformatorjoches und der Primärwicklung zur Folge. Zur Vermeidung längerer Betriebsstörungen sind deshalb stets Ersatzjoche und -wicklungen für den Ofentransformator auf Lager zu halten.

Bei den Hochfrequenz-Induktionsöfen ist zwar das Ofeninnere allseits leicht zugänglich, doch müssen auch hier der Beheizungsart zuliebe Opfer an Betriebssicherheit gebracht werden. Um nämlich annehmbare elektrische Verhältnisse zu erzielen, wird die Ofenwandung verhältnismäßig dünn ausgeführt; die den Induktionsöfen eigentümliche starke Badbewegung be-

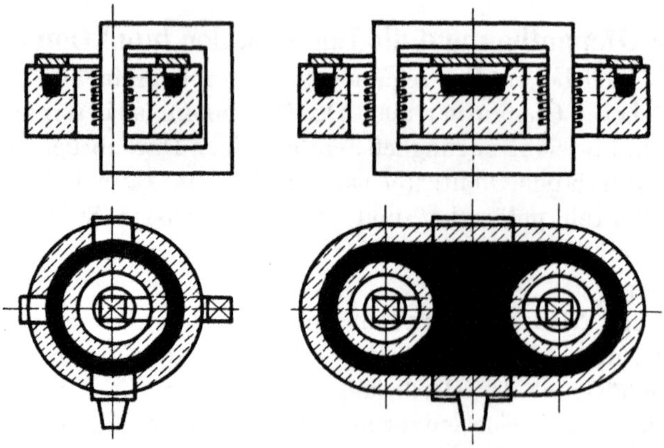

Abb. 36. Einrinnen- und Doppelrinnenofen.

wirkt aber im Ofenfutter leicht Auswaschungen, die dem Stahlbade den Weg zu der den Ofen umschließenden Primärspule freigeben können.

Die flüssige Beschickung bei Niederfrequenzöfen.

Damit im Sekundärstromkreis des Niederfrequenzofens Strom fließen und Wärme entwickelt werden kann, ist eine geschlossene Strombahn unbedingte Voraussetzung; sie wird durch Eingießen flüssigen Metalls in die Schmelzrinne erfüllt. Zum Einschmelzen festen Beschickungsgutes ist der Ofen so wenig geeignet, daß diese Betriebsweise kaum jemals in nennenswertem Umfang angewendet worden ist, obschon ihre Durchführung an sich nicht unmöglich wäre. Man müßte dabei lediglich nach dem Abgießen einer jeden Schmelzung am Ofenboden einen zusammenhängenden Sumpf flüssigen Metalls zurücklassen, in welchen nach und nach der Einsatz für die neue Schmelzung eingetragen würde. Die Verflüssigung geht jedoch nur sehr langsam vor sich, da die Wärmezuleitung aus dem flüssigen Badrest her nur beschränkte Berührungsflächen findet und eine andere Wärmezufuhr nicht vorhanden ist. Von manchen anderen Schwierigkeiten abgesehen, verbietet sich also diese Einschmelzart schon durch den übermäßigen Zeitaufwand.

Als Vorschmelzofen für den Induktionsofen dienen in der Regel Martinöfen, seltener sauer zugestellte Kleinkonverter mit zugehörigen Kuppelöfen. Da für das gleiche Gewicht das Einschmelzen im Martinofen bedeutend länger zu dauern pflegt als das Feinen im Induktionsofen, findet man manchmal mit dem Fertigschmelzofen zwei Vorschmelzöfen gekuppelt, die den verflüssigten Einsatz wechselweise abgeben. In jedem Fall ist ein gutes Zusammenspiel der Abstichzeiten unerläßlich, da für die Induktionsöfen längere Wartezeiten bei vollständig entleertem Herd gefährlich sind. Ist nämlich das Ofenfutter zu kalt geworden, so kann es vorkommen, daß der vorgeschmolzene Stahl während des Einfüllens erstarrt, bevor er die Schmelzrinne vollkommen ausgefüllt hat. Der Ofen ist dann zur Energieaufnahme nicht befähigt, weil der notwendige Kurzschluß der Strombahn nicht vorhanden ist. Bei einer derartigen Störung bleibt nichts anderes übrig, als die Rinnenabdeckung abzuheben, die Unterbrechungsstelle aufzusuchen und in diese so viel flüssiges Metall nachzugießen, daß sich die Strombahn schließt.

Natürlich müssen die Induktionsöfen auch bei längeren Stillständen, beispielsweise des Sonntags, mit flüssigem Metall gefüllt bleiben und schwach beheizt werden. Der Verbrauch an Heizstromenergie während der Pausen und Stillstände macht, wie gleich hier nebenbei bemerkt sei, bei Induktionsöfen 20 bis 60 kWh je Tonne Ofenerzeugung aus.

Auch in der Anpassungsfähigkeit an wechselnde Einsatzverhältnisse ist also nach dem Vorgesagten der Induktionsofen dem Lichtbogenofen unbestreitbar unterlegen. Das Unvermögen des Niederfrequenzofens, festen Einsatz in wesentlichem Ausmaße mit zu verarbeiten, macht sich insbesondere in Edelstahlbetrieben unangenehm fühlbar, da dort der Entfall an Blockschöpfen, Drehspänen, Knüppel- und Stabstahlenden fast ein Drittel der Ofenerzeugung ausmacht. Werden diese Abfälle im Martinofen für den Induktionsofen vorgeschmolzen, so gehen die wertvollen Legierungselemente zum großen Teile unwiederbringlich in die Schlacke über; im Lichtbogenofen hingegen kann das Einschmelzen ohne jeden Verschlackungsverlust durchgeführt werden.

Die elektrische Ausrüstung der Niederfrequenzöfen.

Für den Einschmelzbetrieb der Lichtbogenöfen sind, wie bereits erwähnt, Belastungsstöße kennzeichnend, die trotz selbsttätiger Regelvorrichtungen bisweilen mehr als die doppelte Höhe der eingestellten Leistung erreichen können. In einem nicht sehr leistungsfähigen Speisenetz können diese plötzlichen Schwankungen die Gleichmäßigkeit der Stromabgabe an andere Verbraucher empfindlich stören.

Die Energieentnahme der Induktionsöfen erfolgt im Gegensatz dazu vollkommen stoßfrei, da sie auf der Widerstandsbeheizung eines flüssigen Leiters beruht, dessen Form plötzlichen Änderungen nicht unterworfen ist. Der entschiedene Vorteil der gleichmäßigen Stromentnahme wird aber durch einen schweren Nachteil in elektrischer Beziehung wieder aufgehoben, nämlich durch den geringen Leistungsfaktor der Induktionsöfen. Die dabei in Betracht kommenden Verhältnisse seien hier kurz dargelegt.

Die Primärwicklung des in den Induktionsofen eingebauten Transformators ist beim Stromdurchgang von einem magnetischen Wechselfeld umgeben, dessen Energie in der Sekundärspule, dem Bade, in Stromwärme umgesetzt wird. Weil aber zwischen Primär- und Sekundärspule eine feuerfeste Schutzwand eingebaut sein muß, gelangt nur ein Teil des Magnetfeldes zur Wirkung; der dem nicht ausgenutzten Teil entsprechende Primärstrom kehrt zum Stromerzeuger zurück. Das Verhältnis zwischen der wirksamen, d. h. in diesem Falle der in Wärme umgesetzten Energie zu der gesamten zur Verbrauchsstelle entsandten Energie heißt Leistungsfaktor oder $\cos \varphi$. Bei den Lichtbogenöfen ist, wie später noch erörtert werden soll, der Leistungsfaktor sehr hoch und beläuft sich auf etwa 0,85; bei den Induktionsöfen beträgt er jedoch nur 0,30 bis 0,65. Der niedrige Leistungsfaktor bedeutet, daß der Stromerzeuger dauernd etwa anderthalb bis dreimal so viel Strom zum Induktionsofen entsenden muß als dieser tatsächlich verbraucht.

Infolge dieser ungünstigen Verhältnisse ist ein unmittelbarer Anschluß von Induktionsöfen an bestehende Stromnetze im allgemeinen nicht angängig. Um einen für den Stromerzeuger wenigstens halbwegs erträglichen Leistungsfaktor zu schaffen, greift man fast durchwegs zu dem Aushilfsmittel der Verringerung der Stromwechselzahl. Je niedriger nämlich die Periodenzahl des dem Ofen zugeführten Wechselstromes ist, um so höher liegt unter sonst gleichen Umständen der Leistungsfaktor. In Europa wird der Wechselstrom in der Regel mit 50, in Amerika mit 60 Perioden je Sekunde (= Hertz) erzeugt. Für den Induktionsofenbetrieb muß dieser Wert auf 3 bis 25 Hertz, je nach Ofenbauart und Ofengröße, herabgesetzt werden; je größer die Ofenfassung, um so niedriger wird zur Erzielung des gleichen Leistungsfaktors die Periodenzahl gewählt.

Ist der Ofen mit einem eigenen Stromerzeuger ausgerüstet, so ist dieser von vornherein mit einer der benötigten Periodenzahl entsprechenden geringen Polzahl gebaut. Beim Anschluß an Netzstrom üblicher Periodenzahl geschieht die Herabsetzung der Stromwechselzahl in den sogenannten Periodenumformern. Es sind dies Maschinensätze, die aus einem Motor und einem unmittelbar damit gekuppelten Generator mit geringer Polzahl bestehen. Die Periodenumformer sind auch bei kleinen Leistungen große und teure Sondermaschinen, deren Anschaffung und Wartung den Induktionsofenbetrieb beträchtlich belastet.

In bezug auf die elektrotechnischen Verhältnisse ergibt also ein Vergleich zwischen Lichtbogen- und Induktionsöfen das folgende Bild: bei Lichtbogenöfen unmittelbarer Anschluß an bestehende Stromnetze durch ruhende Transformatoren von hohem elektrischen Wirkungsgrad, ferner hoher elektrischer Leistungsfaktor, dagegen beim Einschmelzen unstetige Belastung, die allerdings nur bei wenig leistungsfähigen Stromnetzen zu nachteiliger Auswirkung kommt; bei Induktionsöfen stetige, gleichmäßige Stromentnahme, dagegen niedriger Leistungsfaktor trotz Zwischenschaltung teurer drehender Umformer mit ungünstigem Wirkungsgrad.

Die feuerfeste Zustellung der Niederfrequenzöfen.

Die grundsätzlich als enger Ring ausgebildete Schmelzrinne der Niederfrequenzöfen läßt sich infolge ihrer mangelnden Übersichtlichkeit und Zugänglichkeit nur schwierig instandhalten. Die Beanspruchung des Ofenfutters wird noch durch elektromagnetisch bedingte Badbewegungen verschärft, die einem raschen Verschleiß der Zustellung Vorschub leisten. Das Schmelzbad rollt nämlich, wie in Abb. 37 schematisch dargestellt, senkrecht zu seiner Längsachse und kreist außerdem, wenn auch in minder heftiger Weise, parallel dazu. Durch diese Bewegung werden fortwährend von der wie bei den Lichtbogenöfen aus Teerdolomit oder Teermagnesit bestehenden Zustellung kleine Körner oder Brocken losgelöst; der beim Flicken nur örtlich und unvollkommen zugängliche Schmelzraum erweitert sich also im Verlauf einer Schmelzreise ständig. Diese Erscheinung hat eine Reihe von Übelständen zur Folge. Einmal wird die Dicke der Schutzschicht zwischen Bad und Transformator verkleinert und damit die Gefahr eines Durchbruches und einer Zerstörung des Transfor-

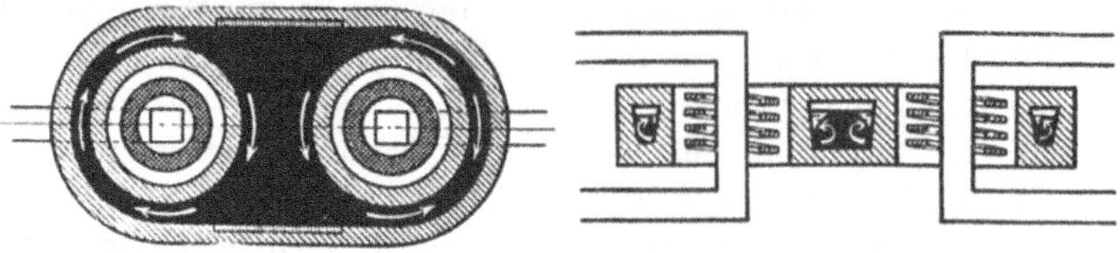

Abb. 37. Wagerechte und senkrechte Badbewegung bei Induktionsöfen.

mators nahe gerückt. Ferner verschlechtert sich der Leistungsfaktor des Ofens, da der Ohmsche Widerstand des Bades infolge des aufgeweiteten Querschnittes sinkt. Schließlich wird die Zusammenarbeit zwischen Vorschmelzofen, Induktionsofen und Gießgrubenbetrieb erschwert; um nämlich einen zu starken Abfall des Leistungsfaktors zu verhindern, sieht man sich unter Umständen genötigt, das Gewicht des Einsatzes zum Schlusse der Schmelzreise bis auf den doppelten Wert des Anfangsgewichtes zu erhöhen. Es ist einleuchtend, daß das Schritthalten mit der vergrößerten Ofenfassung gerade im Induktionsofenbetrieb, der in bezug auf gutes Zusammenspiel der Abstichzeit von Vorschmelz- und Fertigschmelzofen besonders empfindlich ist, erhebliche Mühe verursachen kann.

Noch eine letzte Schwierigkeit bedarf der Erwähnung. Um die vollständige Entleerung eines Ofens beim Abgießen sicherzustellen, muß die Herdsohle mit allmählicher Steigung in die Abstichschnauze übergehen. Bei Induktionsöfen ist nun diese Schräge gleichfalls der ausspülenden Wirkung des Bades ausgesetzt; infolgedessen bleibt beim Auskippen leicht ein Sumpf im Ofen zurück, der in manchen Fällen den unvermittelten Übergang von einer Stahlsorte auf eine andere, verschieden legierte, unmöglich macht.

Die Herstellung des Ofenfutters für die Induktionsöfen weist einige Besonderheiten auf. Zuerst wird der Ofenherd in später zu erörternder Weise mit Teerdolomit- oder Teermagnesitmischung vollgestampft. Alsdann wird eine der Rinnen- und gegebenenfalls Mittelherdform entsprechende, nach oben sich erweiternde Holzschablone aufgesetzt und das Stampfen der Seitenwände vollzogen. Sodann zieht man die Holzschablone heraus, setzt lose in die Rinnen einige kurzgeschlossene Eisenringe ein und legt endlich das aus einzelnen Abschnitten bestehende Gewölbe auf. Die Eisenringe haben den Zweck, beim Anheizen des Ofens anstatt des fehlenden Bades den Sekundärstrom aufzunehmen. Die Stromaufgabe auf den Ofen wird allmählich so gesteigert, daß die Heizringe rotglühend werden und schließlich schmelzen, wobei die Zustellungsmasse unter Verkokung des Teeres festbrennt. Man beschickt nun den Ofen mit flüssigem Roheisen und steigert die Beheizung so lange, bis der Schmelzraum Weißhitze angenommen hat. Nach dem Ausgießen des Roheisens ist der Ofen zur Beschickung mit der ersten Stahlschmelzung bereit.

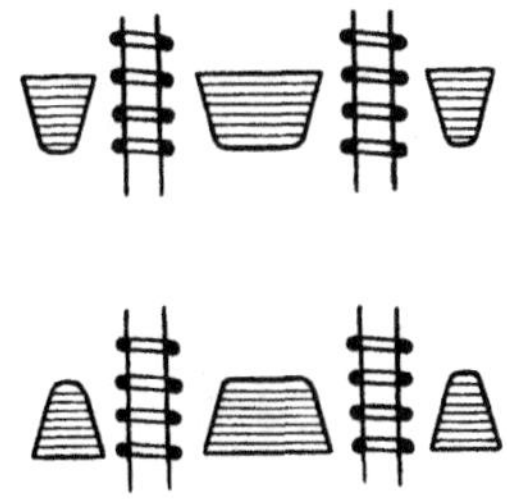

Abb. 38. Zustellungsformen: oben verbreiterte und oben verengte Schmelzrinne.

Anstatt beim Ausstampfen eine Holzschablone zu benutzen, macht man neuerdings öfter von einer in sich geschlossenen Gußeisenschablone Gebrauch. Dieselbe wird nach dem Stampfen nicht entfernt, sondern bleibt als Heizring im Ofen liegen. Das nach beendetem Aufheizen verflüssigte Gußeisenbad wird in eine vorbereitete Sandform gegossen und dient wiederum als Zustellungsschablone für die nächste Herderneuerung. Bei dieser Ausführungsart muß darauf gesehen werden, daß beim Stampfen die Eisenschablone mit seitlichen Schalbrettchen eingesäumt wird; andernfalls könnte der sich beim Anheizen ausdehnende Eisenkörper die Seitenwände aufsprengen und Veranlassung zu gefährlichen Rißbildungen in der Zustellung geben.

Läßt man die Stampfschablone gleich als Heizring im Ofen, so erzielt man neben der Vereinfachung der Zustellungsarbeit noch einen weiteren Vorteil. Man kann nämlich gemäß Abb. 38 den Querschnitt der seitlichen Schmelzrinnen und des Mittelherdes sich nach oben verengen statt erweitern lassen. Die Anfressung des Rinnenquerschnittes im Verlauf einer Schmelzreise vollzieht sich in erster Linie am oberen Badspiegel; hat man also die Möglichkeit, hier die Wandstärke zu vergrößern, so wirkt sich diese Maßnahme in einer erhöhten Zustellungshaltbarkeit aus.

Die Zustellung der Niederfrequenzöfen hält je nach dem Ausmaße der Schlackenarbeit und je nach der Häufigkeit von Zwischen-Instandsetzungen 60 bis 200 Schmelzungen aus; im Durchschnitt muß nach etwa 120 Schmelzungen eine vollständige Erneuerung vorgenommen werden.

Die Bauarten der Niederfrequenzöfen.

Die Bauarten der Niederfrequenzöfen unterscheiden sich hauptsächlich durch die Art der Primärwicklung und deren Anordnung um den Transformatorkern.

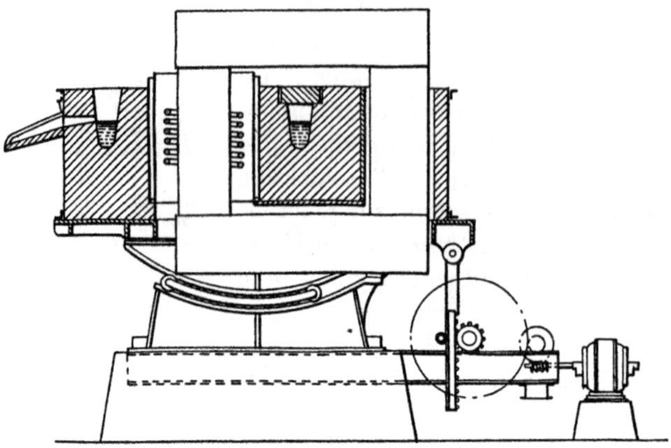

Abb. 39. Kjellin-Ofen.

Beim Kjellin-Ofen, dem ersten gewerblichen Induktionsofen, umgab, wie aus Abb. 39 ersichtlich, die Primärwicklung röhrenförmig den senkrechten Transformatorschenkel in der Höhenlage des Eisenbades. Eine auffällige Erscheinung, die bei dieser Ausführungsform infolge elektromagnetischer Abstoßkräfte zwischen Primär- und Sekundärstrom auftrat, war die starke Schrägstellung der Badoberfläche in der Schmelzrinne. Für die Schlackenarbeit bedeutet diese Eigentümlichkeit, die sich bei allen Induktionsöfen in mehr oder minder ausgeprägter Weise wiederfindet, zweifellos eine gewisse Erschwerung.

Beim Frick-Ofen und beim Hiorth-Ofen, die sich voneinander nur unwesentlich unterscheiden, ist gemäß Abb. 40 die Primärwicklung unterteilt. Ein Teil umgibt in Rohrform den senkrechten Transformatorschenkel, der Rest ist scheibenförmig oberhalb und unterhalb der Schmelzrinne angeordnet. Diese Unterteilung vermindert die Schiefstellung der Badoberfläche, die beim Kjellin-Ofen etwa 25° beträgt, auf etwa 5°. Jedoch wird diesem metallurgischen Vorteil zuliebe die Zugänglichkeit der Schmelzrinne noch weiter verschlechtert.

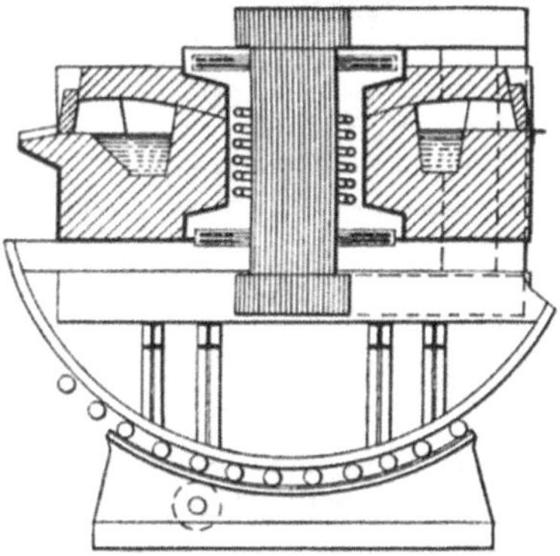

Abb. 40. Frick-Ofen.

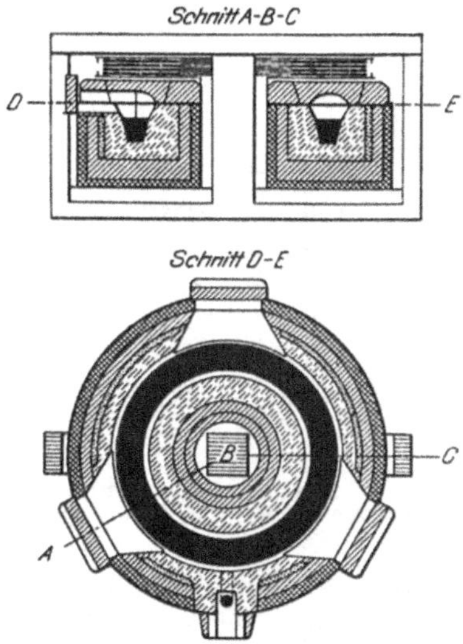

Abb. 41. Aufbau des General-Electric-Ofens.

Ein in den Vereinigten Staaten in mehreren Einheiten vertretener Ofen ist der General-Electric-Ofen, dessen Aufbau Abb. 41 zeigt. Die scheibenförmig ausgebildete Primärwicklung ist vollständig oberhalb des Bades angeordnet, um sie der Gefährdung durch Ofendurchbrüche möglichst zu entziehen. Abb. 42 zeigt das etwa 35 t schwere Transformatorjoch eines 6 t-Ofens. Um die Wicklungsisolierung vor Zersetzung durch die strahlende Wärme des Schmelzbades zu schützen, wird, wie übrigens bei sämtlichen Induktionsöfen, der in den Ofen eingebaute Transformatorschenkel während des Betriebes durch Ventilatorluft gekühlt. Der Kühlwind wird mittels eines beweglichen Blechrohres, das der Kippbewegung des Ofens folgen kann, dem eingekapselten Transformatorschacht von unten her zugeführt und bläst an der Ofenoberfläche ins Freie.

Abb. 43, den Querschnitt durch die Schmelzrinne eines General-Electric-Ofens darstellend, gibt ein Beispiel für die Zustellungsart der Niederfrequenzöfen. Die eigentliche Schmelzrinne besteht aus „Furnit", einem totgebrannten und dann elektrisch

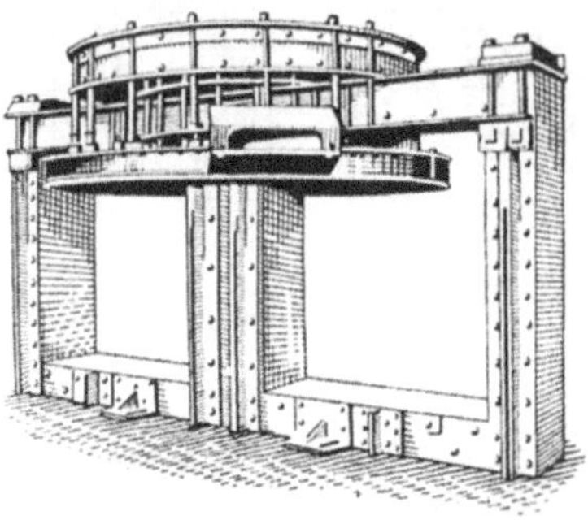

Abb. 42. Transformatorjoch mit Primärwicklung eines 6 t-General-Electric-Ofens.

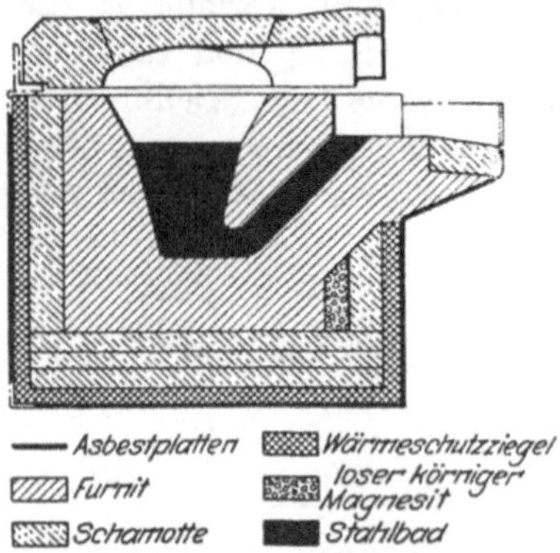

Abb. 43. Querschnitt durch die Schmelzrinne eines General-Electric-Ofens.

geschmolzenen Magnesit, der mit Teer gemischt eingestampft wird; gegen die ausspülende Wirkung des Metallbades soll diese Masse widerstandsfähiger als gewöhnlicher Teermagnesit sein. Bemerkenswert ist noch die sogenannte „Teekannen"-Ausgußschnauze, die ein getrenntes Auskippen von Stahl und Schlacke ermöglicht.

Der Röchling-Rodenhauser-Ofen hat von allen Induktionsöfen die weiteste Verbreitung gefunden und dürfte unter den schätzungsweise acht bis zehn Induktionsöfen, die in der Welt noch auf Elektrostahl betrieben werden, auch jetzt noch mehr als die Hälfte ausmachen. Die Bevorzugung des Ofens ist auf zwei Ursachen zurückzuführen, nämlich auf die den hüttenmännischen Erfordernissen verhältnismäßig gut angepaßte Herdform und auf den vergleichsweise günstigen Leistungsfaktor. Der Röchling-Rodenhauser-Ofen war nämlich der erste Induktionsofen, der sich die Vorteile der Doppelrinnenform zunutze machte. Wie Abb. 44 zeigt, ist in der

Ofenmitte ein geräumiger Arbeitsherd von guter Zugänglichkeit geschaffen; die davon ausgehenden beiden Seitenrinnen bewirken

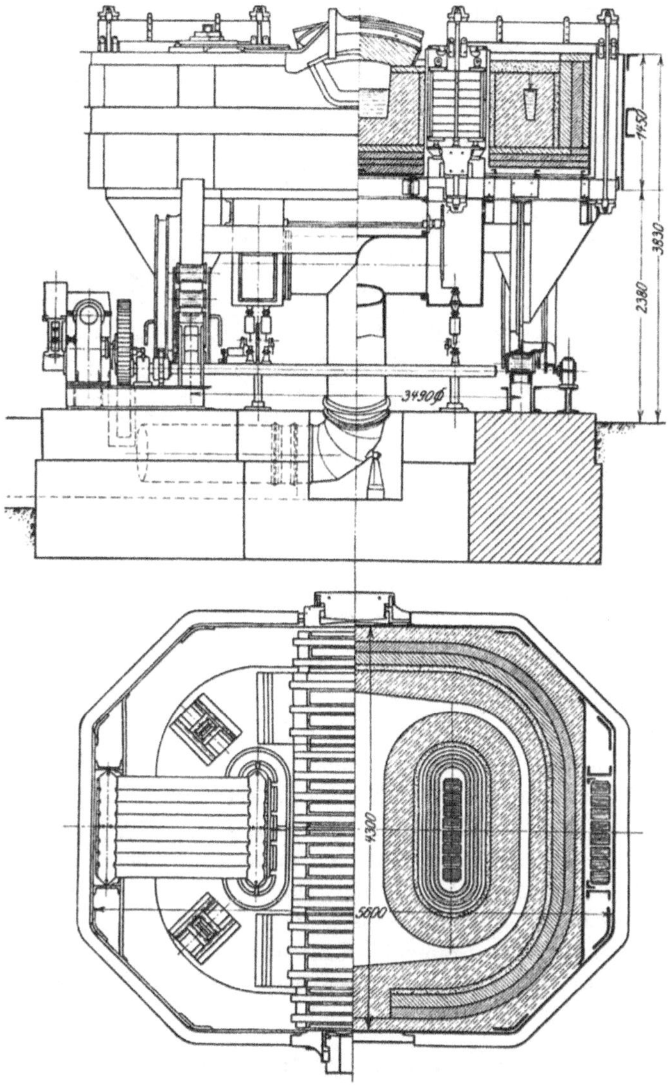

Abb. 44. Röchling-Rodenhauser-Zweiphasenofen für eine Fassung von 8 t.

infolge ihrer großen Länge und ihres geringen Querschnittes eine

Steigerung des Ohmschen Widerstandes, die sich in einer merklichen Verbesserung des Leistungsfaktors äußert. Der Ofen ist in seinen letzten Ausführungen fast stets als Zweiphasenofen mit zwei getrennten Transformatorjochen gebaut worden; beim Anschluß an Drehstromnetze wird in solchen Fällen der Generator des Periodenumformers als Zweiphasen-Wechselstromgenerator ausgebildet. Abb. 45 zeigt die äußere Ansicht eines Zweiphasenofens. An dem im Vordergrunde befindlichen Ofen ist links das

Abb. 45. Röchling-Rodenhauser-Zweiphasenöfen für eine Fassung von 8 bis 12 t. Einfüllen des flüssigen Einsatzes.

Transformatorjoch, rechts daneben die mit Winkeleisen versteifte Abdeckung des Mittelherdes zu erkennen.

Die Regelung der Energiezufuhr zum Bade wird beim Röchling-Rodenhauser-Ofen, wie bei den meisten übrigen Induktionsöfen, durch Spannungsänderung am Generator des Periodenumformers bewirkt. Durch feinstufige Regelung der Erregerspannung läßt sich die Spannung des Generatorstromes in den Grenzen von Null bis zur Höchstspannung (gewöhnlich 2000, 3000 oder 5000 V) beliebig einstellen.

Die Verbreitung der Induktionsöfen.

Im ersten Jahrzehnt des Elektrostahlverfahrens wiesen, in Deutschland wenigstens, Induktionsöfen und Lichtbogenöfen etwa die gleiche Verbreitung auf. Seither hat sich das Verhältnis eindeutig zugunsten der Lichtbogenöfen verschoben; die Zahl der Induktionsöfen ist von Jahr zu Jahr zurückgegangen und dürfte heute, wie bereits erwähnt, in der ganzen Welt weniger als ein Dutzend betragen. In den außerdeutschen Ländern hat der Induktionsofen überhaupt nie, auch zu Beginn der Entwicklung nicht, eine ähnliche Bedeutung wie in Deutschland zu erringen vermocht.

Man greift wohl nicht fehl, wenn man die Bevorzugung des Lichtbogenofens in erster Linie auf seine anerkannten Betriebsvorteile zurückführt. Sie bestehen, wie bereits zur Genüge betont, in der weitgehenden Unabhängigkeit von der Art und Zusammensetzung des Einsatzes, in der steten Betriebsbereitschaft auch bei unterbrochenem Betriebe sowie in der besseren Haltbarkeit und leichteren Instandhaltungsmöglichkeit der Zustellung; auch wirtschaftliche Erwägungen, wie beispielsweise die bessere Ausnutzung der legierten Stahlabfälle, ferner die Möglichkeit, den Anschluß an die Stromnetze durchweg mit ruhenden Umspannern statt mit drehenden Umformern zu bewerkstelligen, mögen zu dieser Entwicklung beigetragen haben.

Metallurgische Gesichtspunkte für den Vorsprung der Lichtbogenöfen ins Feld zu führen, wäre ein müßiges Beginnen; bisher jedenfalls ist die Überlegenheit des in der einen oder anderen Ofenart erzeugten Stahles nicht zu beweisen gewesen. Derartige Gütevergleiche könnten, wenn überhaupt, nur an wenigen Stellen mit einiger Aussicht auf Erfolg durchgeführt werden; es kämen dafür vorzugsweise solche Werke in Betracht, die nebeneinander beide Ofenarten auf das gleiche Erzeugnis betreiben und in der Lage sind, dessen Bewährung auf großzahlmäßiger Grundlage nachzuprüfen.

Die Hochfrequenz-Induktionsöfen.

Seit einigen Jahren versucht man die beim Metallschmelzen bereits gewerblich erprobte Hochfrequenzbeheizung auch in den Elektrostahlbetrieb zu übertragen. Das Kennzeichen dieser Beheizungsart besteht darin, daß die Primärspule mit Wechselstrom sehr hoher Periodenzahl (500 Hertz und darüber) gespeist wird. Im Gegensatz zum Niederfrequenzofen kann in diesem Falle darauf verzichtet werden, die Primärspule und das als

Sekundärspule wirkende Bad durch einen Eisenkreis, den Transformatorkern, zu verketten.

Abb. 46 stellt diese Verhältnisse schematisch dar und läßt erkennen, daß der Hochfrequenzofen im wesentlichen nur aus einer Primärspule besteht, in deren Innern sich ein Tiegel oder aufgestampfter Herd zur Aufnahme des Einsatzes befindet.

Als Stromerzeuger werden bei den neueren Versuchsanlagen Hochfrequenzmaschinen benutzt, die einphasigen Wechselstrom mit einer Frequenz von 500 bis 2000 Hertz abgeben. Eine Steigerung über diesen Wert hinaus wirkt ungünstig, da mit wachsender Periodenzahl die Verluste in der Ofenspule ansteigen und der Wirkungsgrad des aus Motor und Hochfrequenzgenerator bestehenden Periodenumformers erheblich abfällt. Noch eine weitere Rücksicht wirkt auf die Begrenzung der Periodenzahl ein. Bei der Erörterung der Niederfrequenzöfen wurde bereits hervorgehoben, daß mit steigender Periodenzahl der Leistungsfaktor des Ofens abnimmt. Bei den Hochfrequenzöfen würde die hohe Periodenzahl einen außergewöhnlich niedrigen Leistungsfaktor (0,15 oder noch weniger) bedingen, wenn nicht in den Ofenstromkreis eine Kondensatorenbatterie eingeschaltet wäre (Abb. 47).

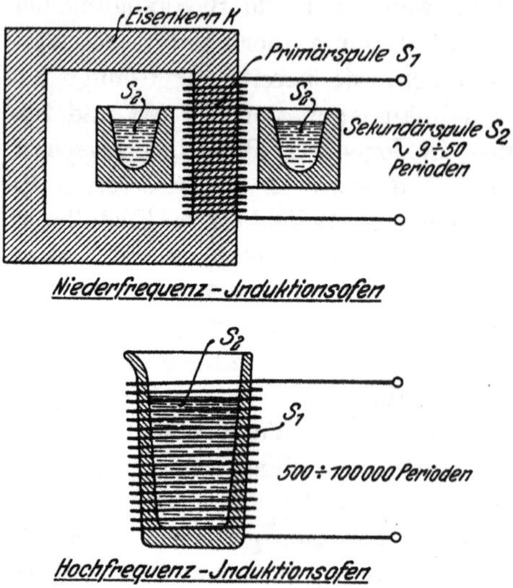

Abb. 46. Niederfrequenz- und Hochfrequenzbeheizung.

Die Kondensatoren sind Pakete aus dünnen, voneinander isolierten Metallblättern und haben die Aufgabe, den zwischen Ofen und Stromquelle leer hin und her schwingenden Strom auszugleichen. Ihr Einbau setzt infolgedessen den Leistungsfaktor hinauf. Je höher nun die Frequenz gewählt wird, um so stärker wächst der Bedarf an diesen teuren, platzraubenden und noch nicht zu höchster Betriebssicherheit durchgebildeten Apparaten.

Es wäre verfrüht, heute schon ein Urteil über die Zukunftsaussichten der Hochfrequenzöfen abgeben zu wollen. Immerhin lassen sich bereits einige grundsätzliche Erwägungen über ihre voraussichtliche Entwicklungsrichtung anstellen. Der Preis einer

Abb. 47. Hochfrequenzgenerator und Kondensatorenbatterie eines Hochfrequenzofens Bauart Hirsch-Kupfer (1800 Volt, 500 Hertz, 100 kW, 300 kg Einsatz).

Hochfrequenzofenanlage beträgt das Mehrfache desjenigen einer Lichtbogenofenanlage gleicher Schmelzleistung, hauptsächlich infolge der Kostspieligkeit des Hochfrequenz-Periodenumformers und der Kondensatorenbatterie. Da der Energieverbrauch und die übrigen Betriebskostenelemente an einem Hochfrequenzofen kaum wesentlich von denen eines Lichtbogenofens gleicher Fassung abweichen werden, wird man als Ausgleich für die hohen Anschaffungskosten Vorteile anderer Art, beispielsweise eine Steigerung der Stahlgüte, beanspruchen müssen. Wenn es auch bisher nicht gelungen ist, eine solche nachzuweisen, so ist dennoch die Arbeit in dieser Richtung nicht ganz aussichtslos.

Wie in Abb. 48 angedeutet, finden im Bade des Hochfrequenzofens elektromagnetisch bedingte Wirbelbewegungen statt, die denen des Niederfrequenzofens ähnlich, jedoch bedeutend heftiger sind. Infolgedessen ist an der Grenzschicht zwischen Stahl und Schlackendecke die Wechselwirkung, auf welcher im wesentlichen bei der heutigen Arbeitsweise die Reinigung des Stahlbades beruht, erheblich verstärkt. Dieser Vorteil wird jedoch teilweise durch die geringere Temperatur der Schlacke und die damit verknüpfte Umsetzungsträgheit zunichte gemacht; in welchem Ausmaße dies geschieht, ist allerdings noch unbekannt.

Außer der Stahlbehandlung von der Schlacke her, wie sie im Lichtbogenofenbetrieb durchgeführt zu werden pflegt, ist noch eine andere Art der Reinigung denkbar. Statt die im Stahlbade befindlichen Schädlinge zum Übergang in die Schlacke zu zwingen und sie dort zu zerstören, kann man sie auch durch Zusatz geeigneter Stoffe im Stahlbade selbst als unlösliche Verbindungen abscheiden und diese in die Schlackendecke überführen. Im Lichtbogenofenbetrieb ist der Erfolg dieses Vorgehens, wie später noch näher ausgeführt wird, stets unsicher; im Hochfrequenzofen dagegen wäre eine zuverlässigere Ausscheidung der unlöslichen Bestandteile infolge der fortwährenden Heranführung zur Schlackendecke hin und an dieser vorbei wohl vorstellbar.

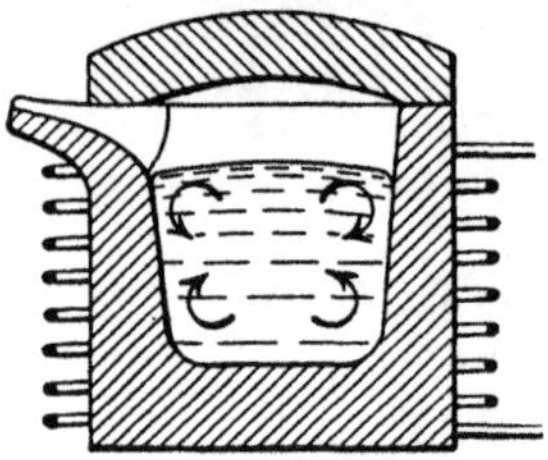

Abb. 48. Badbewegung im Hochfrequenzofen.

Der Hochfrequenzofen bietet noch eine weitere metallurgische Möglichkeit, die freilich, ohne bisher ausgenutzt worden zu sein, auch beim Niederfrequenzofen besteht. Im Lichtbogenofen werden die durch Oxydation entfernbaren Eisenbegleiter dem Stahlbade durch eine sauerstoffabgebende Schlacke entzogen. Beim Induktionsofen kann diese Oxydation auch durch die Einwirkung von Luft auf den Badspiegel vor sich gehen. Sowohl beim Niederfrequenz- wie auch beim Hochfrequenzofen besitzt nämlich das Bad infolge seiner Eigenbewegung ohnehin das Bestreben, die Schlacke an die Ofenwand zu schleudern, wo sie infolge mangelnder Wärmezufuhr erstarrt. Unterstützt man diesen Vorgang bewußt durch Blankhalten des Badspiegels, so vollziehen sich, ähnlich wie beispielsweise im Kleinkonverterbetrieb, die chemischen Umsetzungen an einer gänzlich anders gearteten und anders zusammengesetzten Grenzschicht. Infolgedessen kann die Reihenfolge in der Oxydation der verschiedenen Begleitstoffe sowie die Schnelligkeit und Vollständigkeit der Umsetzungen sich gegenüber den Verhältnissen bei schlackenbedeckten Bädern erheblich verschieben.

Was die äußere Gestaltung der Hochfrequenzöfen anbetrifft, so sind gewöhnlich der Tiegel und die Primärspule in einen Kasten eingeschlossen, der aus Bronzeschienen und Asbestplatten zusammengefügt ist (Abb. 49). Die Spule ist entweder als wasserdurchspülte Hohlschlange aus Kupferrohr oder als Vollkupferspirale mit Ventilatorluftkühlung ausgebildet. Alle Ofenbestandteile, beispielsweise auch die Lagerböcke, sind aus unmagnetischem Metall hergestellt; eiserne Stücke werden in dem starken, auch nach außen wirkenden Magnetfeld der Primärspule glühend, wenn nicht besondere bauliche Maßnahmen dem entgegenwirken.

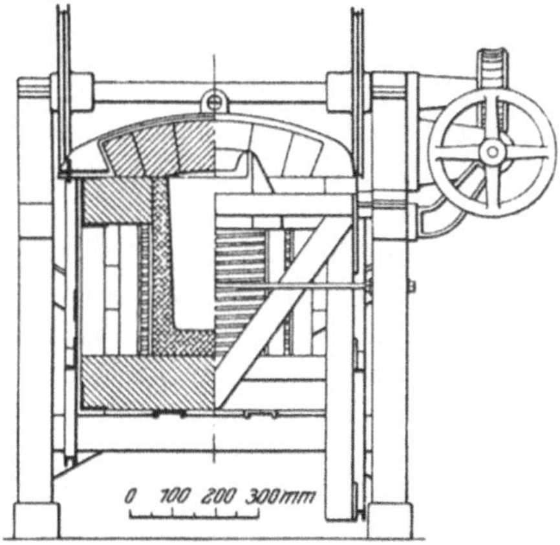

Abb. 49. 50 kg-Hochfrequenzofen des Kaiser-Wilhelm-Instituts für Eisenforschung.

Die Haltbarkeit des feuerfesten Tiegels ist infolge der Heftigkeit der Badbewegung ebenso begrenzt wie beim Niederfrequenzofen; die zweckmäßigste Zustellungsart wird sich erst durch längere Betriebserfahrungen festlegen lassen.

IV. Die bauliche Gestaltung der Lichtbogenöfen.

Das Ofengefäß.

Das eigentliche Ofengefäß, aus dem in der Regel zylindrischen, selten elliptischen oder rechteckigen Ofenmantel und dem meist ebenen, manchmal gewölbten Ofenboden bestehend, wird aus kräftigen, mindestens 20 mm starken Eisenblechen zusammengenietet oder -geschweißt. Die Ausschnitte für die Türen und für die Abstichschnauze werden durch winkelförmiges Stahlgußgeschränk verstärkt; desgleichen wird zweckmäßig die obere Begrenzung des Ofenmantels durch einen außen umlaufenden Winkelring versteift. Bei großen Öfen dienen manchmal senkrechte Blechrippen an der Außenwand, wie sie beispielsweise in Abb. 17 zu sehen sind, dem gleichen Zweck. Größtmögliche Starrheit des Ofengefäßes erleichtert den Betrieb wesentlich. Wenn sich durch das Wachsen des Mauerwerks, durch das Gewicht der Elektrodenwinden, durch örtliche Erwärmung oder ähnliche Ursachen die Bodenplatte oder der Ofenmantel verziehen, treten beim Auswechseln des Gewölbes lästige Unzuträglichkeiten auf. Mantel und Gewölbering passen nicht mehr recht zusammen, Türen und Geschränk verklemmen sich und die in ihrer Lage verschobenen Elektrodenhalter und Elektrodenöffnungen im Gewölbe liegen nicht mehr genau lotrecht zueinander. Scheuern sich aber die Elektroden am Durchgang durch den Deckel, so sind Elektrodenbrüche und vorzeitige Zerstörung des Gewölbes die unvermeidliche Folge.

Ofenmantel und Bodenplatte werden zweckmäßig mit einer größeren Anzahl etwa 20 mm weiter Löcher versehen, um beim Austrocknen und Anheizen eines frisch zugestellten Ofenfutters den Teerdämpfen oder der Mörtelfeuchtigkeit ungehinderten Abzug zu gewähren.

Die Abmessungen des lichten Herdraumes.

Der eigentliche Badraum, also der Raum zwischen der Herdsohle und der Ebene der Türschwellen, paßt sich in seiner Form und Größe dem Einsatzgewicht des Ofens an. Als Anhalt für die Bemessung mag die Schaulinie der Abb. 50 gelten, welche die gebräuchlichen Fassungen der Herdmulde für die verschiedenen Ofengrößen wiedergibt. (In Abb. 50 sowie den nächstfolgenden bedeuten die Punkte einen Durchschnittswert von jeweils 5 bis 10 ausgeführten Öfen.)

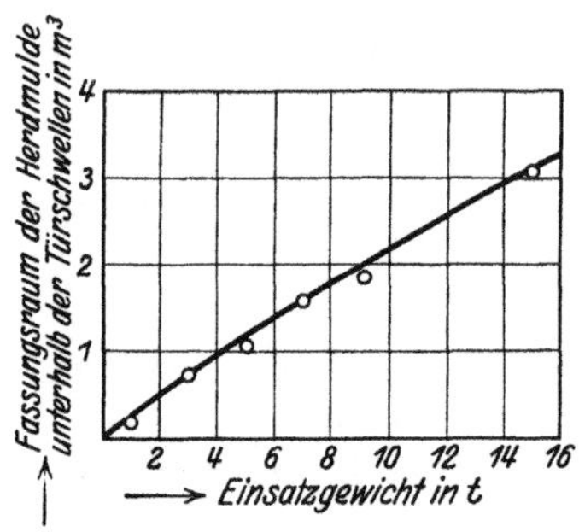

Abb. 50. Fassungsraum der Herdmulde von Lichtbogenöfen bei Neuzustellung.

Rechnet man überschlägig mit etwa 5% Schlackenzusatz und nimmt für das spezifische Gewicht der Schlacke den Wert von 2,5 an, so bleiben für das Stahlbad etwa 80% des im Schaubild angegebenen Fassungsraumes übrig, was beispielsweise für den 6 t-Ofen 1,10 m³ ergibt. Ein solcher Raum genügt zwar rein rechnungsmäßig für etwa $8\frac{1}{2}$ t Stahlinhalt; jedoch ist bei dieser Überlegung zu berücksichtigen, daß sich die Werte der Abb. 50 auf die „ideale" Herdform beziehen, die der Neuzustellung zugrunde gelegt ist. Im Betriebe verkleinert sich durch den beim Flicken der Schlackenzone herabrieselnden Dolomit oder Magnesit der Herd rasch nach der in Abb. 51 gestrichelt angedeuteten Weise und nimmt die Form einer flachen Schale an.

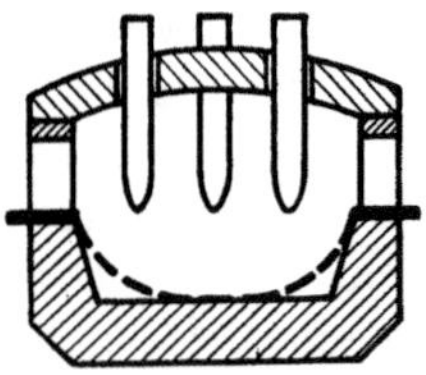

Abb. 51. Form der Herdmulde bei Neuzustellung (voll ausgezogen) und während des Betriebes (gestrichelt).

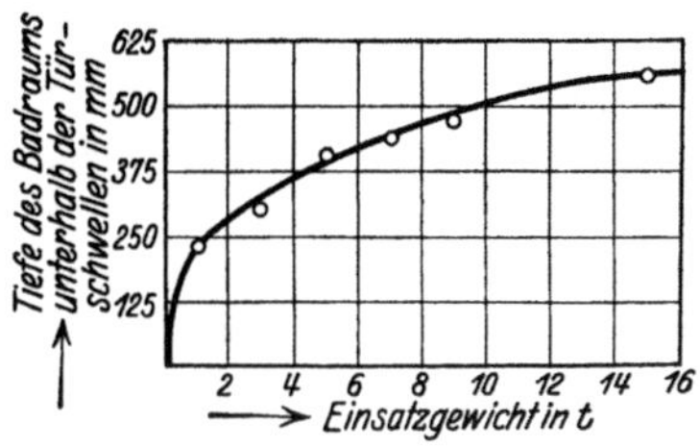

Abb. 52. Badraumtiefe bei Lichtbogenöfen.

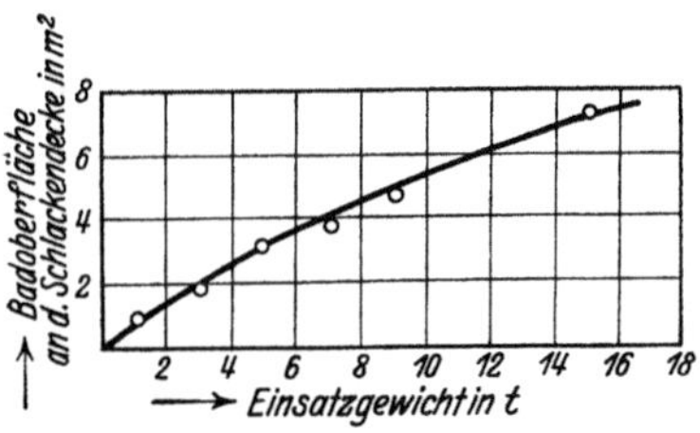

Abb. 53. Badoberfläche an der Schlackendecke bei Lichtbogenöfen.

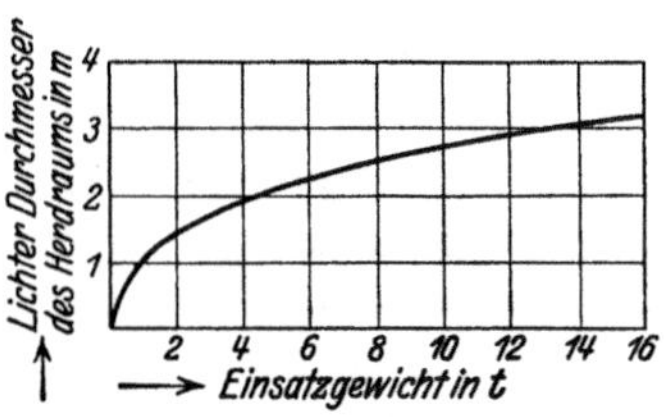

Abb. 54. Lichter Durchmesser des Herdraumes in Türschwellenhöhe bei zylindrischen Lichtbogenöfen.

Die Tiefe des Badraumes — von den Türschwellen bis zum tiefsten Punkt der Herdsohle gemessen — bewegt sich, wie Abb. 52 erkennen läßt, zwischen 250 und 550 mm für Einsatzgewichte von 1 bis 15 t. Aus der Fassung und der Tiefe ergeben sich die in Abb. 53 dargestellten Badoberflächen, die so groß sein müssen, daß die Elektrodenfassungen über dem Gewölbe sich nicht gegenseitig behindern; andernfalls muß eine seichtere Badform gewählt werden. Zur bequemeren Vergleichsmöglichkeit seien in Abb. 54 die der Abb. 53 entsprechenden lichten Durchmesser des Herdraumes bei zylindrischen Öfen wiedergegeben.

Bei der Festlegung der Herdraumabmessungen an Hand der Abb. 50 bis 54 ist zu bedenken, daß die darin zusammengestellten Maße Durchschnittswerte darstellen. Sie können demgemäß nur als Anhalt benutzt werden und lassen, den jeweiligen Betriebsverhältnissen entsprechend, Abweichungen zu, wobei die nachfolgenden Erwägungen maßgebend sind. Je tiefer der Badraum bei gleicher Fassung ist, um so rascher kann der Einsatz eingeschmolzen werden, da er zum überwiegenden Teile im unmittelbaren Lichtbogenbereich der niederwärts gehenden Elektroden liegt. Bei seichterer Herdform hingegen bleiben beim Niederschmelzen je nach dem Elektrodenabstand entweder am Ofenrande oder in der Ofenmitte Schrotthügel übrig, die nur allmählich von dem bereits verflüssigten Teil des Einsatzes aufgelöst werden. Der Anreiz zur Wahl möglichst großer Badtiefen findet aber eine Reihe von Hemmungen. Ist nämlich der Einsatz einmal verflüssigt, so ist die unterste Badschicht infolge ihrer weiten Entfernung von den Lichtbögen leicht der Gefahr des „Einfrierens" ausgesetzt; die Bildung fester Ansätze an der Herdsohle wird noch begünstigt, wenn regelmäßig während des Feinens größere Mengen schwer schmelzbarer Legierungsmetalle zugesetzt werden. Bei Öfen mit Bodenelektroden kann daher, da der Bodenstrom eine zusätzliche Erhitzung des Herdes bewirkt, unter sonst gleichen Bedingungen eine tiefere Badform Anwendung finden als bei reinen Lichtbogenöfen.

Auch metallurgische Erwägungen begrenzen die zulässige Badtiefe. Beispielsweise geht die Abscheidung des im Stahl enthaltenen Sauerstoffs während der Feinungsperiode vornehmlich unter Mitwirkung der Schlacke vor sich. Es ist daher einleuchtend, daß das Verhältnis des Einsatzgewichtes zur Berührungsfläche zwischen Bad und Schlacke auf die Schnelligkeit und Vollständigkeit der Feinungsvorgänge von Einfluß ist. Dieser Umstand läßt es begreiflich erscheinen, daß bei der Herstellung von gewöhnlichem Stahlformguß, wo die Feinung an Bedeutung zurücktritt, eine mehr becherförmige, bei der Edelstahlerzeugung hingegen eine mehr schalenförmige Herdmulde gebräuchlich ist.

Die Höhe des Ofenraumes zwischen der Ebene der Türschwellen und dem Gewölbe ergibt sich aus folgenden Erwägungen. Die lichte Höhe der Türöffnungen muß mindestens um ein Geringes mehr als der Elektrodendurchmesser betragen, damit etwa im Ofen abgebrochene Elektrodenstücke rasch und ohne Schwierigkeit herausgezogen werden können. Der die Türöffnung oben abschließende, etwa 125 mm starke Türbogen liegt zur Hälfte in der eigentlichen Seitenwand, zur Hälfte bereits in einer entsprechenden Aussparung des Gewölbes. Für den Abstand von der Türschwelle bis zur Gewölbeauflage findet man bei ausgeführten Öfen folgende Werte: bei Öfen von 2 bis 5 t Fassung 400 bis 700 mm, bei solchen von 6 bis 9 t Fassung 500 bis 900 mm, bei solchen von 10 bis 15 t Fassung 600 bis 1000 mm.

Das besagte Maß ist sowohl für die Haltbarkeit des Gewölbes als auch für den Energieverbrauch des Ofens von Wichtigkeit. Je näher nämlich das Gewölbe an die Lichtbögen herangerückt wird, um so leichter kann eine örtliche Überhitzung und ein Abschmelzen eintreten; je höher es gesetzt wird, um so besser ist es der unmittelbaren Einwirkung der Lichtbogenhitze entzogen. Andrerseits steigt jedoch mit wachsendem Gewölbeabstand der Energieverbrauch, da die wärmeabgebende Ofenoberfläche vergrößert wird. Die zweckmäßige Mitte zwischen beiden Grenzfällen zu finden, ist Sache der Erprobung im Betriebe. Ein zu knapper Gewölbeabstand kann durch Einlegen einer entsprechend starken Zwischenschicht zwischen Ofenwand und Gewölbe vergrößert und ausgeglichen werden.

Das feuerfeste Ofenfutter.

Die feuerfeste Auskleidung der Elektrostahlöfen besteht bei basischem Betrieb aus Dolomit oder Magnesit, bei saurem in der Regel aus Silika. Eigenschaften und Anwendungsbereich der einzelnen feuerfesten Stoffe werden in einem späteren Abschnitt eingehend besprochen, so daß sich eine Erörterung an dieser Stelle erübrigt.

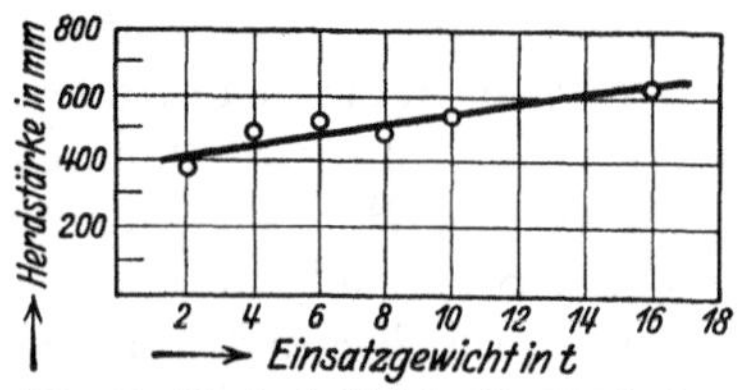

Abb. 55. Durchschnittliche Herdstärke bei Lichtbogenöfen.

In das Ofengefäß wird zunächst der Herd eingemauert, eingestampft oder eingebrannt. Seine Stärke beträgt gemäß Abb. 55 etwa 400 mm bei 2 t-Öfen und etwa 600 mm bei Öfen von 12 t und darüber.

Bei basischer „Zustellung" legt man zu unterst meist eine 65 mm starke Flachschicht aus Schamotteziegeln und stampft den Rest des Herdes aus Teerdolomit- oder Teermagnesitmasse auf. Die Einzelheiten dieses Vorganges sowie des manchmal noch ausgeübten „Einbrennens“ der Herde werden weiter unten behandelt.

Anschließend an den Herd werden die Seitenwände aufgemauert oder aufgestampft. Die zweckmäßigste Wandstärke für die verschiedenen Ofengrößen ist aus den Schaulinien der Abb. 56 zu entnehmen. Wie ersichtlich, verstärkt man die Wände vom Gewölbe her bis zur Herdsohle, da senkrechte Wände schlechter haltbar und schwerer zu flicken sind als geneigte.

Bei der Bemessung der Wand- und Herdstärke läßt man sich im Einzelfalle einigermaßen von Rücksichten auf die Betriebsweise der Öfen leiten. Bei ununterbrochen schmelzenden Öfen wählt man vorteilhaft ein stärkeres Ofenfutter, da man damit die Oberflächentemperatur des Ofengefäßes und infolgedessen die Ausstrahlungsverluste niedrig hält. Bei Gießereiöfen jedoch, die täglich nur eine oder zwei Schmelzungen machen und dann bis zum nächsten Tage abgestellt bleiben, würde in diesem Falle der Verlust durch jedesmaliges Aufheizen der großen Zustellungsmasse auf Betriebstemperatur den Gewinn durch verminderte Ausstrahlung erheblich übersteigen. Um einen Anhalt über die Größe des dabei in Frage kommenden Verlustes zu geben, sei erwähnt, daß die Zustellung eines basischen 5 t-Ofens (Wände 330 bis 450 mm, Herd 600 mm, Gewölbe 200 mm stark) nach 18stündigem Stillstand etwa 550 kWh zur Aufheizung auf Betriebstemperatur benötigt; um diesen Betrag erhöht sich gegenüber ununterbrochenem Betrieb der Energieverbrauch der ersten Schmelzung nach dem Stillstand.

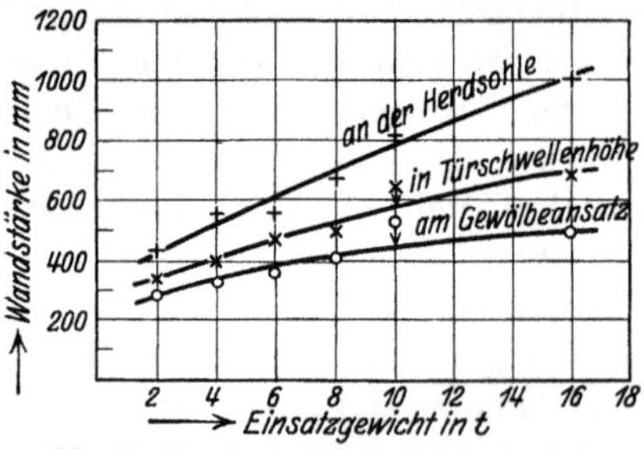

Abb. 56. Durchschnittliche Stärke der Seitenwände bei Lichtbogenöfen.

Der Baustoff für die Wände ist in der Regel einheitlich, bei saurer Zustellung Silika, bei basischer Dolomit oder Magnesit. Manchmal führt man bei Magnesitöfen aus Ersparnisgründen die Wände nur bis zu etwa 120 mm über der Türschwelle aus Magnesit, darüber aus Silikaziegeln aus. Im Edelstahlbetrieb ist diese

Silikawand jedoch wenig empfehlenswert, da sie während der langen Feinungsdauer durch den Kalkgehalt der Ofenatmosphäre stark angegriffen wird, was schwierigere Schlackenführung und vermehrte Flickarbeit mit sich bringt. Bei Stahlgußöfen treten diese Nachteile weniger in Erscheinung, da bei ihnen Zeitdauer und Ausmaß der Feinungsarbeit geringer sind. Hier schadet auch die Zwischenlage aus Chromerzziegeln nicht, die vielfach als neutrale Trennschicht zwischen saurem und basischem Baustoff eingefügt wird, und die im Edelstahlbetrieb Veranlassung zu unerwünschter Chromaufnahme des Bades geben kann.

Anstatt die Seitenwände oberhalb der Schlackenlinie in ganzer Stärke aus Silikasteinen aufzumauern, wählt man bei größerer Wandstärke unter Umständen auch den Ausweg, die äußere, halbsteinstarke Futterschicht aus Schamotteziegeln, die eigentliche Innenwand dagegen aus Magnesitsteinen oder Teermagnesitmasse auszuführen. Bei Öfen mit Dolomitfutter ist dieses Vorgehen nicht gebräuchlich, da der Preisunterschied zwischen Dolomit und Schamotte nur unerheblich ist.

Die Haltbarkeit des Ofenfutters hängt stark von der Betriebsweise sowie von der Gewissenhaftigkeit der Ofenbedienung ab. Eine stets sorgfältig geflickte Wand hält hundert und mehr Schmelzungen aus, ehe sie — vorteilhafter Weise beim Deckenwechsel oder an Sonntagen — bis zur Schlackenlinie abgebrochen und erneuert werden muß. Der Ofenherd hält, wenn er richtig hergestellt ist und instand gehalten wird, fast unbegrenzt; immerhin ist es angezeigt, ein- bis zweimal jährlich auch von anscheinend guten Herden die oberste Schicht in einer Stärke von 100 bis 200 mm loszubrechen und neu zu stampfen oder einzubrennen. Bei Öfen mit Bodenbeheizung, deren Herd naturgemäß stärker beansprucht wird, empfiehlt sich eine noch kurzfristigere Wiederholung. Die Rechtfertigung für diese Maßnahme, die doch immerhin jedesmal einen zweitägigen Stillstand zur Folge hat, liegt darin, daß die oberste Herdschicht sich allmählich während des Einschmelzens und Frischens mit eisenoxydulhaltiger Schlacke anreichert, die den einwandfreien Ablauf des Feinungsvorgangs empfindlich beeinträchtigen kann.

Als Durchschnitt an einer größeren Anzahl von Lichtbogenöfen sind folgende Haltbarkeitszahlen festgestellt worden:

Dolomitwände	etwa	75	Schmelzungen,
Dolomitherde	„	400	„
Magnesitwände	„	140	„
Magnesitherde	„	650	„

Die Haltbarkeit eines Magnesitfutters ist also im Durchschnitt annähernd doppelt so groß wie die eines Dolomitfutters. Wählt man als Vergleichszahl den Verbrauch in Kilogramm Zustellungs- und Flickmasse je Tonne Ofenerzeugung, so ergibt sich das folgende Verhältnis: als Durchschnitt bei Magnesitöfen ein Verbrauch von 17 kg Magnesit, als Durchschnitt bei Dolomitöfen ein Verbrauch von 50 kg Dolomit (zuzüglich 6 kg Magnesit) je Tonne Stahl. Der Verbrauchsvergleich ergibt also für Magnesit ein etwas günstigeres Bild als der Haltbarkeitsvergleich, hauptsächlich wohl deshalb, weil bei Magnesitöfen öfter als bei Dolomitöfen eine Futterschicht aus Schamottesteinen zur Anwendung kommt. Ob die Zustellungskosten je Tonne Stahl bei Anwendung von Dolomit oder von Magnesit geringer sind, ist eine nicht allgemeingültig zu beantwortende Frage; die Entscheidung hängt von dem örtlichen Preisverhältnis dieser beiden Baustoffe ab.

Im Anschluß an die vorstehenden Erörterungen über Art, Abmessungen und Haltbarkeit des Ofenfutters sei der Vorgang bei der Herstellung von Dolomit- und Magnesitherden näher beschrieben; auf die Einzelheiten bei der Zustellung saurer Öfen soll in einem späteren Abschnitt näher eingegangen werden.

Bei der Herstellung eines Dolomitfutters verwendet man einen bis auf mindestens Haselnußgröße zerkleinerten Sinterdolomit; das bei der Zerkleinerung entfallende Mehl kann, solange es noch vollkommen frisch und nicht verwittert ist, mitbenutzt werden. Der Dolomit wird mit etwa 8% seines Gewichtes an wasserfreiem Stahlwerksteer gemischt. Große Stahlwerke nehmen die Mischung in besonderen Teerdolomitkollergängen vor; für Elektrostahlwerke lohnt sich jedoch die Anschaffung derartiger Maschinen nur selten, da Teerdolomit nur bei Neuzustellungen benötigt wird. Um dennoch mit behelfsmäßigen Mitteln ein einwandfreies Mischgut zu erzielen, verfährt man zweckmäßig in folgender Weise: Der Teerkessel wird durch gelinde Hitze auf etwas über 100° erwärmt, damit der Teer gut dünnflüssig wird und ein etwa vorhandener Wassergehalt entweichen kann; gleichzeitig wird auf einfachen Blechplatten über einem Kohlen- oder Gasfeuer der

Dolomit in dünnen Lagen stark aufgeheizt. Dann werden Dolomit und Teer in dem eben angegebenen Verhältnis auf der Platte gemischt und tüchtig umgeschaufelt. Wenn der Teerzusatz in richtiger Höhe erfolgt ist, sieht das fertige Mischgut mattdunkelbraun aus und beginnt soeben als Folge nicht aufgesaugten Teeres zu glänzen.

Die Mischung wird sodann in den Ofen, an dessen Sohle schon eine Schamottelage eingelegt zu sein pflegt, in etwa 80 mm starken Schichten eingefüllt. Das Stampfen wird meist mit Preßluftstampfern, deren Stampfschuh zuvor auf Rotglut gebracht worden ist, vorgenommen und solange fortgesetzt, bis die Lagen vollständig hart geworden sind und sich nicht mehr zusammendrücken. Enthält die Mischung zu viel Teer, so wird die Masse beim Stampfen breiig, weicht unter den Schlägen nach der Seite aus und wird infolgedessen nicht fest; enthält sie zu wenig Teer, so bindet sie nicht und wird durch die Stöße zu einem feinen Pulver zerschlagen. In beiden Fällen muß die betreffende Schicht wieder herausgenommen und durch einwandfreies Mischgut ersetzt werden. Die fertiggestampften Lagen werden mit Meisseln oder Spitzhacken an der Oberfläche wieder aufgerauht, damit sie sich mit der nächstfolgenden Lage zu einem fugenlosen Ganzen verbinden können.

Das Mischen und Einstampfen von Teermagnesit erfolgt in gleicher Weise wie bei Teerdolomit; nur erhöht sich der Anteil des Teeres, auf Sintermagnesit bezogen, von 8 auf etwa 10 bis 12%. Ein weiterer Unterschied besteht darin, daß bei Magnesitöfen meist nur die oberste Herdsohle in einer Stärke von etwa 200 mm eingestampft wird, während die tieferen Schichten aus Magnesitziegeln gemauert werden.

Wenn die Stampfarbeit bis zur Ebene der Herdsohle vorgeschritten ist, wird eine dem lichten Ofenraumprofil entsprechende, nach oben sich etwas erweiternde Blechschablone in den Ofen eingesetzt. Der Raum zwischen Ofenmantel und Blechschablone, die Ofenwand, wird in gleicher Weise wie der Herd vollgestampft; die Türpfeiler pflegen sowohl bei Magnesit- als auch bei Dolomitöfen aus Magnesitziegeln gemauert zu werden.

Nach Fertigstellung des Ofenfutters wird das Gewölbe aufgelegt und der Ofen unter Feuer gesetzt. Das Anheizen erfolgt anfangs durch Holz- oder Koksfeuer, später durch Stromzufuhr und Lichtbogenbildung zwischen Elektrodenspitzen und Koksbett. Die Dauer des Anheizens beträgt bis zur vollständigen Verkokung der dem Feuer ausgesetzten Lagen je nach der Ofengröße 24 bis 48 Stunden. Da die tieferliegenden Schichten auch später noch Teerdämpfe entwickeln, welche die Güte des Stahls ungünstig beeinflussen können, ist es empfehlenswert, als erste Schmelzung eine weniger empfindliche Stahlsorte zu wählen.

Statt des eben geschilderten Einstampfens der Herdsohle wird mancherorts noch das weniger einfache Einbrennen ausgeübt. Vorgestampfter Magnesit oder Dolomit wird mit einem geringen Zusatz an basischer Martinofenschlacke und Teer oder Melasse in dünner Schicht eingefüllt. Sodann wird eine Lage kleiner Elektrodenbruchstücke vorsichtig aufgetragen und der Ofen unter Strom gesetzt; sobald alles festgesintert ist, werden die Elektrodenstücke herausgezogen. Der gleiche Vorgang wiederholt sich so oft, bis der Herd die gewünschte Stärke erreicht hat. Das Einbrennen eines 500 mm starken Herdes nimmt etwa 48 bis 60 Stunden in Anspruch.

Das Ofengewölbe.

Das Ofengewölbe als der stärkstbeanspruchte Teil des Lichtbogenofens muß sich rasch und ohne erhebliche Störung des Ofenbetriebes auswechseln lassen. Seine Bauweise ist auf diese Forderung zugeschnitten: ein kräftiger Winkelrahmen aus Stahlguß oder genieteten Blechen, der als Einfassung für das feuerfeste Mauerwerk dient, ist mit mehreren starken Ösen oder Haken versehen. In diese greift beim Deckelwechsel, nachdem die Elektroden aus den Spannern herausgenommen worden sind, die Krankette ein und hebt das verschlissene Gewölbe als Ganzes vom Ofen ab. In der gleichen Weise wird sodann der bereitgehaltene, fertiggemauerte und vorgetrocknete Ersatzdeckel aufgelegt. Um beim Losreißen des alten Deckels die Seitenwände möglichst wenig zu beschädigen, legt man gewöhnlich zwischen Ofenmauerwerk und Gewölbering eine etwa 60 mm starke Zwischenschicht ein, und zwar Magnesitziegel oder Magnesitmehl bei basischem Futter, Silika bei saurer Zustellung. Das neu aufgelegte Gewölbe wird mittels Zwingen oder Bolzen und Keilen am Ofenmantel befestigt, um ein Abgleiten beim Ofenkippen zu verhindern. Manchmal findet man auch, insbesondere bei ganz

Abb. 57. Kleiner Lichtbogenofen mit aufklappbarem Deckel.

kleinen Öfen, einen aufklappbaren Deckel; durch diese in Abb. 57 dargestellte Anordnung wird das Ofenflicken erleichtert und ein rasches Einfüllen des Einsatzes ermöglicht.

Als Gewölbebaustoff werden fast ausschließlich Silikasteine verwendet; die übrigen feuerfesten Stoffe sind, wie später noch auszuführen sein wird, entweder unwirtschaftlicher oder den Beanspruchungen des Elektroofenbetriebes noch weniger gewachsen als Silika. Die Ziegel werden, wie Abb. 58 zeigt, meist in konzentrischen Lagen unter Aussparung der Elektrodenöffnungen in den Gewölbering ein-

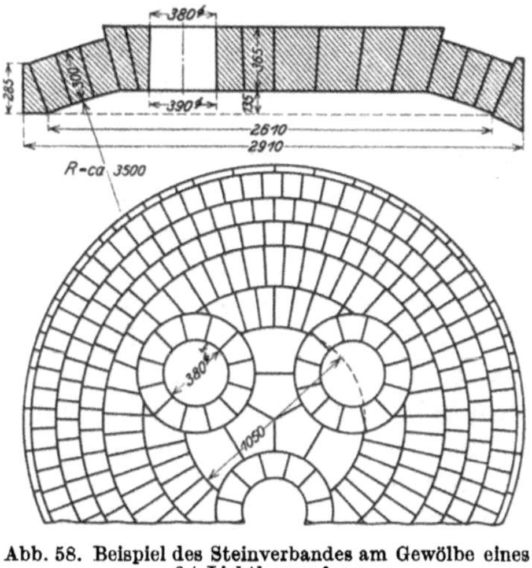

Abb. 58. Beispiel des Steinverbandes am Gewölbe eines 6 t-Lichtbogenofens.

gesetzt; man benutzt passende Sonderformen, deren Querschnitt sich jedoch zweckmäßigerweise an den des Normalziegels (65 × 120 × 250 mm) anlehnt. Sehr große Steine sind weniger zu empfehlen, obzwar sie die Maurerarbeit beschleunigen und verbilligen; sie sind häufig nicht ganz gleichmäßig durchgebrannt und neigen infolge der dadurch bedingten Spannungen stärker zum Abplatzen. Die Steinlänge, also die Gewölbestärke, beträgt durchweg 200 bis 300 mm. Als Bindemittel wird meist dünner Silikamörtel, selten wasserfreier Stahlwerksteer verwendet; sehr genau geformte Ziegel können auch, ohne daß unzulässige Spalten bestehen bleiben, trocken zusammengefügt werden.

Silikasteine dehnen sich in der Ofenhitze linear um etwa 2,5% aus; fehlt ihnen der Raum dazu, so werden sie durch den beim „Wachsen" auftretenden Druck zertrümmert. Infolgedessen schaltet man beim Mauern konzentrisch und radial mehrere etwa 1 cm starke Holzzwischenlagen ein, die beim Anheizen des Deckels verkohlen und die benötigten Dehnfugen freigeben. Anderwärts legt man mit dem gleichen Erfolg dünne Dachpappe zwischen jede Steinlage. Der Spielraum für das Wachsen wird vielfach auch in den Gewölbering verlegt, der in diesem Falle meist dreigeteilt ist; nachgiebige Holzeinlagen zwischen den Anschlußflanschen gestatten eine allmähliche Lockerung der Verschraubung, sobald das Wachsen des Gewölbes einsetzt.

Das Mauern der Deckel geschieht meist auf einer Holzschablone. Der gegenseitige Abstand der Elektrodenöffnungen muß genau eingehalten werden, damit im Betriebe die Elektroden sich nicht an den Durchgangsstellen scheuern und beim Auf- und Niedergang schädlichen Biegungsbeanspruchungen ausgesetzt sind. Der allseitige Spielraum zwischen Elektrodenöffnung und Elektrode soll zweckmäßig bei den genau runden Graphitelektroden 15 bis 20 mm, bei den meist weniger genau gearbeiteten Kohleelektroden 25 bis 30 mm nicht übersteigen; die Elektrodenöffnung soll sich um 10 bis 20 mm nach unten erweitern, damit der fertiggemauerte Deckel ohne Schwierigkeit von der Schablone abgehoben werden kann. Die Einfassung der Elektrodenöffnungen wird häufig als gesonderter Ring außerhalb des übrigen Steinverbandes gemauert; man hat auf diese Weise die Möglichkeit, die oft früher als das übrige Gewölbe verschlissenen Steinringe in der Pause zwischen zwei Schmelzungen auszubrechen und fertiggemauerte Ersatzringe in die entstandene Öffnung einzulassen.

Die Haltbarkeit des Gewölbes beträgt bei basischer Zustellung im Edelstahlbetriebe 30 bis 60 Schmelzungen, im Stahlformgußbetriebe mit seinen kürzeren Feinungszeiten 50 bis 140 Schmelzungen. Abb. 59 gibt die durchschnittliche Haltbarkeit von Silikagewölben bei festem Einsatz und basischer Schmelzungsführung in Abhängigkeit von der Feinungsdauer wieder. Der Verbrauch an Silikaziegeln für das Gewölbe beläuft sich je nach der Haltbarkeit auf 10 bis 40 kg je Tonne Stahlausbringen. Beim sauren Verfahren steigen die Haltbarkeitszahlen auf das Doppelte, weil die zerstörende Einwirkung des Kalkstaubs im Ofenraum wegfällt.

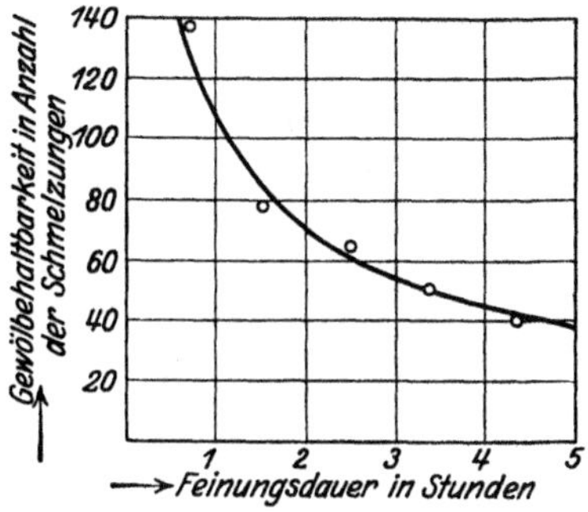

Abb. 59. Durchschnittliche Gewölbehaltbarkeit an Lichtbogenöfen bei festem Einsatz und basischer Schmelzungsführung.

Übrigens ist es meist unwirtschaftlich, das Auswechseln eines zu dünn gewordenen Gewölbes durch Kühlung mit Ventilatorwind oder ähnliche Mittel hinauszuzögern; der erhöhte Energieverlust durch Wärmestrahlung an die Umgebung kann die Ersparnisse im Silikaverbrauch erheblich überwiegen.

Die Arbeitstüren und die Abstichöffnung.

Um den Ofen beschicken, die Zustellung instandhalten und den Schmelzungsgang überwachen zu können, sind in der Ofenwand Arbeitsöffnungen ausgespart, deren Anzahl, Größe und Verteilung auf den Ofenumfang kurz erörtert sei. Grundsätzlich sind die beiden in Abb. 60 schematisch dargestellten Anordnungen möglich. Im ersten Falle befindet sich dem Abstich gegenüber eine große Arbeitsöffnung; die Elektrodenhalter sind um 90° gegen Arbeitstür und Abstich versetzt an der dem Transformator benachbarten Ofenseite angeordnet. Im zweiten Falle liegen dem Abstich gegenüber die Stromzuführungen; um etwa 90° versetzt sind zwei seitliche Arbeitsöffnungen angebracht.

Beide Arten haben ihre Vor- und Nachteile. Die Öfen mit einer dem Abstich gegenüberliegenden Arbeitstür können mittels einfacher Mulden in später zu erörternder Weise beschickt werden. Da bei ihnen das Abschlacken des Bades über die Schwelle der Arbeitstür vorgenommen zu werden pflegt, muß der Kippantrieb auch ein Rückwärtsneigen des Ofens zulassen.

Bei den mehrtürigen Öfen läßt sich die Ausbesserung des Ofenfutters bequemer vollziehen, die Handbeschickung kann rascher durchgeführt werden und schließlich geht die Vorwärmung größerer Mengen von Legierungszusätzen auf den Türschwellen schneller vonstatten.

Die Türen bestehen aus starken, mit Silikaziegeln ausgemauerten Winkeleisen oder Stahlgußrahmen. Sie werden mittels eines durch

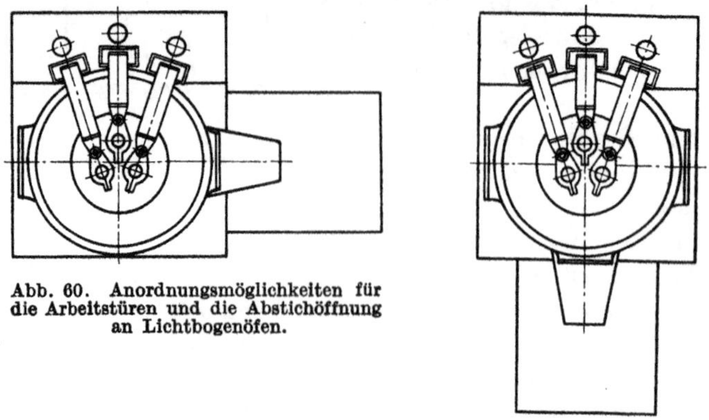

Abb. 60. Anordnungsmöglichkeiten für die Arbeitstüren und die Abstichöffnung an Lichtbogenöfen.

Gegengewicht ausgeglichenen Hebels betätigt und sind, um rasch und leicht ausgewechselt werden zu können, mit einem einfachen Haken am Türgehänge befestigt. Um das Klaffen während des Betriebes zu verhindern, versieht man die Türrahmen mit schrägen Gleitflächen, an welche sich die Türen vermöge ihres Eigengewichtes dicht anlegen; anderwärts findet man vor den Türen Anschlagnocken, welche ein festes Anpressen bewirken. Den unteren Abschluß der Arbeitsöffnung bildet die sogenannte Schaffplatte, ein außen am Ofenmantel befestigter, bankartig gestalteter Stahlgußwinkel (vgl. beispielsweise Abb. 61). Die Höhe der Schaffplatte über Arbeitsflur soll etwa 800 mm betragen; diese Entfernung ermöglicht dem Schmelzer die zweckmäßigste Körperhaltung beim Beschicken, Abschlacken, Probenehmen und den übrigen Ofenarbeiten.

Trotzdem die Türen durch die häufige Betätigung während des Schmelzungsganges sowie durch die bei der Schlackenbildung herausschlagenden Flammen stark beansprucht werden, lohnt sich die Benutzung wassergekühlter Türen und Türrahmen meistens nicht; der mit dem Wärmeentzug verbundene Energieverlust pflegt die Ersparnisse an kleinen Instandsetzungsarbeiten zu überwiegen.

Die Höhe der Türöffnungen muß, wie bereits erwähnt, mindestens den Elektrodendurchmesser um ein Geringes übersteigen, damit etwaige Bruchstücke von Elektroden unbehindert aus dem Ofen herausgezogen werden können. Im übrigen sind für die Bemessung auch die Schrottverhältnisse maßgebend. Je größer man die Beschickungsöffnung wählt, um so weniger Beschränkung braucht man sich in der Stückgröße des Einsatzes aufzuerlegen. Bei eintürigen Öfen sind folgende ungefähre Maße für Breite und Höhe der Arbeitsöffnung üblich:

bei einer Fassung von	3— 5 t:	etwa	480 × 360 mm,
„	5— 7 t:	„	750 × 480 mm,
„	7—10 t:	„	850 × 520 mm,
„	10—15 t:	„	920 × 620 mm.

Mehrtürige Öfen haben meist etwas kleinere Arbeitsöffnungen, und zwar

bei einer Fassung von	3— 5 t:	etwa	480 × 360 mm,
„	5— 7 t:	„	520 × 480 mm,
„	7—10 t:	„	600 × 520 mm,
„	10—15 t:	„	800 × 620 mm.

Der Abstich ist entweder als Abstichloch oder als offener Abstich ausgebildet. Ein Abstichloch, dessen Ausführung beispielsweise aus Abb. 61 zu entnehmen ist, hat etwa 100 mm Durchmesser und ist während der Schmelzung mit losem Dolomit oder Magnesit abgeschlossen. Ein offener Abstich weist etwa die gleiche lichte Höhe wie die Arbeitsöffnungen und etwa die Hälfte bis zwei Drittel von deren lichter Breite auf; er ist, wie die übrigen Öffnungen, mit einer Türe versehen und kann zugleich als Abschlacköffnung dienen. Die offenen Abstiche sind häufiger anzutreffen als die Abstichlöcher; letztere werden dort angewandt, wo auf getrenntes Ausfließen von Stahl und Schlacke beim Ofenentleeren Wert gelegt wird. Auf die Beurteilung beider Absticharten wird später noch zurückzukommen sein.

Die mit Schamottesteinen rinnenförmig ausgemauerte Gießschnauze übernimmt beim Abgießen die Führung des Stahl- und Schlackenstrahles zwischen Abstichöffnung und Gießpfanne. Sie muß so lang sein, daß der Ofen vollkommen entleert werden kann, ohne daß insbesondere durch die Elektrodenhalter das Gießpfannen- und Krangehänge behindert wird.

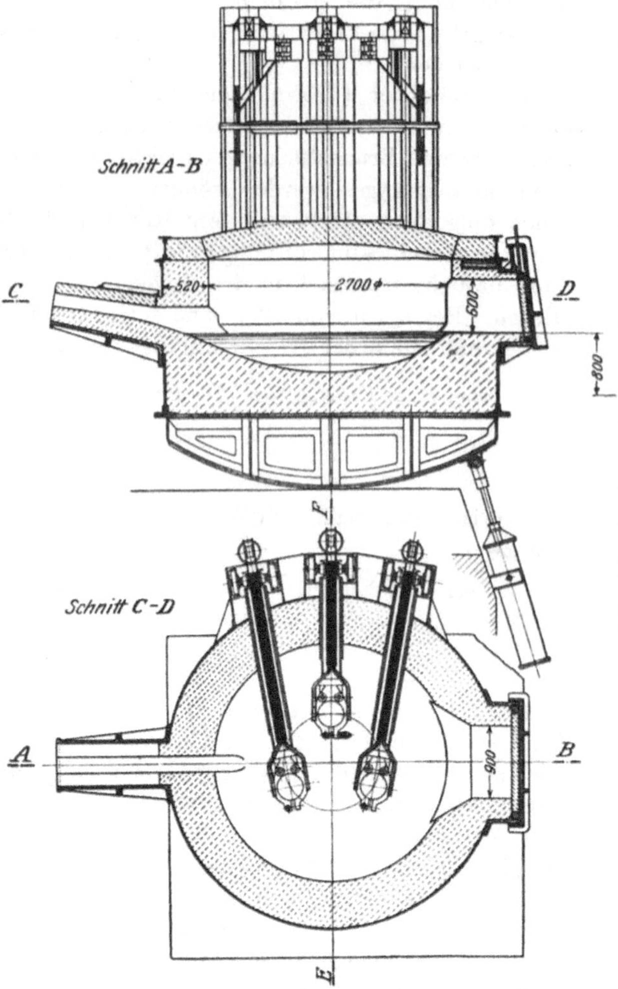

Die Elektroöfen sind heute sämtlich, wie bereits mehrfach hervorgehoben, kippbar eingerichtet. Als Kippantrieb dient entweder ein wasserdruckbewegter Kolben (vgl. beispielsweise Abb. 61) oder ein Elektromotor (siehe beispielsweise Abb. 12 und 24). Hydraulische und elektrische Kippvorrichtungen bewähren sich gleich gut; wenn bereits ein Wasserdrucknetz im Werk vorhanden ist, gibt man ersteren wegen ihrer Einfachheit und Unempfindlichkeit meist den Vorzug.

Den Kippwinkel des Ofens pflegt in der Richtung der Gießschnauze 35 bis 50° gegen die Wagerechte zu betragen. Wird nicht über die Abstichschnauze, sondern durch die gegenüberliegende Arbeitstür abgeschlackt, so muß der Ofen auch um etwa 10 bis 20° nach rückwärts gekippt werden können.

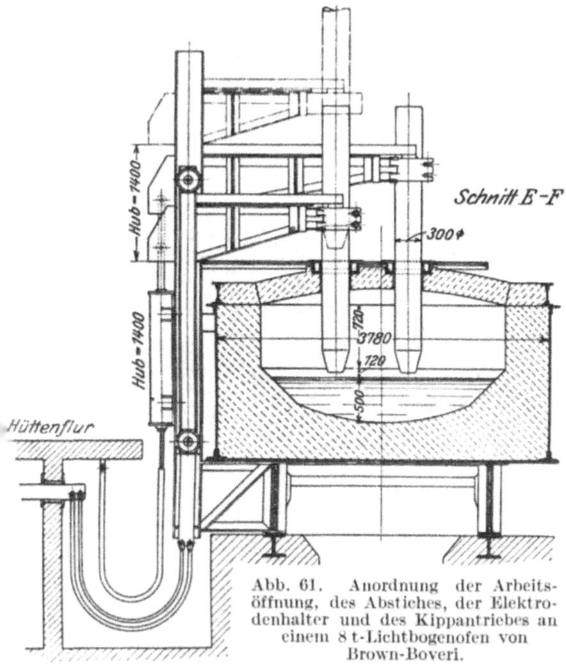

Abb. 61. Anordnung der Arbeitsöffnung, des Abstiches, der Elektrodenhalter und des Kippantriebes an einem 8 t-Lichtbogenofen von Brown-Boveri.

Die Lagerung des Ofengefäßes erfolgt in seitlichen Lagerböcken, auf einer Rollenbahn oder auf einer Wiege. Zapfenlagerung in Böcken wird heute nur noch bei kleinen Öfen angewendet, da für große Gewichte diese Lagerungsart immerhin unsicher ist und beim Kippen einen erheblichen Kraftaufwand erfordert. Rollenbahnen sind ebenfalls nur selten anzutreffen, da bei dieser Ausführungsform der Auslauf der Gießschnauze sich während des Kippens stark nach rückwärts verschiebt, was dem Kranführer das Nachfolgen mit der Gießpfanne erschwert. Die Lagerung auf einer Wiege kann als die Regelbauart angesehen werden. Die Wiege, aus Stahlgußplatten oder genietetem Walzstahl bestehend, rollt beim Kippen auf einer ebenen Schiene ab. Die Krümmung der Wiege ist so berechnet, daß die Gießschnauze im wesentlichen nur eine Abwärtsbewegung vollzieht. Als Sicherung gegen unbeabsichtigte Gleitverschiebung des Ofens beim Kippen können Wiege und ebene Kufe zahnförmig ineinander greifen; häufiger sind für diese Aufgabe Stahldrahtseile vorgesehen, die den Endpunkt der Wiege mit dem Ofenfundament verankern. Abb. 62 läßt eine derartige Seilsicherung an den Rollkufen erkennen.

Abb. 62. Seilsicherung an der Wiege eines 700 kg-Ofens von Brown-Boveri.

Die Elektrodenhalter.

Die Elektrodenhalter sind entweder starr mit dem Ofengefäß verbunden oder unabhängig vom Ofen angeordnet. Im ersteren Falle sind an einer Ofenseite Fahrsäulen angebracht, innerhalb welcher die Elektrodenwagen mit ihren Auslegern durch elektromotorisch betätigten Seilzug (Abb. 63) oder durch Wasserkolbenhub (Abb. 64) auf- und abwärts bewegt werden. Das Gewicht der Fahrsäulen, der Tragarme und der Elektroden soll von der Bodenplatte des Ofens aufgenommen werden. Die bei kleinen

Öfen öfter anzutreffende Befestigung mittels Konsolen am Ofenmantel verbietet sich bei größeren Ofenfassungen infolge der schweren in Betracht kommenden Massen; die der Ofenhitze ausgesetzten Befestigungsschrauben wären nämlich übermäßigen Biegungsbeanspruchungen unterworfen, und die an und für sich schon bestehende Neigung des Ofenmantels zum Verziehen würde so verstärkt werden, daß bald der ganze Aufbau windschief wäre. Fahrsäulen, die sich auf die Bodenplatte des Ofens abstützen, sind u. a. auf den Abb. 13, 14 und 65 zu sehen.

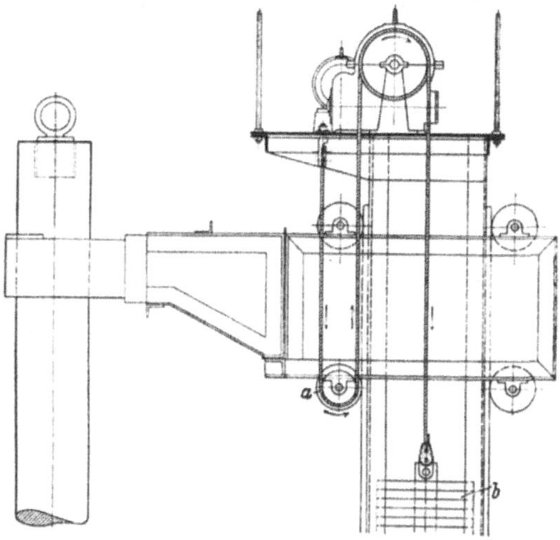

Abb. 63. Bewegung der Elektrodenhalter durch elektromotorisch betätigten Seilzug. *a* lose Rolle, *b* Gegengewicht.

Eine seltener angewendete Art der starren Elektrodenführung, die sogenannte Elektrodenbrücke, ist beispielsweise in den Abb. 20, 32, 33 und 66 dargestellt. Auf portalartig ausgebildeten, mit der Bodenplatte verbundenen Stützen ruht über dem Ofengewölbe ein Aufbau, welcher die Elektrodenwinden mitsamt ihren Motoren trägt. Beim Gewölbewechsel muß freilich der gesamte, zu diesem Zweck abnehmbar eingerichtete Brückenaufbau zuvor mit dem Kran abgehoben werden. Bei Öfen mit einseitigen Auslegern genügt zur Freigabe des Gewölbes das Hochfahren der Tragarme und die Herausnahme der Elektroden.

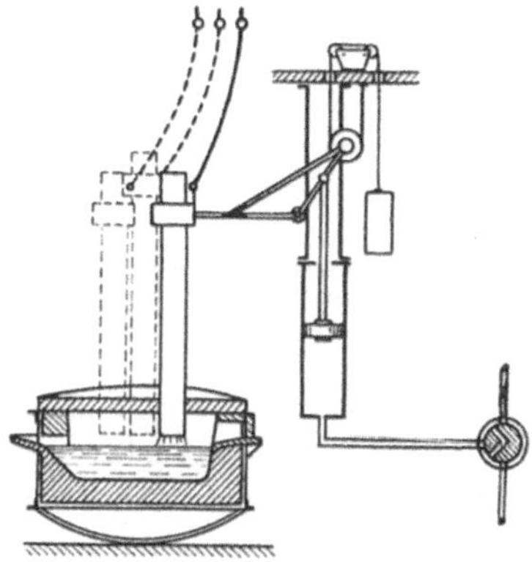

Abb. 64. Bewegung der Elektrodenhalter durch Wasserkolbenhub.

Die Elektrodentrag- und -hubvorrichtung kann auch unabhängig vom Ofengefäß angebracht werden. In diesem Falle (vgl. beispielsweise Abb. 30 und 31) hängen die Elektrodenfassungen lose in Laufrollen oder kleinen Laufwagen, die auf wagerechten Tragschienen über dem Ofen bewegt werden. Bei dieser Anordnung müssen vor dem Ofenkippen zum Abgießen der Schmelzung die Elektroden zuerst vollständig aus

Abb. 65. 5 t-Héroultofen der Gesellschaft für Elektrostahlanlagen mit einseitig abgestützten Elektrodenständern und kleiner Brücke für die Elektrodenabdichtungen.

dem Ofengefäß herausgefahren werden; für die geringe Kippbewegung zum Abschlacken ist dagegen diese Maßnahme nicht erforderlich, da die Elektrodenlöcher im Gewölbe einen genügenden Spielraum lassen. Die freihängenden Elektroden sind weniger verbreitet als die starr geführten, trotzdem sie manche Vorteile aufweisen. Das Ofengefäß ist allseits frei zugänglich, sämtliche Trag- und Hubvorrichtungen sind der Ofenhitze entzogen und an geschützter Stelle untergebracht und schließlich treten Brüche der Elektrodennippel seltener auf, da die Biegungsbeanspruchung beim Kippen wegfällt. Andererseits wird der Elektrodenabbrand verstärkt, weil die herausgefahrenen glühenden Elektroden ungehemmtem Luftzutritt ausgesetzt sind. Schwerer als dieser verhältnismäßig unbedeutende Nachteil fällt jedoch ein anderer Umstand ins Gewicht, nämlich die unzulässig rasche Ofenabkühlung beim Kippen. Die offenen Elektrodenlöcher üben nämlich im gekippten Ofen eine ausgeprägte Schornsteinwirkung aus; ein Strom von kalter Luft tritt am Abstich und an den Arbeits-

Abb. 66. Elektrodenbrücke an einem 7 t-Héroultofen der Gesellschaft für Elektrostahlanlagen.

öffnungen ein und führt nach dem Vorbeistreichen an den Ofenwänden und am Gewölbe eine derartig große Wärmemenge mit sich fort, daß bei den nachträglichen Instandsetzungsarbeiten das einwandfreie Festsintern des eingetragenen Flickgutes gefährdet ist. Man hat versucht, diesen Übelstand durch Abdecken der Elektrodenlöcher nach dem Herausfahren der Elektroden zu beseitigen, doch ist bisher keine betriebssichere und einfache Vorrichtung für diesen Zweck gefunden worden. Leider ist die Lösung dieser Frage gerade bei großen Öfen besonders schwierig, also dort, wo die Vorteile der freihängenden Elektroden sich am stärksten ausprägen könnten.

Eine weitere Sonderanordnung ist einer kurzen Erörterung wert, nämlich die in den Abb. 67 und 68 veranschaulichte Ausrüstung zweier Ofengefäße mit einem einzigen Transformator und einem Satz von Elektrodenhaltern. Die beiden

Abb. 67. Ansicht einer Doppelofenanlage von zwei 6 t-Nathusiusöfen mit nur einer elektrischen Ausrüstung.

Ofengefäße stehen einander auf einer rollengelagerten Drehscheibe gegenüber; die Elektrodenhalter laufen in einem unabhängig vom Ofen gestützten Gerüst. Während der eine Ofen einschmilzt, kann der andere instandgesetzt und beschickt werden. Unmittelbar nach dem Abstich wird die Scheibe um 180° gedreht, die Elektroden werden in das nunmehr die Stelle des ersten

Ofens einnehmende zweite Ofengefäß eingeführt und schmelzen dort den inzwischen vorgewärmten Schrott ein. Auf diese Weise wird ein pausenloser Betrieb erreicht, dessen Vorteile sich besonders bei kleinen Stahlgußöfen mit kurzer Einschmelz- und Feinungszeit auswirken. Sobald aber die gesamte Schmelzungsdauer den zum Flicken und Beschicken erforderlichen Zeitraum weit überschreitet, fällt der Verlust durch die Wärmeausstrahlung des wartenden Ofens stärker ins Gewicht als die Ersparnis an Anlagekosten, die man durch den Fortfall der zweiten elektrischen Ausrüstung erzielt.

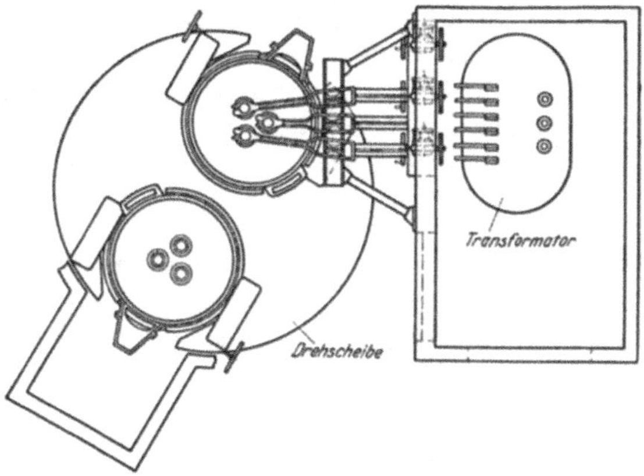

Abb. 68. Anordnung der Öfen bei einer Doppelofenanlage.

Der Elektrodenhub, also das beispielsweise aus Abb. 61 ersichtliche Maß zwischen tiefster und höchster Stellung der Elektrodenhalter, soll möglichst der Entfernung zwischen Gewölbe und Herdsohle entsprechen. Man kann dann, ohne im Lauf einer Schmelzung ein zeitraubendes Umspannen vornehmen zu müssen, die Elektroden einerseits beim Beschicken so hoch ziehen, daß sie nicht durch aufprallende Schrottstücke gefährdet sind, andererseits sie beim Einschmelzen bis zum Grunde des Schmelzkraters niederfahren lassen.

Innerhalb des Herdraumes sind die Elektroden so verteilt, daß die Lichtbögen die Badoberfläche möglichst gleichmäßig bestrahlen. Bei zylindrischen Öfen wird dieser Forderung durch kreisförmige Anordnung der Elektroden entsprochen, und zwar nimmt man zweckmäßig als Durchmesser des Elektrodenteilkreises etwa 0,45 des lichten Herdraumdurchmessers in Türschwellenhöhe. Stehen die Elektroden weiter dem Rande zu, so wird leicht die Zustellung durch die Lichtbögen in unzulässiger Weise angegriffen; ferner geht das Einschmelzen des Schrottes ungleichmäßig vor sich, so daß zum Schluß Schrotthügel in der Ofenmitte übrig bleiben, die nur langsam von dem sie umspülenden verflüssigten Metall aufgelöst werden. Im umgekehrten Falle, das heißt bei zu nahe aneinander gerückten Elektroden, wird das zwischen den Elektroden liegende Gewölbestück sehr stark beansprucht und das Einschmelzen des Schrottes am Rande ungebührlich verzögert. Bei besonders krassen Abweichungen von der Regel kann es sogar vorkommen, daß die Schlacke am Badrande steif und umsetzungsträge bleibt, was natürlich eine sofortige Änderung der Elektrodenstellung erforderlich macht.

Manchmal findet man auch, wie bei der Erörterung der einzelnen Ofenbauarten erwähnt, die Elektroden in einer Linie nebeneinander angeordnet; der Querschnitt des Badraumes ist in diesen Fällen elliptisch, um tote, der Lichtbogenwirkung stärker entzogene Ecken zu vermeiden.

Die Elektrodenfassungen.

Die Elektrodenfassungen oder Elektrodenspanner (Abb. 69 und 70) haben neben der Aufgabe, die Elektroden zu fassen, noch die weitere, ihnen durch leitende Berührung die elektrische Energie zuzuführen. Sie sind wohl stets als mehrgliedrige Klemmbacken ausgebildet, die genau auf den Elektrodendurchmesser ausgebohrt sind. Mittels eines die einzelnen Glieder zusammenhaltenden Stahlbandes, einer rechts- und linksgängigen Schraubenspindel oder ähnlicher Vorrichtungen können sie einfach und rasch beim Auswechseln oder Nachlassen der Elektroden gelockert und festgezogen werden. Zur genauen Einstellung der Elektroden auf die Durchtrittsöffnungen im Gewölbe läßt die Anordnung der Fassungen an den Tragarmen meist eine leichte allseitige Verschiebbarkeit zu.

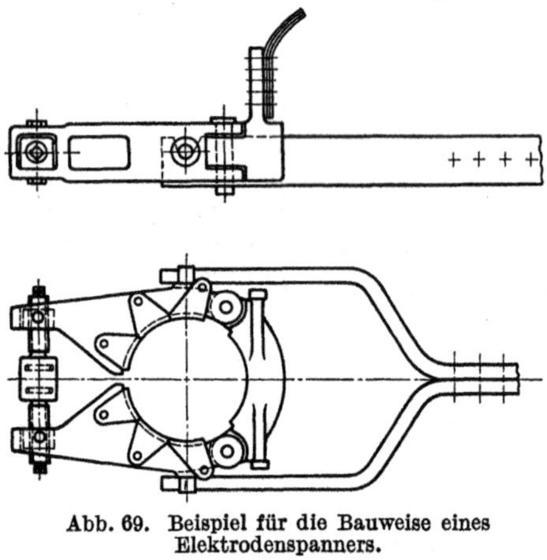

Abb. 69. Beispiel für die Bauweise eines Elektrodenspanners.

Als Baustoff für die Fassungen benutzt man unterschiedslos Kupfer, Rotguß, Messing oder Eisen. Entgegen einer verbreiteten Auffassung lassen sich Gründe elektrotechnischer Art für den Gebrauch von Kupfer, Rotguß oder Messing nicht ins Feld führen. Der Übergangswiderstand zwischen Fassung und Elektrode hängt

Abb. 70. Elektrodenspanner an einem 4 t-Héroultofen von Brown-Boveri.

nämlich in erster Linie von der Innigkeit der Berührung ab; je genauer rund die Elektrode ist und je schmiegsamer sich die Spannvorrichtung auf Grund ihrer baulichen Durchbildung anlegen kann, um so geringer sind die an dieser Stelle entstehenden Energieverluste. Für die Stromleitung innerhalb der Klemmbacken selbst steht immer ein solch ausreichender Querschnitt zur Verfügung, daß auch bei Verwendung von Eisen ein Erglühen infolge Stromüberlastung nicht einzutreten braucht. Für einen niedrigen Übergangswiderstand ist noch ein zweiter Umstand von Wichtigkeit, nämlich die Blankhaltung der Berührungsflächen. Kupferlegierungen überziehen sich in der Hitze mit einer Oxydschicht, die eine sehr geringe Leitfähigkeit aufweist; Anflug von Zunder auf Eisen wirkt in dieser Hinsicht weniger verschlechternd. Aus diesem Grunde ist man meist gezwungen, Kupferklemmbacken hohl zu gestalten und sie durch einen Wasserstrom kühl zu halten, während eine Kühlung von richtig ausgeführten Eisenfassungen auch bei hohen Stromstärken nicht erforderlich ist.

Da die Fassungen den Strom noch fast mit voller Transformatorspannung empfangen, müssen sie gegen die mit dem Ofengefäß in Verbindung stehenden Fahrsäulen ausreichend isoliert sein. Meist werden zu diesem Zweck die Tragarme unterteilt und an den Trennflächen mit Glimmer- oder Asbestplatten versehen; oft wird auch die Isolierung in die Laufrollen der Elektrodenwagen verlegt, so daß über dem Ofen, der unmittelbaren Hitze ausgesetzt, sich nur feste metallische Verbindungen befinden.

Die Kühl- und Abdichtungsvorrichtungen.

An sämtlichen Lichtbogenöfen werden die Eintrittsstellen der Elektroden in das Ofengewölbe durch aufgelegte Wasserkühlringe geschützt. Die Kühlringe haben einen dreifachen Zweck: erstens sollen sie die Gewölbesteine an dieser hochbeanspruchten Stelle durch Wärmeentzug schonen, zweitens eine gewisse Abdichtung des ringförmigen Spaltes zwischen Elektroden und Gewölbe bewirken, und schließlich die aus dem Spalt herausschlagenden Ofengase soweit abkühlen, daß ein Erglühen und Abzundern der Elektroden oberhalb des Gewölbes vermieden wird. Die Zu- und Ablaufrohre der Kühlringe müssen durch eingefügte Gummischlauchstücke gegen den Ofenmantel und gegeneinander isoliert werden, da sonst Kurzschlüsse zwischen den einzelnen Phasen oder zwischen den Phasen und dem Ofenmantel die Folge wären. Die Kühlwasserableitungen sind zweckmäßig mit sichtbarem Strahl einem gemeinsamen trichterförmigen Ablauf zuzuführen. Bei Öfen mit freihängenden Elektroden müssen die Kühlringe gegen Abrutschen beim Ofenkippen durch isolierte Spreizwinkel geschützt werden.

Außer den Elektrodenkühlringen sind manchmal auch wassergekühlte Gewölbewiderlager, Türrahmen, Türbögen und Ofentüren anzutreffen. All diese Kühlungen bezwecken eine verbesserte Haltbarkeit der Ofenzustellung an den besonders gefährdeten Stellen, finden aber aus einem doppelten Grunde bei den Stahlwerkern meist wenig Gegenliebe. Erstens sind sie, wenn sie wirksam sein sollen, ziemliche Wärmefresser, was in einem späteren Abschnitt noch zu erörtern sein wird; zweitens hat ein Leckwerden und als Folge davon ein Wassereintritt in den Ofen viel verheerendere Wirkungen auf die Stahlgüte als beispielsweise beim Martinofen.

Zum Schlusse sei noch mit einigen Worten auf die Abdichtung der Elektrodeneintrittsstellen im Ofengewölbe eingegangen. Für diesen Bauteil ist während der letzten Jahre eine Fülle von Ausführungsformen vorgeschlagen worden, von denen sich jedoch nur sehr wenige beim Gebrauch bewährt haben. Die beste, billigste und einfachste Abdichtung wird nach wie vor dadurch gewährleistet, daß nur genau runde Elektroden zur Verwendung gelangen, die mit einem allseitigen Spiel von höchstens 5 mm durch den Kühlring durchgeführt werden und deren Fassungen eine gewisse Verschiebbarkeit zulassen, so daß ein Scheuern an den Durchtrittsstellen vermieden wird. Die dann noch austretenden Flammen können leicht durch flache mehrteilige Schamotteringe (ähnlich Abb. 71) abgedeckt werden, die auf den Kühlring aufgelegt sind.

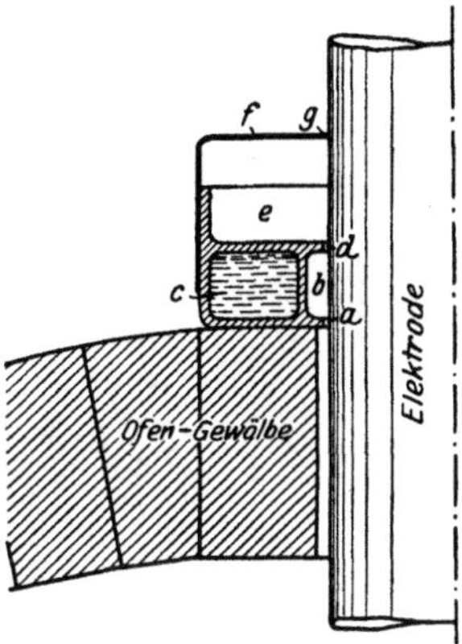

Abb. 72. Elektrodenabdichtung mit Entspannungskammer.
a Gasaustritt aus dem Ofen.
b Erste Entspannungskammer.
c Wasserkühlung.
d Zweiter Ringspalt.
e Zweite Entspannungskammer.
f Blechaufsatz.
g Gasaustritt ins Freie.

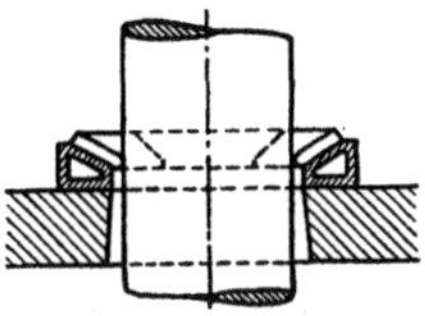

Abb. 71.
Einfache Abdichtung der Elektrodeneintrittsstelle.

Eine in Amerika ziemlich verbreitete Ausführung, die noch als verhältnismäßig einfach angesprochen werden kann, geht aus Abb. 72 hervor. Die aus dem Ringspalt unter einem gewissen

Überdruck austretenden Flammengase entspannen sich in den über dem Kühlring angeordneten freien Räumen und kühlen dabei so weit ab, daß sie den Elektroden nicht mehr schädlich sind. Als Beispiel für eine verwickeltere Form sei Abb. 73 gebracht, welche als kennzeichnend für manschettenartig wirkende, wassergekühlte Abdichtungen von großer Bauhöhe gelten kann. In Stahlwerkerkreisen sind Abdichtungen der letzteren Art, zu denen auch die S. 40 erwähnte Fiat-Abdichtung gehört, im allgemeinen wenig beliebt; die Störungsmöglichkeiten, zu denen sie Anlaß geben können, stehen in keinem annehmbaren Verhältnis zu dem Vorteil, den man allenfalls durch bessere Schonung der Elektroden erzielen kann.

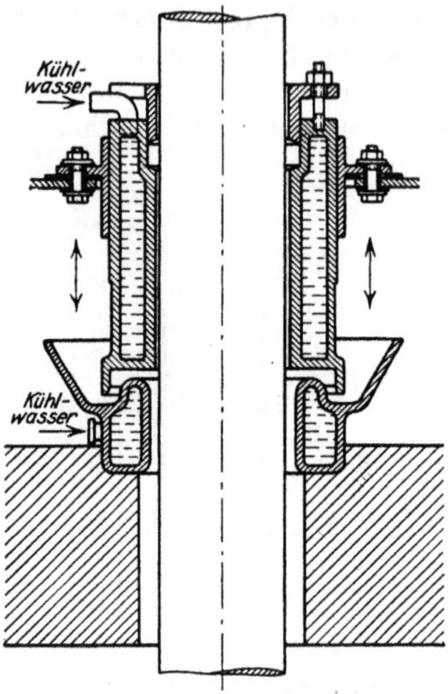

Abb. 73. Stopfbüchsenartige Abdichtung der Elektrodeneintrittsstelle (Siemens).

V. Die elektrische Ausrüstung der Lichtbogenöfen.

Allgemeines.

Die Lichtbögen der Elektrostahlöfen sind Wechselstromlichtbögen. An sich könnte als Heizquelle selbstverständlich auch Gleichstrom dienen, doch stehen seiner Verwendung im Ofenbetrieb erhebliche Schwierigkeiten im Wege. Erstens wird Gleichstrom nur in verhältnismäßig geringen Spannungen erzeugt; dieser Umstand bedingt starke Leitungsquerschnitte oder hohe Energieverluste und demgemäß beträchtliche Kosten für die Fortleitung. Wechselstrom, dessen Erzeugungs- und Zuleitungskosten wegen der Möglichkeit hoher Spannungen geringer sind, am Ofen selbst in Gleichstrom umformen zu wollen, wäre ein überflüssiger und verteuernder Umweg; denn man würde dazu entweder drehende Umformer oder Quecksilberdampfgleichrichter benötigen, die ständige Wartung erfordern und deren Anschaffungskosten nicht gering sind. Noch ein weiterer Grund spricht, wenigstens bisher, gegen den Gleichstrom als Lichtbogenerzeuger, nämlich seine elektrolytische Wirksamkeit. Bekanntlich übt Gleichstrom beim Durchfluß durch manche Lösungen auf die gelösten Bestandteile eine von deren Natur abhängige Fortbewegungskraft aus, die eine Entmischung der Lösung und damit eine Veränderung ihrer Zusammensetzung zur Folge haben kann. Diese in ihren Auswirkungen auf schlackenbedeckte Stahlbäder noch nicht erprobte Eigentümlichkeit des Gleichstroms hat aber andererseits auch schon Veranlassung dazu gegeben, für Gleichstrom-Lichtbogenöfen Patentschutz nachzusuchen. Zwar sind solche Öfen noch nie zur Ausführung gelangt, doch ist es nicht ausgeschlossen, daß die mit diesem Gedankengang eingeleitete Entwicklung im Hinblick auf die Abscheidung gelöster Sauerstoffverbindungen aus dem Stahlbad einmal zu verwertbaren Ergebnissen führen kann.

Nach dem Vorausgesagten kommt für den Betrieb der Elektrostahlöfen nur Wechselstrom in Frage, und zwar wegen seiner elektrotechnischen Vorzüge fast ausschließlich der dreiphasige Wechselstrom, der Drehstrom. Es wird heute von den Stätten billigster Krafterzeugung, den Wasserkraftgebieten und den zutage liegenden Kohlenlagern, in Spannungen von 25000 V und darüber den Verbrauchern zugeleitet.

Es ist jedoch nicht empfehlenswert, derartig hochgespannten Strom innerhalb eines Hüttenwerks den einzelnen Betrieben zuzuführen; eine dauernd genügend sichere Isolierung wäre hier schwierig und kostspielig. Es hat sich deshalb bei weiträumigeren Werken die Regel herausgebildet, den hochgespannten Strom zuerst in zentralen Stationen auf niedrigere Spannung, etwa 3000 bis 6000 V, „umzuspannen“, diesen Strom in Erdkabeln den einzelnen Betrieben zuzuleiten und dort erst auf die Gebrauchsspannung zu bringen.

Wahl der Ofenspannung.

Die für den Lichtbogenofenbetrieb benötigte Spannung liegt in dem Bereich von 80 bis 200 V. Die obere Grenze ist gleicherweise durch die Sicherheit der Bedienungsmannschaft und durch die Gewährleistung eines einwandfreien Ofengangs bedingt. Wenn zwischen zwei Drehstromphasen eine Spannung von 200 V herrscht, so beträgt bei geerdetem Nullpunkt, wie dies bei den Elektroöfen meist der Fall ist, die Spannung zwischen einer Phase und dem Erdboden nur $200 : \sqrt{3} = 115$ V. Diese Spannung ist als noch verhältnismäßig ungefährlich zu bezeichnen; nur unter außergewöhnlich ungünstigen Umständen, beispielsweise bei gut leitender Verbindung mit sehr feuchtem Erdreich, könnte der Schmelzer bei zufälliger Berührung eines stromführenden Teils mit dieser Spannung Schaden nehmen.

Auch die Erfordernisse des Ofenganges wirken sich in einer Begrenzung der zulässigen Höchstspannung aus. Mit wachsender Spannung nimmt nämlich die Länge des Lichtbogens und damit die Einwirkung auf das feuerfeste Mauerwerk des Ofens, namentlich das Gewölbe, beträchtlich zu. Deshalb ist während des Einschmelzens, wenn die Lichtbögen allseits von Schrott umhüllt sind und nicht frei gegen Ofenwände und Gewölbe ausstrahlen können, eine höhere Spannung zulässig als während des Feinens, wo nur die Elektroden selbst eine gewisse Abschirmung bewirken. Zu der Rücksicht auf die feuerfeste Zustellung tritt als weitere Erwägung die Sicherung einer gleichmäßigen Stromentnahme. Je höher nämlich die Lichtbogenspannung ist, um so heftiger werden die Stromstöße bei den ständigen Widerstandsänderungen, die im Stromweg beispielsweise durch das Zusammensintern des Einsatzes auftreten.

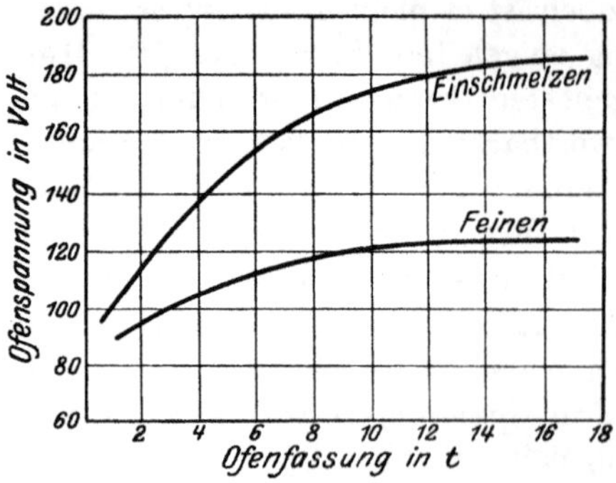

Abb. 74. Zweckmäßigste Ofenspannungen für Lichtbogenöfen bei basischer Schlackenführung.

Die untere Grenze der Ofenspannung ist durch Rücksichten auf die Bemessung der stromführenden Teile gegeben. Je geringer nämlich die zur Verfügung stehende Spannung ist, um so höhere Stromstärken müssen dem Lichtbogen zur Erzielung der gleichen Heizwirkung zugeführt werden. Hohe Stromstärken bedingen aber große und nicht immer leicht unterzubringende Leitungsquerschnitte für sämtliche stromführenden Teile. Transformator, Stromzuleitungen zum Ofen und Elektroden werden bei geringen Ofenspannungen unnütz vergrößert und verteuert.

Die Erfahrungen über die Bemessung der Ofenspannungen sind spärlich und konnten bisher noch nicht zum Gegenstand fruchtbringender Erörterungen zwischen Stahlwerkern und Ofenerbauern gemacht werden. Trotzdem ist in nebenstehendem Schaubild (Abb. 74) versucht worden, die zweckmäßigsten Spannungen für das Einschmelzen und Feinen in Öfen verschiedener Fassung zusammenzustellen. Die angegebenen Werte gelten für basische Schmelzungsführung. Da halbsaure und saure Schlacken in desoxydiertem Zustand, also bei Abwesenheit von Schwermetallsauerstoffverbindungen, geringere Leitfähigkeit aufweisen, empfehlen sich für das Feinen im sauren Elektrostahlbetriebe etwas höhere Spannungen.

Wirkungsweise der Transformatoren.

Gemäß den vorausgegangenen Erörterungen ergibt sich für den Lichtbogenofenbetrieb die Notwendigkeit, den dem Stromnetz entnommenen Wechselstrom bestimmter Spannung in solchen anderer Spannung umzuändern. Diese Umwandlung wird in Transformatoren oder, wie man neuerdings sagt, Umspannern, vorgenommen. Ein Transformator besteht dem Wesen nach aus einem Eisenkern, der mit zwei voneinander getrennten Kupferspulen verschiedener Windungszahl umwickelt ist. Der in die eine Spule hineingeschickte Wechselstrom erzeugt, „induziert“, im Eisenkern ein magnetisches Wechselfeld, das seinerseits wieder in der zweiten Spule einen Strom gleicher Leistung hervorruft. Die Spannung des erzeugten „Sekundärstroms“ verhält sich zu der des erzeugenden „Primärstroms“ wie die jeweiligen Windungszahlen der beiden Kupferwicklungen; die Stromstärken verhalten sich natürlich, da die beiden Ströme gleiche Leistungen aufweisen, umgekehrt wie die Spannungen und die Windungszahlen. Zusammenfassend gesagt besteht also die den hochgespannten Strom geringerer Stromstärke führende Wicklung aus zahlreichen Windungen mit geringem Querschnitt, die Wicklung für den niedriggespannten Strom höherer Stromstärke aus wenigen Windungen mit starkem Querschnitt.

Der Eisenkern des Transformators besteht aus dünnen, voneinander isolierten Blechen aus Siliziumstahl. Diese Stahlsorte zeichnet sich dadurch aus, daß sie bei der ständigen Ummagnetisierung im Wechselstrom nur sehr wenig magnetische Energie durch Umwandlung in Wärme verlorengehen läßt, sie vielmehr fast restlos für die Induzierung des Sekundärstroms wieder abgibt. Außer den eben genannten, durch Umwandlung von Magnetismus in Wärme bedingten „Hysteresisverlusten“ entstehen in einem von einer stromdurchflossenen Spule umgebenen Eisenkern weitere Verluste durch Ausbildung elektrischer Wirbelströme, die sich gleichfalls in Wärme umsetzen. Der Herabminderung dieser Verlustquelle dient die Unterteilung des Transformatorkerns in einzelne dünne Bleche, da die Wirbelströme, auch Foucaultsche Ströme genannt, mit der Massigkeit des Eisenkörpers zunehmen.

Bei Drehstrom wird jede der drei Phasen für sich in einem aus Hochspannungsspule, Eisenkern und Niederspannungsspule bestehenden Joch umgespannt. Man könnte also für jede Phase einen getrennten Einphasentransformator vorsehen und hat auch früher, als die Transformatoren noch nicht zu ihrer heutigen Betriebssicherheit durchgebildet waren, von dieser Möglichkeit oft Gebrauch gemacht. Da die drei Einzeltransformatoren gleich waren, brauchte man als Ersatz für plötzliche Störungen nur einen auf Lager zu halten. Bei dem heutigen Entwicklungsstand des Transformatorbaus fällt jedoch dieser Gesichtspunkt weg und man verwendet jetzt wohl ausschließlich die billigere Dreiphasenbauart, deren drei Joche in einem Gefäß vereinigt sind.

Wie bereits vorhin erwähnt, ist für den Ofenbetrieb die Möglichkeit, verschiedene Niederspannungen benutzen zu können, wichtig. Um das Einschmelzen zu beschleunigen, ist während dieser Zeit eine möglichst hohe Spannung (für 5 t-Öfen etwa 150 V, für 8 t-Öfen etwa 170 V gemäß Abb. 74) wünschenswert, während beim Feinen eine Spannung von 100 bis 115 V für Öfen mittlerer Größe als zweckmäßigster Wert anzusprechen ist. Die Änderung der Sekundärspannung wird auf zweierlei Art bewirkt: entweder durch „Anzapfen“ oder durch Umschaltung der Verbindung zwischen den Primärspulen.

Nach den früheren Darlegungen stehen die Spannungen von Primärstrom und Sekundärstrom im Verhältnis der Windungszahlen der Kupferwicklungen. Wenn man nun einen Teil der Primärspule aus dem Stromweg ausschaltet, so ist im Verhältnis zum zurückbleibenden Rest die Windungszahl der Sekundärspule größer, die Sekundärspannung also höher. Durch Anbringung verschiedener solcher „Zapfstellen“ für die Zufuhr des Primärstroms hat man gemäß nebenstehendem Schema (Abb. 75) die Möglichkeit, beliebige Sekundärspannungen zu erzeugen.

Die andere Umänderungsmöglichkeit, die freilich auf ein einziges, nicht willkürlich zu bestimmendes Umstellungsverhältnis be-

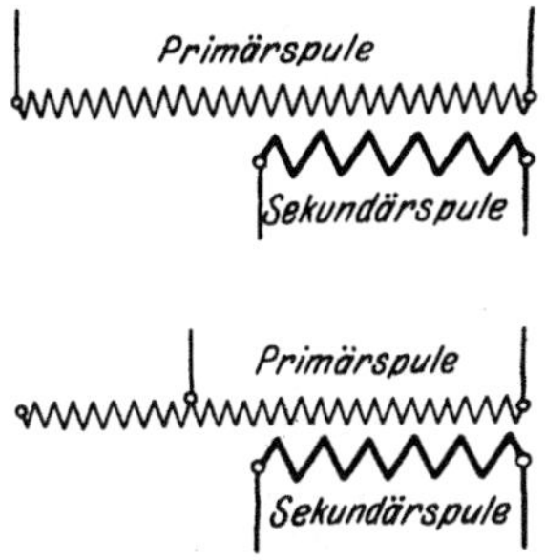

Eingeschaltete Windungszahl 100 Windungen
Spannung .... 3000 Volt

Windungszahl .... 4 Windungen
Spannung also .... $3000 \times \frac{4}{100} = 120$ Volt

Eingeschaltete Windungszahl 75 Windungen
Spannung .... 3000 Volt

Windungszahl .... 4 Windungen
Spannung also .. $3000 \times \frac{4}{75} = 160$ Volt

Abb. 75. Erhöhung der Sekundärspannung des Transformators durch Anzapfen der Primärspule.

schränkt ist, beruht auf folgendem Grundsatz. Man kann die drei Primärspulen eines Drehstromtransfromators in der Weise miteinander verbinden, daß die drei Endpunkte in einen einzigen Punkt zusammengeführt werden. Gemäß den in Abb. 76 wiedergegebenen elektrotechnischen Schaltbildern heißt diese Schaltungsart Sternschaltung, im Auslande bisweilen nach der Ähnlichkeit

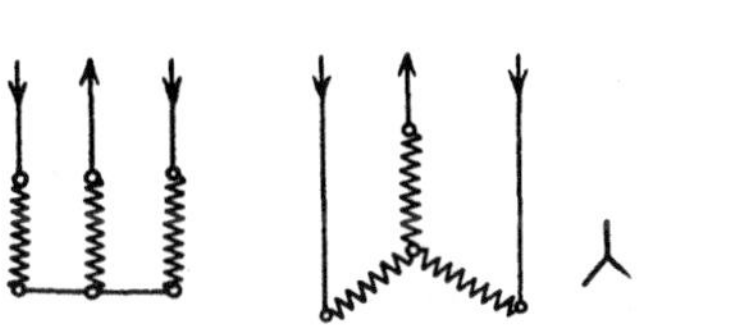

Abb. 76. Elektrotechnische Schaltbilder für die Sternschaltung bei Drehstrom.

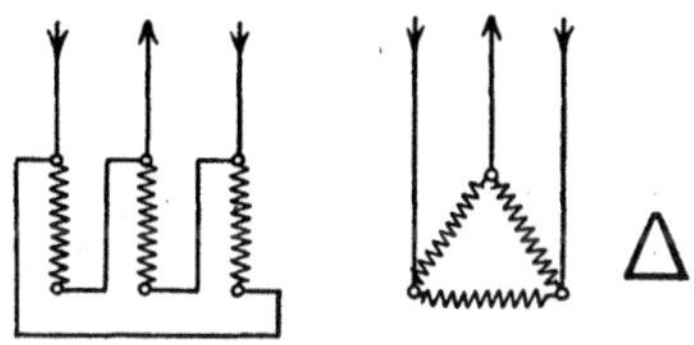

Abb. 77. Elektrotechnische Schaltbilder für die Dreieckschaltung bei Drehstrom.

des Schaltbildes mit dem griechischen Buchstaben λ auch Lambdaschaltung. Der gemeinschaftliche Endpunkt heißt Sternpunkt; weil er im Falle gleichmäßiger Belastung der drei Phasen spannungslos ist, wird er auch Nullpunkt (Nullschiene, Nulleiter) genannt.

Statt dieser Schaltungsart kann man aber auch den Endpunkt jeder Primärspule mit dem Anfangspunkt der nächsten Spule verbinden. Den dafür gebräuchlichen elektrotechnischen Schaltbildern und Abkürzungen (Abb. 77) gemäß heißt diese

Schaltungsart Dreieckschaltung, nach dem griechischen Buchstaben Δ auch Deltaschaltung.

Man kann nun den Drehstromtransformator eines Lichtbogenofens so ausbilden, daß die Primärspulen durch einen Schalter von Dreieck auf Stern umzuschalten sind. Durch diese Umschaltung wird auf Grund elektrotechnischer Verhältnisse, deren Darlegung hier zu weit führen würde, die Sekundärspannung im Verhältnis $\sqrt{3}:1$ herabgesetzt. Die Sekundärseite eines Ofentransformators ist gewöhnlich im Stern geschaltet; an ihrer

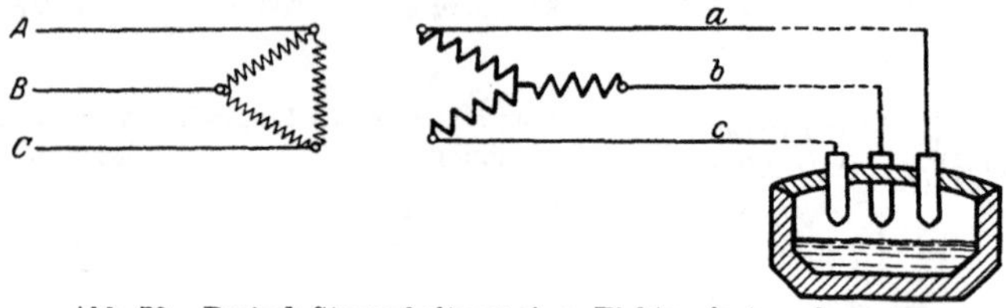

Abb. 78. Dreieck-Sternschaltung eines Elektroofentransformators.

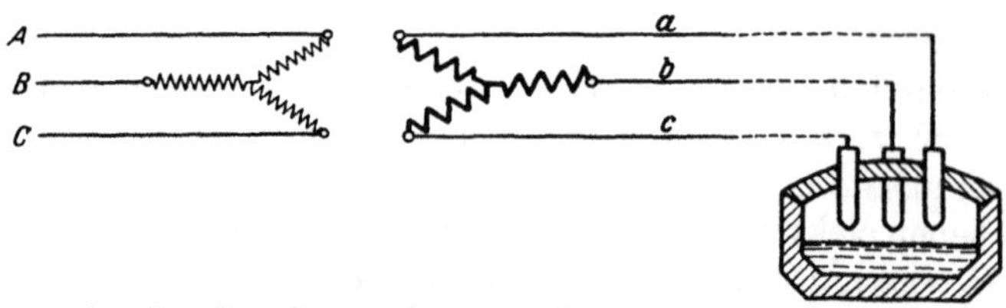

Abb. 79. Stern-Sternschaltung eines Elektroofentransformators.

Schaltungsweise ändert sich bei der Umschaltung der Primärspulen nichts. Abb. 78 und 79 stellen die Verhältnisse vor und nach dem Umschalten dar. Ergibt beispielsweise ein Ofentransformator bei Dreieck-Sternschaltung aus einer Primärspannung von 3000 V eine Sekundärspannung von 173 V, so wird bei Stern-Sternschaltung aus einer Oberspannung von 3000 V eine Niederspannung von nur $173:\sqrt{3} = 100$ V erzeugt. Im Ofenbetrieb fährt man meist während der ersten Viertelstunde des Einschmelzens mit der niedrigeren Spannung der Sternschaltung, da ein hochgespannter Lichtbogen infolge der kalten Ofenatmosphäre und des kalten Einsatzes unruhig brennt und gerne abreißt. Für den Rest der Einschmelzzeit benutzt man die höhere Spannung der Dreieckschaltung und schaltet sie erst nach beendeter Verflüssigung des Einsatzes wieder ab, da dann der kürzere Lichtbogen der niedrigeren Sternspannung das nunmehr wenig geschützte Gewölbe besser schont.

Bei Elektroofentransformatoren kommt bisweilen noch eine besondere Schaltungsart zur Anwendung, deren Eigentümlichkeiten kurz besprochen seien. Häufig liegt die Aufgabe vor, an ein Drehstromnetz kleinere, unter 3000 kg fassende Öfen anzuschließen, ohne sie mit allen drei den Drehstromphasen entsprechenden Elektroden ausrüsten zu müssen. Die Beschränkung auf zwei Elektroden ergibt bei kleinen Öfen eine genügend gleichmäßige Beheizung des Herdraumes, schwächt wegen des Fortfalls einer Durchführungsöffnung das Gewölbe weniger und vereinfacht überhaupt den Ofenbetrieb merklich. In solchen Fällen kann man auf zweierlei Weise vorgehen. Wird der Ofen von einem sehr leistungsfähigen Drehstromnetz gespeist, so kann man die beiden Elektroden einfach an zwei Drehstromphasen anschließen; die ausfallende Belastung der dritten Phase tritt bei der vergleichsweise kleinen Leistungsentnahme des Ofens kaum störend in Erscheinung. Bei weniger leistungsfähigen Stromnetzen verbietet sich jedoch diese ungleiche Phasenbelastung mit Rücksicht auf die übrigen Stromverbraucher. In diesem Fall wendet man Transformatoren mit sogenannter Scottscher Schaltung an. Diese Schaltungsart besteht darin, daß in zwei Einphasen- oder in einem Zweiphasentransformator gemäß Abb. 80 der primärseitig hochgespannte Drehstrom in sekundärseitig niedrig gespannten Ein- oder Zweiphasen-Wechselstrom umgewandelt wird. Die Belastung der zwei Wechselstromphasen im Ofenstromkreis verteilt sich dabei ziemlich gleichmäßig auf die drei hochvoltseitigen Drehstromphasen. Die Scottsche Schaltung kann natürlich, wenn umgekehrt die Hochspannungsseite mit zwei, die Niederspannungsseite mit drei Phasen ausgerüstet ist, auch dazu dienen, einen Drehstromofen an ein Wechselstromnetz anzuschließen.

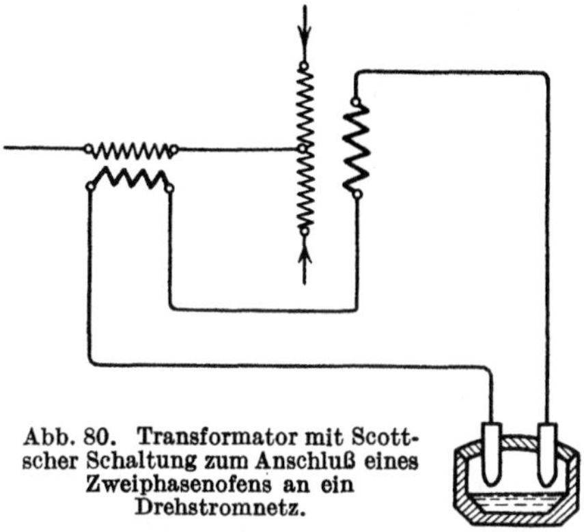

Abb. 80. Transformator mit Scottscher Schaltung zum Anschluß eines Zweiphasenofens an ein Drehstromnetz.

Bauart der Transformatoren.

Die Eisenkerne der Transformatoren mit ihren isolierten Primär- und Sekundärwicklungen sind in ölgefüllten Behältern untergebracht. Die Ölfüllung hat den doppelten Zweck, als wirksames Isolationsmittel zu dienen sowie die beim Stromdurchgang entwickelte Wärme den Kupferleitungen und dem Eisenkern rasch zu entziehen. Da der Ölspiegel infolge von Temperaturschwankungen steigt und sinkt, ist oberhalb des Transformators zweckmäßigerweise ein Ölausgleichgefäß anzubringen, das ständig für vollkommene Füllung des Transformatorbehälters sorgt.

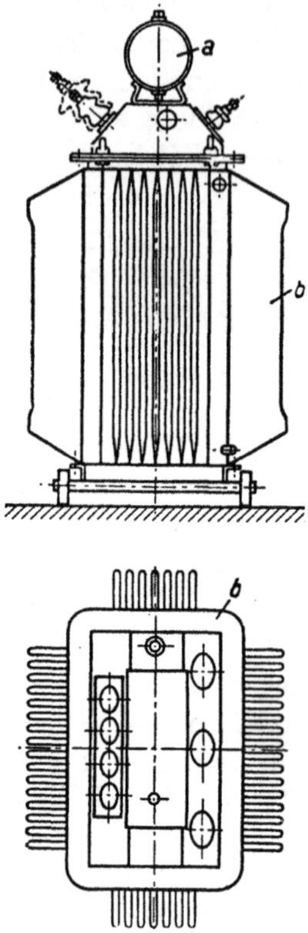

Abb. 81. Transformator mit Selbstkühlung (nach Albrecht).
a Ölausgleichgefäß.
b Transformatorbehälter mit Kühlrippen.

Die von den Kupferspulen und dem Eisenkern beim Stromdurchgang entwickelte und an das Öl abgegebene Wärme muß rasch abgeführt werden, da die aus pflanzlichen Stoffen bestehende Isolierung der Spulen sich bei 80 bis 100 °C zu zersetzen beginnt. Die Kühlung des Transformatoröls wird auf verschiedene Arten bewirkt, von denen für Ofentransformatoren zwei in Betracht kommen, nämlich die selbsttätige Luftkühlung und die außenliegende Wasserkühlung. Bei den Transformatoren mit Selbstkühlung wird die Abkühlung des Öles dadurch erzielt, daß das warm gewordene Öl im Transformatorgefäß hochsteigt und durch außenliegende Rohre unter Wärmeabgabe wieder zum Boden des Gefäßes niedersinkt. Oft ist auch die Außenwand des Behälters lediglich mit zahlreichen Kühlrippen versehen, welche die Wärme ausstrahlen und dadurch gleichfalls eine selbsttätige Luftkühlung des Öls besorgen (Abb. 81). Bei der Bauart mit Wasserkühlung wird das heiße Öl am oberen Ende des Transformatorgefäßes herausgeführt, durch einen Wasserkühler geleitet und mittels einer kleinen Pumpe dem Transformator wieder zugeleitet (Abb. 82).

Beide Bauarten haben ihre Vor- und Nachteile für den Ofenbetrieb. Transformatoren mit Selbstkühlung müssen in einem großen, ausreichend gelüfteten Raum aufgestellt sein, der gerade im Stahlwerksbetrieb in der Nähe des Ofens manchmal nur schwierig bereitgestellt werden kann. In kleinen und schlecht gelüfteten Räumen gibt oft, namentlich während der heißen Jahreszeit, das Öl seine Wärme so langsam ab, daß der Transformator nicht mehr voll belastet werden darf oder gar zur Erzielung einer genügenden Abkühlung länger als für die Dauer der Zwischenpause zwischen zwei Schmelzungen stillgesetzt werden muß. Bei der Bauart mit außenliegender Wasserkühlung wiederum ist es wichtig, bei Störungen der Ölpreßpumpe oder der Kühlwasserzufuhr den Transformator gegen unbemerkten Temperaturanstieg zu sichern. Dieser Schutz kann durch Selbstläutezeichen oder durch eine selbsttätige Abschaltvor-

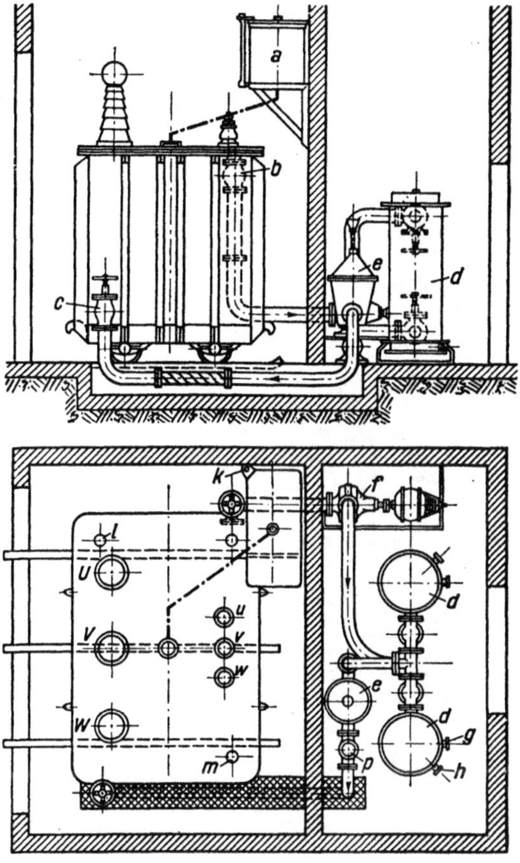

Abb. 82. Transformator mit außenliegender Wasserkühlung (nach Albrecht).

a = Ölausgleichgefäß,	g = Kühlwassereinlauf.
b = Ölaustrittsventil.	h = Kühlwasserablauf.
c = Öleintrit sventil.	k = Ölstandsanzeiger.
d = Röhrenkühler.	l = Ölauffüllschraube.
e = Luftabscheider.	m = Tauchrohr.
f = Ölpumpe m. Motor.	p = Meldeeinrichtung.

richtung bei Überschreitung der zulässigen Öltemperatur erzielt werden.

Die früher bei Ofentransformatoren manchmal angewendete Kühlung durch eine in den Transformator eingebaute Wasserschlange hat sich als unzweckmäßig und bedenklich erwiesen. Undichtigkeiten in der Kühlschlange können sich längere Zeit der Beobachtung entziehen und erhebliche Wassermengen in das Transformatoröl übertreten lassen, wodurch dessen elektrische Durchschlagsfestigkeit ernstlich gefährdet wird.

Abb. 83. Spulenabstützung an einem Ofentransformator für 2000 kVA.

Vor der Entscheidung über die aufzustellende Bauart ist im Einzelfall zweckmäßigerweise der Rat der Transformatorbaufirma einzuholen. Überhaupt ist die Lieferung von Ofentransformatoren nur an bewährte Hersteller zu vergeben, da nur erstklassige Ausführungen der im Ofenbetrieb auftretenden Gewaltbeanspruchung auf die Dauer standzuhalten vermögen. Bei jedem Stromstoß werden nämlich infolge elektromagnetischer Kräfte die Kupferspulen auf Verschiebung beansprucht; sind die Wicklungen nicht sehr kräftig und sorgsam abgestützt (Abb. 83), so lockern sich mit der Zeit die Kabelendverschlüsse und Befestigungspunkte, die Isolierung wird stellenweise durchgescheuert und damit die Gefahr eines zerstörenden Kurzschlusses in gefährliche Nähe gerückt.

Wartung der Transformatoren.

Ein baulich richtig durchgebildeter Ofentransformator bedarf keiner besonderen Wartung. Die einzige Zerstörungsgefahr, die ihm droht, ist ein Kurzschluß infolge Durchscheuerns oder Verkohlens der Isolierung. Zur Verhütung dieser beiden Gefahrenquellen muß der Transformator durch selbsttätig wirkende Sicherungsvorrichtungen gegen Überlastungen geschützt werden. Eine solche unentbehrliche Sicherung ist beispielsweise ein Selbstauslöser an dem Ölschalter, der zum Anschluß des Transformators an das Stromnetz dient. Dieser Selbstauslöser ist ein elektromagnetisch betätigtes Zähl- und Federwerk, das bei Überschreitung von beliebig einstellbaren Stromstärke- und Zeitgrenzen den Ölschalter zur Auslösung bringt.

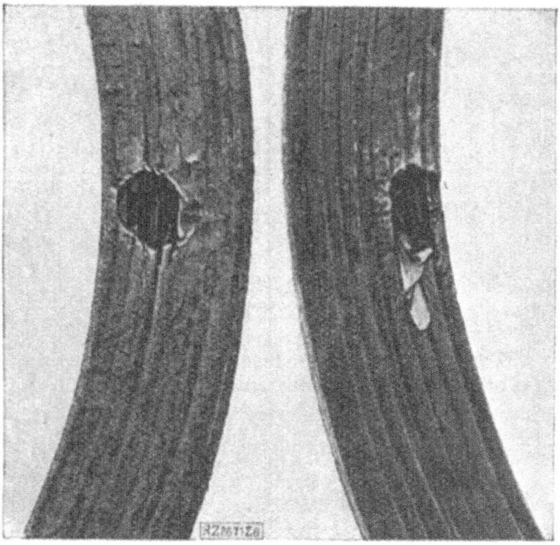

Abb. 84. Brandstellen infolge Überschlags in zwei Hochspannungsspulen eines Transformators (nach Thierbach).

Wenn dennoch im Laufe der Zeit die Isolierung stellenweise angegriffen wird (Abb. 84), so muß dieser Schaden durch selbsttätige Warnungszeichen so früh gemeldet werden, daß rechtzeitige Abhilfe möglich ist. Als einfache Warnungsvorrichtung dient oft ein in das Transformatorgefäß eingetauchtes Thermometer, das eine unzulässige Erhöhung der Öltemperatur durch Auslösung eines elektrischen Läutewerks anzeigt. Naturgemäß gibt aber ein solches Instrument nur die jeweilige Temperatur der Meßstelle an; etwaige davon abseits liegende örtliche Überhitzungsstellen werden nicht gemeldet. Diesem Mangel hilft in einfacher und sinnreicher Weise der sogenannte „Buchholzschutz" für Transformatoren ab (Abb. 85). Seine Wirkungsweise beruht darauf, daß jede, auch die geringste, Fehlstelle in der Isolierung Anlaß zu kleinen Funken und Lichtbogen gibt, die örtlich das Öl zersetzen und Dampfbildung verursachen. Die Öldampfbläschen steigen aufwärts und sammeln sich in einem Röhrchen, dessen Anfüllung sich durch Warnungszeichen und Auslösung des Ölschalters kundgibt.

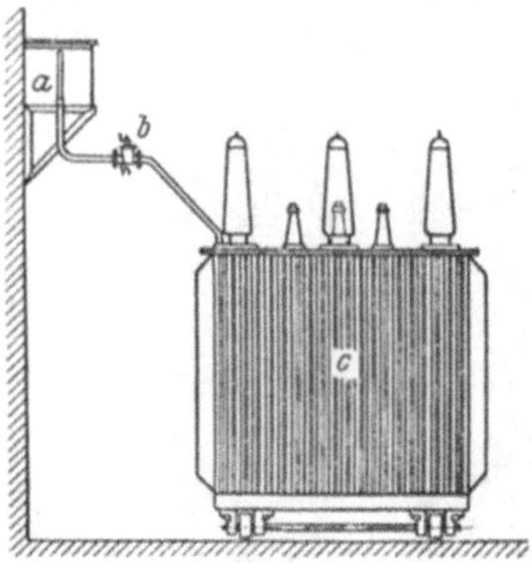

Abb. 85. Anordnung des Buchholzschutzes bei Transformatoren (nach Thierbach).
a Ausgleichgefäß.
b Buchholzschutz, *c* Transformator.

In einem wie vorbeschrieben gegen Überlastungen gesicherten und gegen Kurzschlußgefahr selbsttätig überwachten Transformator braucht lediglich alle paar Jahre das Öl abgelassen und gereinigt zu werden. Mit der Zeit setzt sich nämlich aus der Isoliermasse doch etwas Schlamm ab, dessen örtliche Ansammlung unzulässige Wärmestauungen zur Folge haben könnte.

Die Bemessung des Transformators.

Bei der Aufstellung einer Elektroofenanlage ist die Bemessung des Transformators eine der wichtigsten Fragen. Ein Transformator mit zu geringer Leistung verzögert die Schmelzleistung des Elektroofens in ähnlicher Weise wie eine zu knappe Gaserzeugeranlage die des Martinofens. Die verlängerte Schmelzungsdauer erhöht die Gestehungskosten nicht unerheblich, da sie, auf die Tonne Erzeugung bezogen, vermehrte Wärmeausstrahlungsverluste des Ofens sowie höheren Lohn- und Hilfsmittelaufwand zur Folge hat.

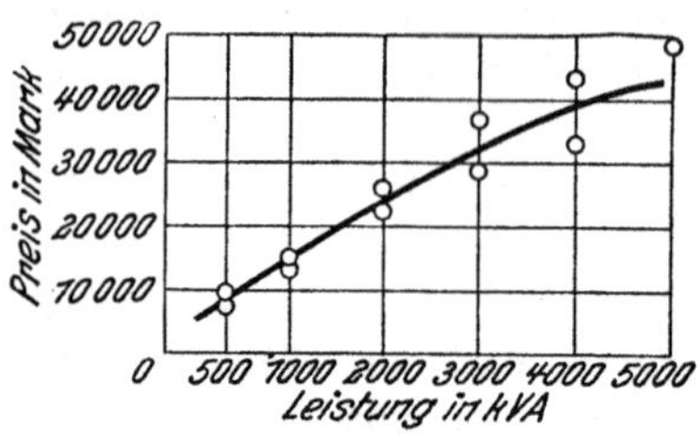

Abb. 86. Ungefähre Preise von Ofentransformatoren verschiedener Leistung.

Ein zu reichlich bemessener Transformator, dessen volle Ausnützung auch während des Einschmelzens nicht möglich ist, bedeutet eine unnötige Erhöhung der Anschaffungskosten. Indessen fällt dieser Fehler angesichts der in Abb. 86 dargestellten Transformatorpreise weit weniger ins Gewicht als der entgegengesetzte.

Da ein gut gebauter und nicht überlasteter Transformator fünfzehn Jahre und länger zu halten pflegt, tritt der Mehrbetrag an Verzinsungs- und Tilgungskosten bei den Gestehungspreisen nicht wesentlich in Erscheinung. Da ferner gemäß Abb. 87 ein nur teilweise belasteter Transformator keinen schlechteren Wirkungsgrad als ein vollbelasteter aufweist, spricht auch dieser Gesichtspunkt nicht gegen eine eher zu reichliche als zu knappe Bemessung der Transformator-Nennleistung.

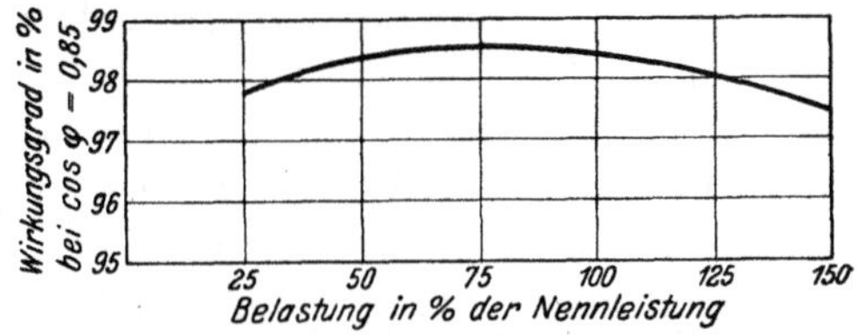

Abb. 87. Wirkungsgrad von Ofentransformatoren bei verschiedener Belastung.

In Deutschland war bisher, wie die in Abb. 88 wiedergegebene Zusammenstellung zeigt, eine Transformatorleistung von 180 bis 200 kVA je Tonne Einsatz üblich. Mit dieser Leistung kann der

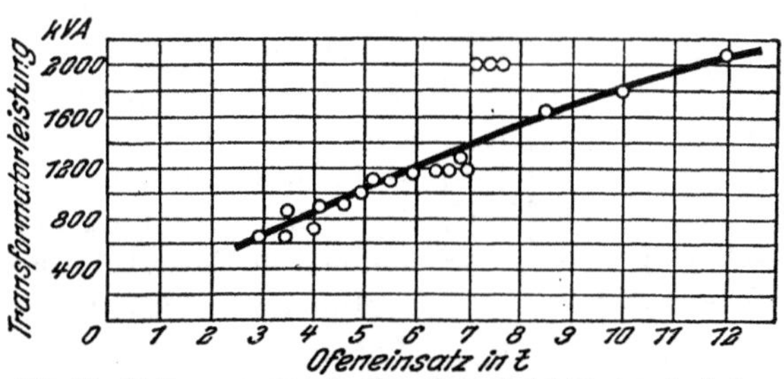

Abb. 88. Früher verwendete Transformatorleistungen deutscher Lichtbogen-Elektrostahlöfen.

Einsatz in etwa 3 bis 4 Stunden eingeschmolzen werden. Im letzten Jahrfünft hat sich jedoch, dem Vorgang italienischer Stahlwerke folgend, die Erkenntnis durchgesetzt, daß durch schnelleres Einschmelzen die Erzeugung verbilligt werden kann, indem, wie bereits erwähnt, die Ausstrahlungsverluste des Ofens je Tonne Einsatz und demgemäß der Energieverbrauch herabgesetzt werden. Diese Ersparnismöglichkeit ausnutzend, hat man in Deutschland und Amerika neu aufgestellte Öfen mit so starken Transformatoren ausgerüstet, daß eine Einschmelzdauer von 2 bis 3 Stunden gewährleistet ist. Weiterhin geht man daran, die jetzigen schwachen Einheiten in stärkere umzubauen oder gegen solche auszuwechseln. Abb. 89 zeigt, welche Transformatorleistungen heute für das

Arbeiten mit festem Einsatz als zweckmäßigste angesehen werden. Darüber hinauszugehen, ist im allgemeinen nicht rätlich. Das feuerfeste Mauerwerk wird bei stärkeren als den in Abb. 89 wiedergegebenen Lichtbogenleistungen leicht angegriffen, sobald der Lichtbogen nicht mehr vollkommen von ungeschmolzenem Schrott umhüllt ist. Außerdem legt auch die Rücksicht auf die Gestehungskosten der Stromerzeugung eine Beschränkung auf. Ein Transformator, der dem Netz in regelmäßiger Folge beispielsweise durchschnittlich 2500 kW beim Einschmelzen, 500 kW beim Fertigmachen und keine Leistung während der Zwischenpause entnimmt, zwingt den Stromerzeuger zur jederzeitigen Bereithaltung einer Leistung von 2500 kW. Wenn es auch, in Deutschland wenigstens, bisher nicht allgemein üblich war, den Preis für den Strombezug zu unterteilen in eine Bereitstellungsgebühr für jedes zur Verfügung gehaltene kW sowie einen festen oder gleitenden Preis für jede entnommene Kilowattstunde, so könnten doch bei sehr großen Schwankungen in der Leistungsentnahme die Elektrizitätslieferer den Einfluß einer solch ungleichmäßigen Belastung in ihren Selbstkosten spüren und ihn in der einen oder anderen Form berücksichtigen. Die durch Aufstellung eines sehr großen Transformators bedingte Ersparnis beim Einschmelzen könnte in diesem Fall durch den höheren Preis des entnommenen Stromes wieder aufgezehrt werden. Ein Zahlenbeispiel mag die Verhältnisse näher erläutern.

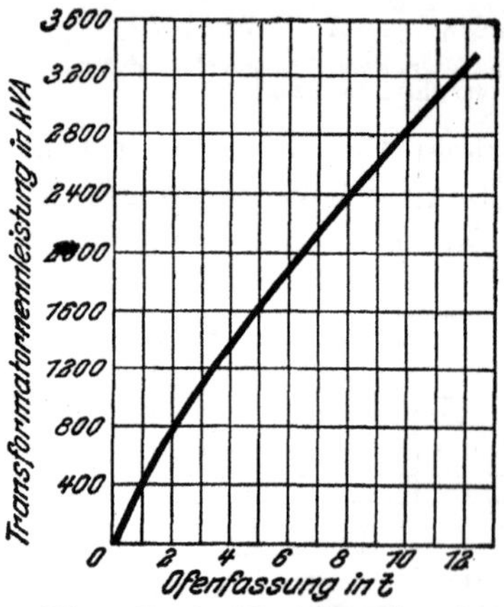

Abb. 89. Zweckmäßigste Transformatorgröße für Lichtbogen-Elektrostahlöfen mit festem Einsatz.

Ein 5 t-Elektroofen entnehme während des Einschmelzens durchschnittlich 1000 kW, während des Fertigmachens durchschnittlich 500 kW; der Verbrauch je t Erzeugung belaufe sich auf 800 kWh. Ein zweiter 5 t-Elektroofen entnehme während des Einschmelzens 2000 kW und während der Feinung 500 kW; der Energieverbrauch je t Erzeugung betrage entsprechend der verkürzten Einschmelzdauer nur 730 kWh. Die Kosten für den Strombezug seien in beiden Fällen die gleichen; lediglich als Beispiel seien angenommen 30 RM jährliche Bereitstellungsgebühr für jedes zur Verfügung gehaltene kW und 2,5 Pf. je entnommene kWh. Der erste Ofen erzeuge jährlich 5500 t, der zweite 7200 t. Die Stromrechnung für den ersten Fall stellt sich auf 1000·30 = 30000 RM Bereitstellungsgebühr zuzüglich 5500 · 0,025 · 800 = 110000 RM Kilowattstundenkosten; je t Erzeugung ergibt dies Energiekosten von 140000:5500 = 25,45 RM. Im zweiten Fall sind die entsprechenden Zahlen: 60000 und 131400 RM, woraus sich je t Erzeugung Energiekosten in Höhe von 191400:7200 = 26,60 RM ergeben.

Öfen, die lediglich mit flüssigem Einsatz betrieben werden, kommen mit schwächeren Transformatoren aus. Die Zeitdauer des Feinens wird, wie später ausführlich zu erörtern sein wird, hauptsächlich durch den Ablauf chemisch-metallurgischer Vorgänge beeinflußt und kann durch verstärkte Stromzufuhr nicht verkürzt werden. Abb. 90 gibt eine Zusammenstellung des durchschnittlichen Leistungsbedarfes von Lichtbogenöfen während des Feinens. Es wäre jedoch unzweckmäßig, den Transformator flüssig zu beschickender Öfen lediglich für die in Abb. 90 dargestellten Leistungen bemessen zu wollen; man würde sich der Möglichkeit begeben, notfalls auch festen Einsatz einigermaßen wirtschaftlich einschmelzen zu können. Um auch für eine veränderte Betriebsweise gerüstet zu sein, soll man den Transformator mindestens so groß wählen, daß auch das Einschmelzen von festem Einsatz in etwa 3 bis 4 Stunden möglich ist. Die Bemessung kann an Hand der Abb. 91 erfolgen, die den Zusammenhang zwischen Transformatorleistung, Einsatzgewicht und Einschmelzdauer veranschaulicht.

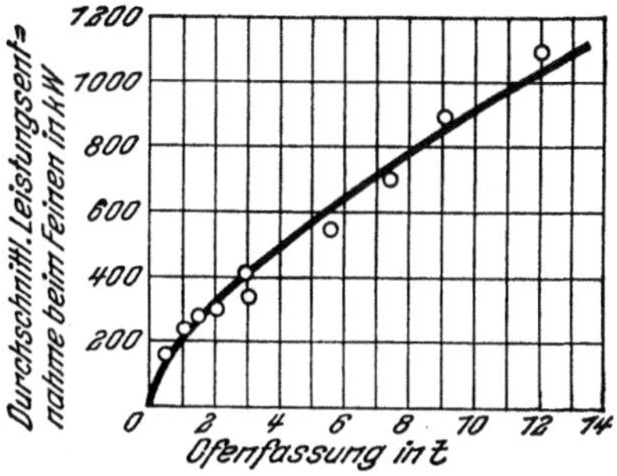

Abb. 90. Durchschnittlicher Leistungsbedarf von Lichtbogen-Elektrostahlöfen während des Feinens.

Ergibt sich dann freilich im Laufe der Jahre die Notwendigkeit, einen ursprünglich für flüssige Beschickung bestimmten Ofen dauernd mit festem Einsatz zu betreiben, so muß man nachträglich doch noch einen stärkeren Transformator aufstellen, um Einschmelzdauern von 2 bis 3 Stunden und dementsprechend niedrige Schmelzkosten zu erzielen. Ist eine etwas verringerte Erzeugungsmenge angängig, so kann man bei einer solchen Umstellung auch den umgekehrten Weg beschreiten, nämlich durch Umbau des Ofengefäßes das Fassungsvermögen verkleinern. Die Anpassung des Einsatzgewichts an die zur Verfügung stehende Transformatorleistung kann ebenfalls an Hand der in Abb. 91 dargestellten Werte erfolgen.

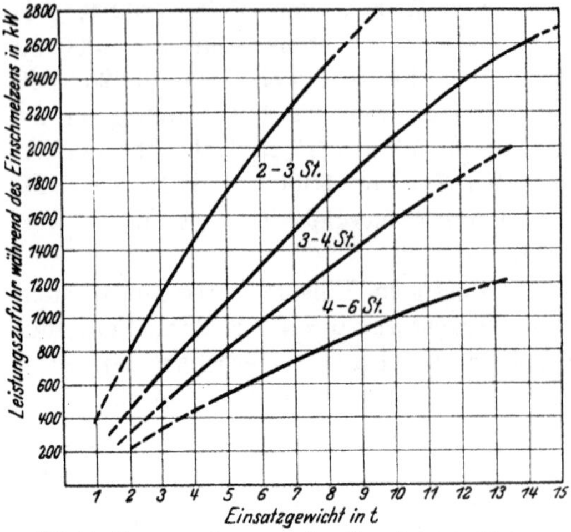

Abb. 91. Zusammenhang zwischen Transformatorleistung, Einsatzgewicht und Einschmelzdauer bei Lichtbogen-Elektrostahlöfen.

Die Überlastbarkeit der Transformatoren.

Beim Einschmelzbetrieb des Lichtbogenofens treten dauernd kurzzeitige Stromstöße auf, die durch die stets wechselnden Kurzschlußbahnen im einschmelzenden Schrott bedingt sind. Je beträchtlicher die Stückgröße des Einsatzes und je höher die Lichtbogenspannung ist, um so heftiger äußern sich die plötzlichen Schwankungen der Stromstärke. Mittels der weiter unten zu besprechenden selbsttätigen Elektrodenregler, mittels Drosselspulen und anderer Vorrichtungen kann man die Stromstöße zwar dämpfen, doch nicht ganz verhindern. Der Transformator wird also kurzzeitig mit Stromstärken belastet, die weit über die seiner Nennleistung entsprechenden hinausgehen, und es erhebt sich die Frage, ob dadurch nicht seine Lebensdauer verkürzt und seine Betriebssicherheit beeinträchtigt wird. Diese Befürchtung ist bei gut gebauten Transformatoren grundlos. Die elektrotechnischen Verhältnisse des Wechselstroms lassen nämlich die Stromstärke, selbst bei unmittelbarem Kurzschluß von zwei oder drei Phasen, nur bis zu einem gewissen Höchstwert ansteigen. Die Stromleitungen zwischen Transformator und Ofen besitzen eine von der Gestaltung ihres Führungswegs abhängige sogenannte „Selbstinduktion“, welche die Kurzschlußleistung auf etwa den dreifachen Wert der Transformator-Nennleistung begrenzt. Die entsprechende Stromstärke ist weit davon entfernt, ein Durchschmelzen der Kupferwicklungen des Transformators nach sich zu ziehen, sondern ruft lediglich eine stärkere Erwärmung des Kupfers hervor. Diese zusätzliche Wärmemenge wird vom Öl aufgenommen und an das Kühlmittel — Luft und Wasser — wieder abgegeben.

Die im Ofenbetrieb üblichen Stromstöße beruhen nun meist nicht auf vollständigen, sondern nur auf teilweisen Kurzschlüssen zwischen den Elektroden und pflegen dementsprechend die Nennleistung um nicht mehr als 50 bis 75% zu überschreiten. Da beim Einschmelzen auf jeden plötzlichen Anstieg der Stromstärke ein ebensolcher Abfall unter den Ausgangswert zu folgen pflegt, findet keine unzulässige Erwärmung des Transformatoröls und der Wicklungsisolierung statt. Sollte sich jedoch die Stromstärke mehrere Sekunden lang auf unzulässiger Höhe halten, so tritt der Seite 97 erwähnte Selbstausschalter in Tätigkeit und unterbricht die Stromzufuhr zum Transformator.

Als weitere Folge der Stromstöße wirken, wie bereits erwähnt, auf die Kupferspulen des Transformators elektromagnetisch bedingte Abstoßkräfte ein, die zu einer Lockerung der Anschlüsse oder zu einer Durchscheuerung besonders hoch beanspruchter Stellen führen können. Bei baulich gut durchgebildeten Transformatoren ist diese Gefahr durch sorgfältige Abstützung der Wicklungen beseitigt. Zusammenfassend kann demnach festgestellt werden, daß die im Einschmelzbetrieb der Elektroöfen praktisch auftretenden Stromstöße nicht von nachteiligem Einfluß auf die Belastungsfähigkeit und Lebensdauer guter Ofentransformatoren sind.

Die Belastungsweise der Ofentransformatoren weist neben diesen plötzlichen Stromstößen noch eine weitere kennzeichnende Eigentümlichkeit auf, nämlich den regelmäßigen Wechsel von Vollbelastung beim Einschmelzen, Teilbelastung beim Feinen, und Stillstand während der Zwischenpause zwischen zwei Schmelzungen. Dieser Wechsel wirkt sich in günstigem Sinne auf die Belastungsfähigkeit aus, da das Transformatoröl einen Teil der bei Vollast aufgenommenen Wärme während der Teilbelastung und des Stillstandes an das Kühlmittel wieder abgeben kann. Die Temperatur des Transformators geht nennenswert zurück, so daß beim Wiedereinsetzen der Volllast sogar eine gewisse Überlastung zulässig ist, deren Betrag von dem Verhältnis der Einschmelzdauer zur Dauer des Feinens und Einsetzens abhängig ist. Je kürzeren Anteil an der gesamten Zeitspanne von Abstich zu Abstich das Feinen und die Pause besitzen, um so weniger kann der durch Überlastung beim Einschmelzen bewirkte Temperaturanstieg des Transformatoröls rückgängig gemacht werden. Demgemäß ist bei langer Einschmelz- und kurzer Feinungsdauer die zulässige Überlastbarkeit während des Einschmelzens geringer als im umgekehrten Fall. Abb. 92 zeigt in schematischer Darstellung die kennzeichnende Belastungsweise beim Arbeiten auf verschiedene Erzeugnisse. Sie läßt erkennen, daß in dem einen Grenzfall, der Erzeugung von Edelstahl, der Anteil der Einschmelzdauer auf 25% der gesamten Zeit heruntergehen kann. Die durchschnittliche Belastung des Transformators während des Einschmelzens kann hierbei unbedenklich um etwa 20% über die Nennleistung hinaus gesteigert werden. Im entgegengesetzten Grenzfall — Erzeugung von Stahlguß mit 60% Einschmelzzeit — kann bereits eine durchschnittliche Überlastung von nur 10% während des Einschmelzens zu einer unzulässigen Erwärmung des Transformators führen.

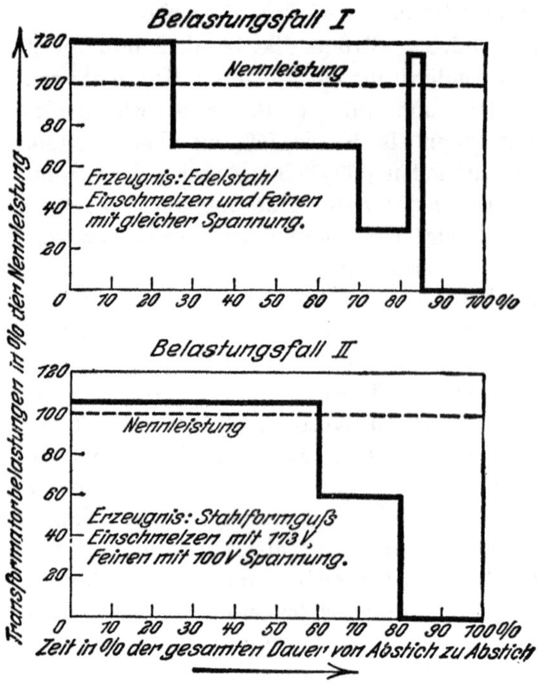

Abb. 92. Belastungsarten von Elektroofentransformatoren.

Die Elektrodenregler.

Die Heizwirkung der Lichtbögen hängt von der Höhe der in ihnen umgesetzten elektrischen Leistung ab. Um die Ofenbeheizung zu verstärken oder abzuschwächen, muß man also die Lichtbogenleistung entsprechend ändern. Der einfachste Weg dazu ist die Regelung der Stromstärke. Der Stromdurchfluß durch die Elektroden wird durch den Widerstand des Lichtbogens bedingt; da nun Lichtbogenwiderstand und Lichtbogenlänge verhältnisgleich sind, so genügt letzten Endes zur Einstellung der gewünschten Stromstärke die Regelung des Abstandes zwischen Elektrodenspitze und Einsatz.

Diese Aufgabe ist während des Feinens unschwer zu erfüllen, da durch Anheben oder Senken der Elektroden jede beliebige Entfernung von dem ebenen Badspiegel festgehalten werden kann. Bedeutend schwieriger ist die Einhaltung einer bestimmten Stromstärke beim Einschmelzen, da das fortwährende Zusammensinken und Wegschmelzen des Einsatzes im Elektrodenbereich unausgesetzt plötzliche und erhebliche Schwankungen der Lichtbogenlänge nach sich zieht. Wollte man durch Handverstellung der Elektrodenhalter den benötigten Abstand jeweils neu einregeln, so würde eine beträchtliche Verlängerung der Einschmelzdauer die Folge sein. Das Niederfahren der Elektroden darf nämlich nur langsam und vorsichtig vorgenommen werden, um eine unmittelbare Berührung zwischen Elektrode und Schrott und damit einen Kurzschluß zu vermeiden; außerdem ist bei Handregelung die Ofenmannschaft während des Einschmelzens jeder anderen Tätigkeit entzogen.

An diesem Punkte setzt nun die Aufgabe der selbsttätigen Elektrodenschnellregler ein, die ein unentbehrliches Rüstzeug aller neuzeitlichen Ofenanlagen darstellen. Diese Regler sind elektromagnetisch betätigte Vorrichtungen, die jede Abweichung von der einmal eingestellten Stromstärke rasch und zuverlässig beseitigen. Ihre Wirkungsweise ist entweder rein elektrisch oder elektrohydraulisch.

Bei den rein elektrischen Reglern beeinflußt die jeweils die Elektroden durchfließende Stromstärke ein elektromagnetisches Schaltwerk, welches je nach dem Sinne der Abweichung den Drehsinn der Windenmotoren umsteuert; bei zu hoher Stromstärke werden die Elektroden gehoben, im umgekehrten Falle gesenkt.

Bei der elektrohydraulischen Regelung werden die Elektroden statt durch Windenmotoren durch Preßwasserkolben gehoben und gesenkt. Steuerorgan ist in diesem Falle ein Ventil, welches je nach Bedarf den Preßwasserzulauf oder -ablauf freigibt. Die Ventilstellung wird gleichfalls durch ein elektromagnetisches Schaltwerk beim Über- oder Unterschreiten der eingestellten Stromstärke geregelt.

Eine nähere Beschreibung der einzelnen Reglerbauarten, die heute zu hoher Vollkommenheit ausgebildet sind, würde aus dem Rahmen dieses Buches herausfallen. Hier seien lediglich einige Gesichtspunkte vermerkt, die für den Stahlwerker von Bedeutung sein können.

Die durch die Regler gesteuerte Elektrodenverstellung soll jederzeit in einfacher Weise auf unmittelbare Handbetätigung oder mindestens auf Fernsteuerung von Hand umschaltbar sein. Anlaß dazu bietet beispielsweise das Hochfahren der Elektroden beim Einsetzen, Abschlacken und Abgießen. Die Fernsteuerung geschieht bei elektrisch betätigten Elektrodenhaltern durch Kurbelanlasser für die Windenmotoren, bei hydraulisch betätigten durch Steuerschieber in der Preßwasserleitung. Die Regelung der Elektroden soll ferner unabhängig voneinander erfolgen, um einzelne Elektroden selbsttätig, die anderen von Hand steuern zu können.

Des weiteren soll durch Nullspannungs-Relais oder ähnliche Vorrichtungen dafür gesorgt sein, daß beim Ausbleiben der Ofenspannung die Elektrodenbewegung sofort zum Stillstand kommt; andernfalls würden die eingeschaltet bleibenden Regler in dem Bestreben, die eingestellte Stromstärke zu erzwingen, die Elektroden so lange abwärts steuern, bis sie den Schrott berühren oder ins flüssige Bad eintauchen. Ein dreiphasiger Kurzschluß beim Anfahren sowie unerwünschte Aufkohlung des Bades wären die Folge.

Schließlich sei noch eine Erscheinung vermerkt, welche zwar bei Verwendung neuzeitlicher Regler nicht mehr auftritt, in älteren Anlagen jedoch hin und wieder noch beobachtet werden kann, nämlich das sogenannte Pendeln der Elektroden. Ein einwandfreier Regler verlangsamt die Elektrodenbewegung selbsttätig in dem Maße, wie sich die Annäherung an die eingestellte Endlage vollzieht. Ist dies nicht der Fall, so schießt bei der Rückkehr aus jeder Abweichung die Elektrode wiederholt über das eingeregelte Ziel hinaus; die Stromstärke pendelt infolgedessen fortwährend zwischen übermäßig hohen und übermäßig niedrigen Werten hin und her. Der gleiche Vorgang kann übrigens auch eintreten, wenn die Schlackendecke einen zu hohen elektrischen Leitwiderstand aufweist; ein näheres Eingehen auf diese Eigentümlichkeit soll bei der Erörterung des sauren Schmelzverfahrens erfolgen.

Der Einbau von Drosselspulen und der Leistungsfaktor von Lichtbogenöfen.

Die beim Einschmelzen von festem Einsatz plötzlich auftretenden Stromstöße, die meist durch den Kurzschluß von zwei, in selteneren Fällen durch den gleichzeitigen Kurzschluß von drei Elektroden hervorgerufen werden, können den mehrfachen Wert der Transformatorleistung erreichen. Wenn auch diese unvermeidlichen Belastungsspitzen, deren Dauer übrigens durch gute Elektrodenregler stark eingeschränkt wird, den Ofentransformator nicht gefährden, so kann doch in vielen Fällen ihre Dämpfung aus einem anderen Grunde erwünscht sein. Je weniger leistungsfähig nämlich die den Ofen speisende Stromerzeugungsanlage ist, um so notwendiger erweist sich eine Begrenzung des Höchstwertes der vom Ofen aufgenommenen Leistung. Hohe Belastungsspitzen von längerer Dauer können leicht die Überlastungsfähigkeit kleiner Zentralen überschreiten und eine Unterbrechung der Stromlieferung verschulden; auf jeden Fall stören sie den gleichzeitig angeschlossenen Lichtverbrauch in empfindlicher Weise durch lästige Flackererscheinungen, die in den Spannungsschwankungen des Netzes begründet sind.

Zur Beseitigung dieser Unzuträglichkeiten ist notwendigenfalls der Einbau von Drosselspulen in die Stromzuführungswege zum Ofen angebracht. Zur Erläuterung ihrer Wirkungsweise sei etwas weiter ausgeholt. Wechselstrom jeder Art erfährt beim Durchgang durch eine Stromleitung einen gewissen Gesamtwiderstand (elektrotechnisch „Reaktanz“), der sich im wesentlichen aus Wirkwiderstand („Resistanz“) und Blindwiderstand („Induktanz“) zusammensetzt. Der Wirkwiderstand, auch Ohmscher Widerstand genannt, hängt lediglich von dem Werkstoff, der Temperatur, dem Querschnitt und der Länge des Stromweges ab; er bewirkt die Umwandlung eines gewissen Anteils der elektrischen Energie in Wärme. Soweit bei Lichtbogenöfen diese Umsetzung außerhalb des Ofenraums, also im Transformator, in der Stromleitung zum Ofen und in den außenliegenden Elektrodenteilen vor sich geht, bedeutet sie naturgemäß einen Energieverlust.

Der Blindwiderstand wird neben andern Umständen wesentlich durch die Führung und Anordnung des Stromwegs beeinflußt; gerade Leitungsstücke haben den geringsten, enggewickelte Spiralen den größten Blindwiderstand. Im Gegensatz zum Wirkwiderstand hat der Blindwiderstand keine Energieverluste durch Umwandlung in Wärme oder andere Energieformen zur Folge; er zwingt sozusagen lediglich einen Teil des Stromes zur Rückkehr in den Stromerzeuger. Dieser „Blindstrom" pendelt also dauernd, ohne Arbeit zu leisten, zwischen Stromerzeuger und Verbrauchsstelle hin und her. Das Verhältnis zwischen der Wirkleistung des Stromes, das heißt der in der Zuleitung und am Verbrauchsort in Wärme oder andere Energieformen umgesetzten Leistung, zu der vom Stromerzeuger hinausgeschickten Scheinleistung (Wirkleistung zusätzlich Blindleistung), wird als Leistungsfaktor oder, mit einem in der Elektrotechnik sehr verbreiteten Ausdruck, als $\cos\varphi$ der Stromverbrauchsstelle bezeichnet. Die Verknüpfung dieser Größen kann also dargestellt werden durch die Beziehung: Scheinleistung in Kilovoltampere (kVA) mal Leistungsfaktor ist gleich Wirkleistung in Kilowatt (kW).

Dem Stromlieferer ist ein niedriger Leistungsfaktor stets unerwünscht, da er eine nutzlose Belastung der stromerzeugenden Maschinen und stromführenden Leitungen mit Blindstrom bedeutet, die volle Ausnutzung in Form von Wirkleistung verhindert und letzten Endes eine Verteuerung der Stromgestehung verursacht. Ein Zahlenbeispiel mag diese Wirkung veranschaulichen.

Eine Zentrale habe bei voller Belastung der Maschinen eine Nenn- oder Scheinleistung von 10000 kVA abzugeben. Würden die angeschlossenen Stromverbrauchsstellen keinen Blindwiderstand aufweisen, der Leistungsfaktor also 1,00 betragen, so könnte dem Netz eine wirkliche Leistung von 10000 kW entnommen werden. Beträgt aber der Leistungsfaktor nur etwa 0,60, wie beispielsweise bei vielen Netzen, aus denen Drehstrommotoren für Kraftzwecke gespeist werden, so kann der vollbelasteten Zentrale nur eine Wirkleistung von $10000 \times 0{,}60 = 6000$ kW entnommen werden.

Um 10000 kW abgeben zu können, müßte die Zentrale auf eine Nennleistung von 10 000 : 0,60 $\cong$ 17 000 kVA gebracht werden; man wäre also gezwungen, einen Generator von 7000 kVA zusätzlich zu betreiben.

Aus diesen Gedankengängen heraus ist es ohne weiteres verständlich, daß in manchen Stromtarifen der Preis für die Kilowattstunde auf der Grundlage des Leistungsfaktors gestaffelt ist: bei niedrigerem Leistungsfaktor als dem vereinbarten erhält der Stromlieferer einen höheren Kilowattstundenpreis, umgekehrt kommt ein niedrigerer zur Anrechnung. Lichtbogenofenanlagen weisen im allgemeinen einen ausgezeichneten Leistungsfaktor, nämlich 0,80 bis 0,90 auf. Sie bilden also in dieser Hinsicht eine sehr willkommene Belastung, die den Stromlieferer die anderen, weniger erwünschten Begleiterscheinungen des Ofenbetriebes, nämlich die Stromstöße beim Einschmelzen und die verschieden hohe Leistungsentnahme beim Einsetzen, Einschmelzen und Feinen, mit in Kauf nehmen läßt.

Was die Stromstöße anbetrifft, so wurde eingangs dieser Ausführungen darauf hingewiesen, daß sie bei wenig leistungsfähigen Stromnetzen zu Belästigungen des Lichtverbrauches und zu Stromstörungen infolge Maschinenüberlastung Anlaß geben können, daß aber der Einbau von Drosselspulen erheblich zu ihrer Dämpfung beizutragen vermag. Die Frage nach der Wirkungsweise der Drosselspulen läßt sich nunmehr, nach den voraufgegangenen Erörterungen über den Leistungsfaktor, leicht dahin beantworten, daß sie nichts anderes als einen in die Zuleitungen zur Ofenanlage eingebauten Blindwiderstand darstellen. Steigt bei einem Stromstoß die Stromstärke plötzlich an, so nimmt infolgedessen gleichzeitig der Anteil der Blindleistung erheblich zu, und der Leistungsfaktor sinkt rasch. Die als Belastungsspitze im Kraftwerk fühlbare Steigerung der Wirkleistung fällt bedeutend geringer aus als bei ungedrosselter Stromzufuhr.

Die Drosselspulen sind als Kupferspiralen ausgebildet, die in ölgefüllten Behältern untergebracht sind und einen Eisenkern umschließen. Sie sind fast stets dem Transformator hochvoltseitig vorgeschaltet, da die geringen Stromstärken der Hochspannungsseite dünnere Kupferquerschnitte und somit geringere Anlagekosten ermöglichen. Da ihre Einschaltung den Leistungsfaktor der Anlage erniedrigt, werden sie mit Anzapfungen und Überbrückungsschaltern versehen, die ein teilweises oder gänzliches Abschalten zulassen, sobald bei fortgeschrittener Verflüssigung des Einsatzes die Lichtbögen ruhiger brennen.

Die Bemessung der Drosselspulen richtet sich nach der Höhe des in der Ofenanlage ohnehin vorhandenen Blindwiderstandes sowie nach der gewünschten Begrenzung der Belastungsspitzen. Sollen diese die doppelte Höhe der Transformatorleistung nicht übersteigen, so genügt beim Einschmelzen ein Leistungsfaktor von etwa 0,85, der auch ohne Drosselspulen durch entsprechende Leitungsführung zwischen Transformator und Ofen erreicht werden kann. Wenn dagegen Belastungsstöße über das 1¾fache oder 1½fache der Nennleistung hinaus nicht zugelassen sein sollen, so muß durch Einschaltung entsprechend bemessener Drosselspulen der Leistungsfaktor beim Einschmelzen auf etwa 0,80 oder 0,70 herabgesetzt werden[1].

Die Schaltanlage der Lichtbogenöfen.

Nachdem die wichtigsten Teile der elektrischen Ausrüstung eines Lichtbogenofens die ihrer Bedeutung angemessene, etwas ausführlichere Besprechung erfahren haben, sei kurz die Anordnung der Schaltanlage erörtert. Dieselbe ist gemeinsam mit dem Transformator in einem geschlossenen, vor Staub geschützten, gut beleuchteten und bequem zugänglichen Raum in unmittelbarer Nähe des Ofens unterzubringen.

Die ankommenden Kabel werden zuerst zu einem Haupttrennschalter geführt, der gemäß den behördlichen Sicherheitsvorschriften als sichtbares Trennmesser ausgebildet sein muß. Dieser Trennschalter dient dazu, bei Instandsetzungsarbeiten oder bei längeren Stillständen, beispielsweise an Sonntagen, die gesamte Ofenanlage spannungslos zu machen. Er darf, wie alle offenen Trennschalter, nicht betätigt werden, solange der Ofen belastet ist. Der beim Ausschalten unter Belastung entstehende Abreißlichtbogen könnte neben anderen Schäden zeitweilige oder dauernde Erblindung des Schaltwärters zur Folge haben.

[1] In vereinzelten Fällen treffen obige Darlegungen nicht zu. Wenn nämlich ein Elektroofen durch ein hauptsächlich aus Kabeln, nicht aus Freileitungen bestehendes Überlandnetz gespeist wird, dessen übrige Abnehmer nur sehr geringen Blindwiderstand aufweisen, so kann es umgekehrt vorkommen, daß der Leistungsfaktor des Netzes durch Einbau von Drosselspulen gesteigert wird.

Hinter dem Haupttrennschalter ist ein Überspannungsschutz einzubauen. Überspannungen, d. h. weit über den vorgesehenen und zulässigen Wert hinausgehende Spannungen, können beispielsweise durch Blitzschläge in das Zuleitungsnetz oder durch Resonanzerscheinungen in den Stromerzeugern hervorgerufen werden. Wenn auch die Dauer ihres Auftretens Bruchteile einer Sekunde nicht zu überschreiten pflegt, können sie doch unter Umständen die Isolierung der Transformatorspulen ernsthaft beschädigen und müssen deshalb vorher abgefangen werden. Dies geschieht in einer aus Isolatoren zusammengebauten Sicherheitsvorrichtung, die bei unzulässigem Anwachsen der Spannung eine leitende Verbindung mit dem Erdboden herstellt und auf diese Weise den Spannungsstoß unwirksam macht.

Vom Überspannungsschutz aus werden die Leitungen dem Hauptölschalter zugeführt, der das Ein- und Ausschalten des Transformators während des Schmelzungsganges zur Aufgabe hat. Dem Wesen nach besteht ein Ölschalter ebenfalls aus Trennmessern, welche jedoch nicht offen liegen, sondern in einem ölgefüllten Behälter betätigt werden. Durch eine kräftige Federung wird ein blitzartiges Ein- und Ausschnappen der Trennmesser bewirkt, so daß auch beim Schalten unter Last nur ein kurzer Lichtbogen entsteht, der im Ölbad sofort erlischt.

Der Ölschalter ist zweckmäßigerweise mit einem Maximal- und einem Nullspannungsrelais auszustatten. Das bereits erwähnte Maximalrelais ist ein elektromagnetisch betätigtes Zählerwerk, das beim Überschreiten einer bestimmten Höchststromstärke nach einer einstellbaren Zeit, gewöhnlich fünf bis zehn Sekunden, den Ölschalter selbsttätig abschaltet, um einer Überhitzung der Transformatorspulen vorzubeugen. Das Nullspannungsrelais ist eine ebenfalls elektromagnetisch gesteuerte Vorrichtung, welche den Ölschalter selbsttätig auslöst, sobald die Spannung ausbleibt oder einen bestimmten Mindestwert unterschreitet. Das sofortige Abschalten des Ölschalters bei einer derartigen Störung soll der Ofenmannschaft genügend Zeit lassen, um etwa mit dem Einsatz in Berührung stehende Elektroden vor der Wiederkehr des Stromes hochzuwinden. Der beim Anfahren mit Elektrodenkurzschluß entstehende Stromstoß könnte nämlich den Höchstlastausschalter des ganzen Werkes oder der Stromerzeugerzentrale zur Auslösung bringen und damit auch die übrigen Stromverbraucher in Mitleidenschaft ziehen.

Zwischen Ölschalter und Transformator folgen dann die Drosselspulen mit ihren Überbrückungsschaltern, weiterhin der Spannungsumschalter. Dieser ist, wie früher erwähnt, entweder als Dreieck-Stern-Umschalter für die entsprechende Verbindung der Hochspannungsspulen des Transformators ausgebildet, oder

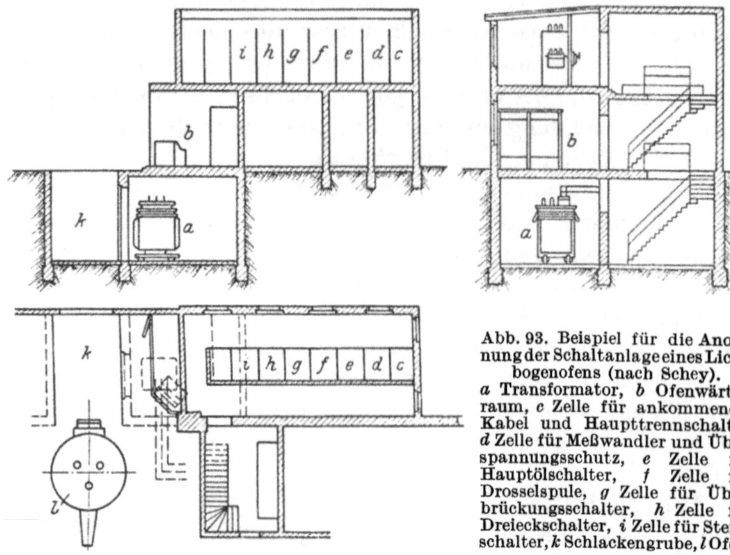

Abb. 93. Beispiel für die Anordnung der Schaltanlage eines Lichtbogenofens (nach Schey).
a Transformator, *b* Ofenwärterraum, *c* Zelle für ankommendes Kabel und Haupttrennschalter, *d* Zelle für Meßwandler und Überspannungsschutz, *e* Zelle für Hauptölschalter, *f* Zelle für Drosselspule, *g* Zelle für Überbrückungsschalter, *h* Zelle für Dreieckschalter, *i* Zelle für Sternschalter, *k* Schlackengrube, *l* Ofen.

aber als Trennmesser, welches bei diesen Spulen eine verschiedene Windungszahl einschaltet. Gleich wie beim Haupttrennschalter darf auch hier die Umschaltung nicht unter Belastung vorgenommen werden. Meistens läßt sich ohne Schwierigkeit eine mechanische Verriegelung anbringen, die eine Betätigung des Umschalters nur bei ausgeschaltetem Ölschalter zuläßt.

Vom Umschalter fließt der Strom zum Transformator und von dort durch die Niederspannungsleitungen zum Ofen. Auf einige bei der Anlage der Niederspannungsleitungen zu beachtende Grundsätze wird später noch zurückzukommen sein.

In Abb. 93 ist die eben erörterte Aufeinanderfolge der Schaltelemente auf der Hochspannungsseite an einem Beispiel dargestellt. Aus Zweckmäßigkeitsgründen und mit Rücksicht auf die geltenden Sicherheitsvorschriften wird, wie ersichtlich, jeder Teil der Hochspannungsanlage für sich in einer besonderen Zelle eingebaut.

Die Niederspannungsanlage des Ofens besteht aus den selbsttätigen Elektrodenreglern samt der zugehörigen Einstellvorrichtung für die gewünschten Stromstärken, dem Nullspannungsrelais, den Hebelumschaltern von selbsttätiger Regelung auf Handbetätigung, dem Motor für das Ofenkippwerk, dem Ölpumpenmotor für die Kühlung des Transformatoröls oder dem Ventilatormotor für die Lüftung des Transformatorraumes bei luftgekühltem Transformator und schließlich der Schalttafel oder dem Schaltpult des Ofenwärters.

Der Schaltstand soll eine ungehinderte Übersicht über den Ofen zulassen und sämtliche Instrumente enthalten, welche der Wärter zur einwandfreien Beurteilung der elektrischen Verhältnisse des Ofens benötigt. Es sind dies ein Spannungsanzeiger für die Hochspannungsseite, um bei Störungen darüber unterrichtet zu sein, ob die Anlage unter Spannung steht; ein Spannungsanzeiger für die Niedervoltseite mit Umsteckdose für die einzelnen Phasen zum Ablesen der Ofenspannung; je ein Stromanzeiger für jede Niederspannungsphase, ein Leistungsanzeiger zur Beobachtung der jeweils dem Netz entnommenen Leistung; ein Energiezähler, dessen Stand zu Beginn und zu Ende jeder Schmelzung in den Schmelzungsbericht aufzunehmen ist und schließlich eine zuverlässige Uhr.

Weiterhin soll der Schaltstand unmittelbar betätigte oder elektrisch ferngesteuerte Schaltvorrichtungen zum Schalten des Hauptölschalters, der selbsttätigen Elektrodenregelung und der Handsteuerung für die Elektrodenbewegung aufweisen. Abb. 94 zeigt als Beispiel das Schaltpult einer Lichtbogenofenanlage.

Für die günstigste Unterbringungsmöglichkeit der gesamten elektrischen Ausrüstung läßt sich keine feste Regel aufstellen, da die örtlichen Platzverhältnisse zu verschiedenartig sind. Unbedingte Geltung hat jedoch stets der eine Grundsatz, den Transformator zur Verminderung der hohen Energieverluste in der Niederspannungsleitung möglichst nahe an den Ofen heranzurücken. Steht der Ofen, wie es meist der Fall ist, auf Hüttensohle, so stellt ein unterirdischer Transformatorraum fast immer die zweckmäßigste Lösung der Platzfrage dar. Bei Öfen mit einer dem Abstich gegenüberliegenden Beschickungstür ist dieser Keller seitlich vom Ofen, bei Öfen mit zwei um 90° gegen den Abstich versetzten Arbeitstüren hinter dem Ofen anzulegen. Auf die Grundwasserverhältnisse ist selbstverständlich stets Rücksicht zu nehmen; desgleichen soll mindestens eine Stelle des Trans-

Abb. 94. Schaltpult einer Lichtbogenofenanlage.

formatorraums in einem Kranbereich liegen, um durch eine ausgesparte Deckelöffnung hindurch den auf Rollen verschiebbar eingerichteten Transformator erforderlichenfalls rasch zerlegen und zusammenbauen zu können.

Die Hoch- und die Niederspannungsanlage sind auf Hüttenflur in Ofennähe ein- oder zweigeschossig (vgl. Abb. 93) so anzuordnen, daß die freie Zugänglichkeit der Ofenarbeitsbühne nicht beeinträchtigt wird.

Steht der Ofen auf einer erhöhten Arbeitsbühne (vgl. Abb. 95), so ist der Raum unter dieser Bühne fast immer für die Auf-

Abb. 95. Anordnung des Transformatorraumes bei einem 30 t-Lichtbogenofen.

stellung des Transformators und der übrigen elektrischen Anlage verfügbar; auf der Arbeitsbühne selbst braucht dann meist nur der Schaltstand eingerichtet zu werden.

VI. Die Elektroden.

Allgemeines.

Die Elektroden der Lichtbogenöfen leiten den Strom in das Ofeninnere und sind an ihren untern Enden die Träger des Lichtbogens. Als Werkstoff für die Elektroden kommt lediglich Kohlenstoff wegen seiner Unschmelzbarkeit, seiner weitgehenden Unschädlichkeit für die Zusammensetzung des Stahlbades, seiner günstigen elektrischen Leitfähigkeit und seiner Billigkeit in Frage. Es sind wohl für besondere Zwecke auch schon andere Stoffe vorgeschlagen worden, so zum Beispiel für die Herstellung rostfreien, weichen Eisens Elektroden aus weichem Ferrochrom, die sich durch allmähliches Abschmelzen mit dem Stahlbad legieren sollten. Es ist aber nicht bekannt geworden, ob derartige Versuche wirklich durchgeführt worden sind und zu einem Erfolg geführt haben.

Die Kohleelektroden kommen in zwei nach Herstellung und Eigenschaften wohl unterschiedenen Arten zur Anwendung: als amorphe Kohleelektroden (auch kurz Kohleelektroden genannt) und als Grafitelektroden (auch als grafitierte Elektroden bezeichnet).

Herstellung und Eigenschaften der amorphen Kohleelektroden.

Für die Elektrodenerzeugung werden als Grundstoffe Anthrazit und Petrolkoks, als Bindemittel Teer und Pech verwendet. Diese an und für sich schon reinen Kohlensorten werden noch einer Aufbereitung unterzogen, wobei sie auf bestimmte Körnungen zerkleinert und von ihren Aschebestandteilen befreit werden. Sodann wird das Gemisch in der Wärme zu der benötigten Form gepreßt oder gestampft. Zum Schluß werden die Formlinge in meist gasgefeuerten Ringöfen einer Sinterung bei über 1000° unterworfen, wobei sie zum Schutz gegen oxydierende Einflüsse in Kohlenklein eingepackt werden. Bei diesem Brennvorgang entweichen die flüchtigen Bestandteile des Teeres und lassen einen als harte Kittmasse wirkenden Koks zurück. Die Erhitzung und die Abkühlung beim Brennen müssen zur Vermeidung von Spannungen und Rissen sehr langsam und gleichmäßig durchgeführt werden und erfordern demgemäß eine Zeitspanne von je 10 bis 20 Tagen. Nach dem Brennen wird die Oberfläche der Elektroden geglättet, weil eine glatte Oberfläche Voraussetzung für inniges Anliegen im Elektrodenhalter und für einen verlustlosen Stromübergang ist. Schließlich wird an beiden Enden das Gewinde für die später zu besprechende fortlaufende Vernipplung eingeschnitten.

Die Eigenschaften der Elektroden aus amorpher Kohle sind, soweit sie für den Stahlwerker von Belang sein können, in nachstehender Zusammenstellung angeführt:

elektrischer Leitwiderstand . . .	30—60 Ohm/mm²/m,
zulässige Stromdichte	4—8 A/cm²,
spezifisches Gewicht	1,56 kg/dm³,
spezifische Wärme bei 100° . .	0,20 kcal/kg/° C,
Wärmeleitzahl bei 1400°	etwa 50 kcal/h/° C/m,
Oxydationsbeginn an der Luft .	bei etwa 400° C,
Aschegehalt	5% und weniger.

Bemessung der amorphen Kohleelektroden.

Aus der Größe des elektrischen Leitwiderstandes ergibt sich der für einen Ofen bestimmter Leistung benötigte Elektrodenquerschnitt, wobei folgende Erwägungen maßgebend sind. Je höher die Querschnittseinheit mit Strom belastet wird, um so stärker erwärmt sich die Elektrode. Bei zu hoher Stromdichte tritt ein Erglühen der Elektrode und infolgedessen ein rasches Verzundern und Abbrennen des auf dem Ofen herausragenden Teils ein. Der Stromdurchgang erfolgt jedoch nicht gleichmäßig durch den ganzen Querschnitt, sondern bevorzugt gemäß einer in der Elektrotechnik als Skin-Effekt bekannten Erscheinung die Randzone eines Leiters gegenüber dessen Kern. Da diese Eigentümlichkeit der stärkeren Belastung der Randzone sich mit zunehmendem Elektrodendurchmesser stärker ausprägt, dürfen dickere Elektroden auf die Querschnittseinheit nur schwächer belastet werden als dünnere. Erfahrungsgemäß hat sich eine Belastung von 8 bis 6 Amp. je cm² bei Elektroden unter etwa 350 mm Durchmesser, eine solche von 6 bis 4 Amp. je cm² bei dickeren Elektroden als noch zulässiger Wert erwiesen. Daraus ergeben sich für die üblichen Transformatorleistungen etwa folgende Elektrodendurchmesser:

bei	1 t-Öfen	200—250 mm,
„	2 t-Öfen	250—300 mm,
„	4 t-Öfen	300—350 mm,
„	6 t-Öfen	350—400 mm,
„	8 t-Öfen	400—450 mm,
„	10 t-Öfen	450—500 mm.

Die im Elektrostahlbetrieb verwendeten Elektroden sind durchweg zylindrisch, weil diese Form ein bequemes und genaues Fassen im Halter ermöglicht und ein leichtes Anstücken der teilweise abgebrannten Elektroden gestattet. Die gebräuchlichen Durchmesser sind in den Grenzen von 100 bis 250 mm um je 25 mm abgestuft, darüber hinaus um je 50 mm; die üblichen Längen liegen zwischen ein und zwei Meter. Wenn auch jede Abweichung von der Kreisform und jede Abweichung im Durchmesser einen verschlechterten Stromübergang in der Elektrodenfassung bedeutet, so gelten doch die folgenden Abweichungen im Durchmesser noch als handelsüblich: bei 200 mm $\pm$ 3 mm, bei 350 mm $\pm$ 4 mm und bei 500 mm $\pm$ 5 mm.

Elektrodenverbrauch bei Anwendung von Kohleelektroden.

Der Verbrauch an Kohleelektroden beträgt bei festem Einsatz 10 bis 40 kg, im Mittel 16 kg, bei flüssigem Einsatz durchschnittlich 8 kg je Tonne Einsatz. Auf 1000 kWh bezogen, beträgt bei beiden Betriebsarten der Verbrauch etwa 18 kg. Die Höhe des Verbrauches hängt von vielerlei Umständen ab, die teilweise unter die Verantwortlichkeit des Elektrodenerzeugers, teilweise unter die des Stahlwerkers fallen. Die eigentliche Elektrodenabnützung, nämlich die im Lichtbogen ständig stattfindende Zerstäubung oder Verdampfung der Elektrodenspitze, ist verhältnismäßig gering. Größer ist schon der teilweise unvermeidliche Abbrand der Elektrode durch die in den Ofen eintretende Luft. Weitere Verlustquellen sind: Unachtsamkeit beim Transport, beim Zusammenschrauben, beim Einsetzen in die Elektrodenhalter, unvorsichtiges Einbringen des festen Einsatzes in den Ofen sowie stoßweises Kippen des Ofens beim Abschlacken oder Abstechen. Unzweckmäßige Einlagerung im Stahlwerk kann ebenfalls Elektrodenverluste verursachen: Elektroden sind trocken und warm einzulagern (Abb. 96), da allzu schroffe Temperaturwechsel und eingedrungene Feuchtigkeit Rißbildungen und Brüche hervorrufen können. Aus dem gleichen Grunde ist ein Auswechseln der Ofenelektroden während der Schmelzung wenig empfehlenswert; ist es nicht zu umgehen, so ist mindestens die neue Elektrode nur ganz allmählich in den heißen Ofen einzulassen. Schlechter Zustand der Elektrodenfassungen führt infolge des großen Übergangswiderstandes an der betreffenden Stelle zum Erglühen und Abbrennen der Elektrode, desgleichen, wie bereits erwähnt, übermäßig gesteigerte Stromzufuhr. Ungenau ausgesparte Elektrodenöffnungen im Ofengewölbe beanspruchen die hindurchgezwängten Elektroden auf Biegung und haben neben raschem Gewölbeverschleiß leicht Elektrodenbrüche zur Folge. Schließlich sind während des Einschmelzens Elektrodenbrüche durch zusammenstürzenden Schrott oder durch zu heftiges Aufprallen der Elektroden auf feste Schrottstücke nicht immer zu vermeiden.

Wenn hier eingehend alle im Stahlwerk möglichen Quellen eines gesteigerten Elektrodenverbrauches aufgezählt worden

Abb. 96. Elektrodenstapelung im Stahlwerk.

sind, so muß zum Ausgleich darauf hingewiesen werden, daß auch bei sorgfältigster Ausschaltung aller Gefahrenpunkte unerklärliche Elektrodenbrüche auftreten können. Diese fallen dem Elektrodenerzeuger zur Last und können auf ungeeigneter Auswahl des Rohstoffes, auf unzweckmäßiger Körnung und auf Unzulänglichkeiten des Herstellungsverfahrens beruhen. Insbesondere muß betont werden, daß es den Elektrodenerzeugern noch nicht gelungen ist, für Kohleelektroden mit Durchmessern von 450 mm und darüber das Herstellungsverfahren zu der gleichen Vollkommenheit wie bei dünneren Elektroden durchzubilden. Beispielsweise ist bei Kohleelektroden von 500 mm Durchmesser auch bei sorgsamstem Arbeiten mit einem Elektrodenverbrauch von mindestens 25 kg je Tonne festen Einsatzes zu rechnen. Auf die Bedeutung dieses Umstandes für die Wettbewerbsfähigkeit dicker Kohleelektroden gegenüber andern Elektrodenarten soll später noch eingegangen werden.

Herstellung und Eigenschaften der Grafitelektroden.

Die Erzeugung der Grafitelektroden geht in der Weise vor sich, daß sich an den Herstellungsgang der amorphen Kohleelektroden ein weiterer Vorgang, die Grafitierung, anschließt. Die Grafitierung besteht in einer Kristallisation des amorphen Kohlenstoffes zu Grafit und vollzieht sich bei sehr hoher Temperatur unter dem Einfluß bereits vorhandener oder absichtlich zugefügter Katalysatoren (Metalloxyde!). Zur Grafitierung werden die fertig gebrannten Elektroden aus amorpher Kohle in ein Sand- und Kohlegemisch gebettet und während etwa 30 Stunden als elektrischer Widerstand in einen Stromkreis von hoher Stromstärke gelegt. Die beim Stromdurchgang entwickelte Joulesche Wärme erhitzt die Elektroden auf etwa 2000° C. wobei die Aschenbestandteile sich größtenteils verflüchtigen und die amorphe Kohle in Grafit umgewandelt wird. Als Energieverbrauch für das Grafitieren werden 6000 bis 10000 kWh für die Tonne Elektroden angegeben. Dieser hohe Energiebedarf macht es erklärlich, daß bis vor wenigen Jahren die von Acheson erfundene Grafitierung der Kohleelektroden ausschließlich in den amerikanischen Niagara-Werken der Acheson-Gesellschaft durchgeführt wurde. Erst neuerdings ist mit dem fortschreitenden Ausbau der Wasserkräfte auch in andern Ländern, darunter auch in Deutschland, die Herstellung von Grafitelektroden mit Erfolg aufgenommen worden.

Die wichtigsten Eigenschaften der Grafitelektroden gehen aus nachstehender Zusammenstellung hervor:

elektrischer Leitwiderstand	8—15 Ohm/mm²/m,
zulässige Stromdichte	15—30 A/cm²,
spezifisches Gewicht	etwa 1,40 kg/dm³
spezifische Wärme zwischen 0—1000° .	etwa 0,30 kcal/kg/° C
Wärmeleitzahl bei 1400°	etwa 120 kcal/h/° C/m,
Oxydationsbeginn an der Luft	bei etwa 700° C,
Aschegehalt	1,5% und weniger.

Bemessung der Grafitelektroden.

Der elektrische Leitwiderstand der Grafitelektroden beträgt, wie aus obiger Zusammenstellung ersichtlich, nur etwa ein Viertel desjenigen von amorphen Kohleelektroden. Es darf daher die Grafitelektrode mit der vierfachen Stromstärke gegenüber einer Kohleelektrode gleichen Durchmessers belastet werden, was umgekehrt für gleiche Strombelastung nur ein Viertel des Querschnitts oder die Hälfte des Durchmessers ergibt. Demgemäß sind bei Verwendung von Grafitelektroden folgende Durchmesser üblich.

für 1 t-Öfen	100—125 mm	Durchmesser,	
„ 2 t-Öfen	125—150 mm	„	
„ 4 t-Öfen	150—200 mm	„	
„ 6 t-Öfen	200—250 mm	„	
„ 8 t-Öfen	250—300 mm	„	
„ 10 t-Öfen	300—350 mm	„	
„ 25 t-Öfen	350 mm	„	(flüssiger Einsatz).

Elektrodenverbrauch bei Verwendung von Grafitelektroden.

Da, wie eben erwähnt, bei gleicher Ofenleistung der Durchmesser der Grafitelektroden nur die Hälfte desjenigen von Kohleelektroden zu betragen braucht, beläuft sich auch der Elektrodenverbrauch nur auf die Hälfte der für Kohleelektroden angegebenen Zahlen. Als guten Durchschnittswert kann man einen Verbrauch von 8 kg auf die Tonne flüssig ausgebrachten Stahls bei festem Einsatz ansehen; bei fest eingesetzten Schmelzungen mit geringer Feinungsdauer (Stahlguß) kann man unter Umständen auf 6 kg je Tonne Stahlausbringen im Dauerbetrieb kommen, bei flüssigem Einsatz auf 3 kg. Der Verbrauch auf 1000 kWh beträgt durchschnittlich 8 kg.

Vergleich zwischen Kohle- und Grafitelektroden.

Ein lediglich auf der Grundlage der Elektrodenkosten durchgeführter Vergleich der Wirtschaftlichkeit beider Elektrodenarten führt zu folgendem Ergebnis für festen Einsatz:

Elektrodenart	Ungefährer Preis je kg Elektrode RM	Durchschn. Elektrodenverbrauch je t Stahl kg	Mithin Elektrodenkosten je t Stahl RM
Kohleelektroden . .	0,33	16	16 × 0,33 = **5,28**
Grafitelektroden . .	1,40	8	8 × 1,40 = **11,20**

Die sich aus diesem Vergleich ergebende Erhöhung der Stahlgestehungskosten bei Verwendung von Grafitelektroden schränkt deren Wettbewerbsfähigkeit im allgemeinen hoffnungslos ein, solange es nicht gelingt, die Grafitierung durchgreifend zu verbilligen. Lediglich bei sehr großen und bei sehr kleinen Ofenleistungen liegen die Verhältnisse für die Grafitelektroden günstiger. Sobald nämlich die Höhe der Stromzufuhr einen Kohleelektrodendurchmesser von über 400 mm erforderlich macht, häufen sich die Betriebsschwierigkeiten beträchtlich. Wie bereits erwähnt, ist bei diesen dicken Elektroden mit mehr oder minder häufigen Brüchen zu rechnen, so daß Verbrauchsziffern von 25 bis 35 kg und darüber je Tonne Stahl keine Seltenheit sind. Dazu kommt, daß die schwierige, zeitraubende und anstrengende Arbeit des Herausfischens dicker, in den Ofen hineingebrochener Elektrodentrümmer meist nicht vermag, die Schmelzung vor unzulässiger Aufkohlung und damit, im Falle legierten Stahls, vor dem Unbrauchbarwerden zu bewahren. Berücksichtigt man außerdem noch die erschwerte Handhabung beim Transport, beim Einsetzen in die Elektrodenhalter und beim Anstücken, so wird man die wirtschaftliche Gleichwertigkeit oder Überlegenheit der leichteren, handlicheren und kaum zu Brüchen neigenden Grafitelektroden für den eben umgrenzten Anwendungsbereich (Stromzufuhr über etwa 7500 Amp. je Phase) kaum in Abrede stellen können.

Auch bei sehr kleinen Elektrodendurchmessern, solchen unter 200 mm, wie sie für Öfen von weniger als 1000 kg Fassungsvermögen in Frage kommen, schaltet die Kohleelektrode aus. Ihr grobes Korn gestattet in diesem Falle nicht das Eindrehen eines solch feinen Gewindes, wie es für das im nächsten Abschnitt zu behandelnde fortlaufende Anstücken der Elektroden notwendig ist.

Das Anstücken der Elektroden.

Die Elektroden der Elektrostahlöfen sind heute sämtlich für fortlaufendes Anstücken eingerichtet. Wie Abb. 97 zeigt, sind die beiden Kopfenden der Elektrode mit Innengewinde versehen. In diese Bohrungen wird ein zylindrischer Nippel gleicher Zusammensetzung wie die Elektrode eingeschraubt und damit die fortlaufende Verbindung hergestellt. Das Anstücken vollzieht sich auf folgende Weise: Die zu kurz gewordene Elektrode wird mit dem Kran aus dem Elektrodenhalter des Ofens herausgehoben

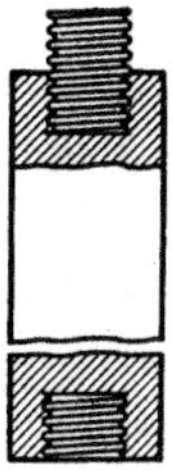

Abb. 97. Elektrodenverbindung durch zylindrische Nippel.

und mit dem unteren, zugespitzten Ende senkrecht in ein Loch passenden Durchmessers gestellt, wobei sie mindestens einen halben Meter über Hüttenflur hinausragen soll. Zum Transport der Elektroden dienen Tragnippel aus Eisen oder Aluminium, die mit einer Öse versehen und der Handlichkeit halber hohl ausgebildet sind. Der Elektrodenstumpf wird, wie Abb. 98 zeigt, mittels einer Holz- oder Eisenschelle in seiner Stellung festgehalten, worauf in seine Nippelöffnung ein allseits mit Elektrodenkitt reichlich bestrichener Kohlennippel unter sanftem Druck bis zum völligen Festsitzen eingeschraubt wird. Die neue Elektrode wird sodann mit dem Kran oder noch zweckmäßiger mit einem Flaschenzug senkrecht über den so vorbereiteten Stumpf gefahren und gemäß Abb. 99 durch allmähliches Senken des Trag-

Abb. 98. Elektrodenanstücken. Vorbereitung.

Abb. 99. Elektrodenanstücken. Festschrauben.

hakens in das überstehende Nippelende eingeschraubt, bis die beiden Stirnflächen der Elektroden sich dicht berühren und der überschüssige Kitt herausgepreßt ist. Der Elektrodenkitt, eine aus Elektrodenmehl und einem Bindemittel bestehende Masse, wird vom Elektrodenerzeuger mitgeliefert und dient dazu, zwischen Elektroden und Nippel allseitig eine innige Berührung herbeizuführen, damit beim Stromdurchgang die Bildung kleiner örtlicher Lichtbögen und damit das Erglühen der Elektrode an der Nippelverbindung vermieden wird. Beim Zusammenschrauben von Grafitelektroden ist der Gebrauch von Elektrodenkitt nicht nötig, da sie infolge ihrer Weichheit und Feinkörnigkeit das Eindrehen eines genauen und vollkommen anliegenden Feingewindes gestatten.

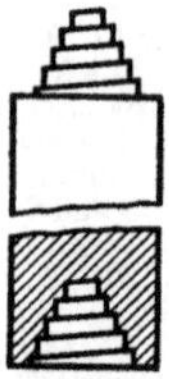

Abb. 100. Elektrodenverbindung durch konisch ausgebildete Gewindezapfen u. Innengewinde.

Bei dünnen Elektroden ist manchmal statt der Verbindung durch zylindrische Nippel die Anstückungsmöglichkeit in der Weise vorgesehen, daß das eine Ende der Elektrode mit Innengewinde, das andere Ende mit dazu passendem Außengewinde versehen ist. Auch bei dicken Elektroden findet sich manchmal diese Verbindungsart, wobei jedoch in der Regel das Innengewinde und der Gewindezapfen konisch ausgebildet sind (Abb. 100).

Nach dem Anstücken werden die mit Elektrodenkitt zusammengeschraubten Elektroden zweckmäßig bis zur Trocknung und Erhärtung des Kitts gelinde erwärmt. Das Anstücken selbst ist eine Arbeit, die sehr sorgfältig vorgenommen werden muß, da die Nippelverbindung die schwächste Stelle der Elektrode ist und am leichtesten zu Brüchen Anlaß gibt. Wenn die Verbindung lose ist und Spiel aufweist, ist der Nippel bei schräger Stellung der Elektroden im Ofen der auftretenden Biegungsbeanspruchung nicht gewachsen und bricht leicht entzwei. Außerdem kann durch das Erglühen der Elektrode an dieser Stelle das Gewinde so verzundert werden, daß der Stumpf zum weiteren Anstücken untauglich wird.

Die Söderberg-Dauerelektrode.

Die in den vorhergehenden Abschnitten geschilderten Mißstände bei Verwendung dicker Kohleelektroden legten den Gedanken nahe, in den Elektrostahlbetrieb eine Elektrodenart zu übertragen, die sich im elektrochemischen Großbetrieb, namentlich an Kalziumkarbidöfen, auch in dicksten Durchmessern gut bewährt hat, die Söderberg-Dauerelektrode.

Die Dauerelektrode in ihrer ursprünglichen Form unterscheidet sich von den bisher beschriebenen (Stück-)Elektroden dadurch, daß sie über dem Schmelzofen selbst fortlaufend in dem Maße, wie sie unten abbrennt, am oberen Ende frisch angestampft und gebrannt wird. Im Elektrostahlbetrieb läßt sich zwar die fortlaufende Herstellung über dem Ofengewölbe selbst nicht durchführen, doch bleiben auch hier die übrigen Eigentümlichkeiten dieser Elektrodenart erhalten. Die Söderberg-Dauerelektrode besteht aus einem dünnen, etwa 2 mm starken Blechmantel, in welchen die Elektrodenmasse in gleicher Zusammensetzung wie für die Herstellung der Kohleelektroden eingestampft wird. Während des Einstampfens soll die Masse, etwa durch einen um den Blechmantel gelegten Heizwiderstand, zur Erzielung guter Knetbarkeit leicht angewärmt werden. Die Blechhülle, welche der Elektrode die verlangte Form und Standfestigkeit gibt, ist an der Innenseite mit Längsrippen versehen, um ein gutes Anhaften der Masse zu gewährleisten. Die meist mit Preßluftstampfern gestampfte Elektrode wird ohne weitere Vorbereitung in den Schmelzofen eingebaut. Durch die beim Stromdurchgang entwickelte und vom Ofeninnern empfangene Hitze vollzieht sich das Brennen, das bei den Stückelektroden in besonderen Brennöfen vorgenommen wird, hier im Schmelzofen selbst. Der in das Ofeninnere hineinragende Teil der Elektrode sintert durch Verkokung des Bindemittels rasch fest und die Blechhülle schmilzt ab. Die durch die Elektrode nach oben geführte Wärme leitet auch in dem über dem Ofen befindlichen Teil das Festbrennen ein, wobei die sich bildenden Teerdämpfe durch den siebartig durchlöcherten Blechmantel entweichen. Über der Elektrodenfassung jedoch muß die Elektrodenmasse zwecks guter Bindung beim späteren Weiterstampfen weich und knetbar bleiben; aus diesem Grunde verlangt die Dauerelektrode im Gegensatz zur Stückelektrode stets eine stark wassergekühlte Elektrodenfassung.

Wenn die Elektrode zu kurz geworden ist, wird sie ausgewechselt und zum Stampfort zurückgebracht. Dort wird auf den alten Blechschuß ein neuer aufgeschweißt, in welchen dann in der eingangs beschriebenen Weise neue Elektrodenmasse eingestampft wird. Die Nippelverbindung als Gefahrenquelle ist also ausgeschaltet.

Der wesentlichste Vorteil der Dauerelektrode gegenüber gleich starken Stückelektroden ist die Verringerung der Bruchgefahr, die sich bei Durchmessern von 400 bis 500 mm erfahrungsgemäß in einem um etwa 10% verringerten Elektrodenverbrauch auswirkt. Berücksichtigt man außerdem noch, daß die Kosten der Blechhülle, des Schweißens und der Elektrodenkühlung reichlich durch den Fortfall der Brennkosten aufgewogen werden, so kann man getrost die Übertragung der Söderbergelektrode in den Elektrostahlbetrieb als beachtenswerte Neuerung bezeichnen.

Von den Befürwortern der selbstbrennenden Dauerelektrode wird als weiterer Vorteil die Tatsache ins Feld geführt, daß die aus der Elektrode im Ofen entweichenden Teerdämpfe einen wolligen Rußkranz an den Elektrodenkühlringen absetzen, der eine vollkommene Elektrodenabdichtung darstellt und die an dieser Stelle entstehenden Wärmeverluste vermindert. Diese Beobachtung trifft wohl zu, doch ist andererseits zu bedenken, daß die ständige Anwesenheit kohlenwasserstoffhaltiger Teerdämpfe im Ofen eine Gefahr für die Stahlgüte bedeuten kann. Wenn auch ein nachteiliger Einfluß bisher noch nicht ausdrücklich verzeichnet worden ist, so mahnen doch die Erfahrungen bei jeder ersten Schmelzung auf einem neugestampften Teerdolomit- oder Teermagnesitherd zur Vorsicht. Diese Schmelzungen sind in ganz ausgeprägter und unverkennbarer Weise durch einen erhöhten Gasgehalt gekennzeichnet.

Die eisenummantelte Stückelektrode.

In der jüngsten Zeit ist man mancherorts dazu übergegangen, auch die normalen Kohleelektroden mit einem Eisenmantel zu versehen. Die Kosten des Ummantelns, die mit etwa 0,04 RM je kg Elektrode angegeben werden, werden durch die Verringerung des Elektrodenabbrandes ausgeglichen. Die dicht anliegende Blechhülle schützt nämlich die aus dem Ofen herausragenden Elektrodenteile wirksam gegen Verbrennung; außerdem bewirkt die Schmiegsamkeit des dünnen Bleches meist eine Verbesserung des Stromüberganges zwischen Spanner und Elektrode.

Neben dieser „Schutzummantelung“ hat man auch eine „Leitungsummantelung“ versucht. Der elektrische Leitwiderstand der Kohleelektroden ist bei hoher Temperatur um etwa 25% geringer als bei Raumtemperatur; umgibt man nun eine Kohleelektrode mit einem dicken Eisenmantel, so übernimmt dieser einen erheblichen Anteil der Stromleitung bis in das Ofeninnere und gestattet demgemäß eine Verkleinerung des Elektrodendurchmessers. Im Ofen selbst genügt nach dem Abschmelzen des Mantels die nunmehr glühende Elektrode durchaus für die Weiterleitung des Stromes. Die auf der Grundlage dieser Erwägungen vorgenommenen Versuche sind jedoch bisher daran gescheitert, daß das abschmelzende Ende des dicken Blechmantels sich meist zackig und blättrig aufweitet und aufbeult; der Durchgang der Elektrode durch die Kühlringöffnung wird damit zur Unmöglichkeit.

VII. Die Energiewirtschaft des Elektrostahlofens.

Der Energieverbrauch der Elektrostahlöfen.

Da die Ausgaben für die elektrische Energie einer der wesentlichsten Beträge in den Umwandlungskosten des Elektrostahles sind, ist es verständlich, daß die Höhe des Energieverbrauches bei allen Selbstkostenerörterungen die Hauptrolle spielt. Beispielsweise pflegt diese Frage bei der Neuaufstellung eines Elektroofens dem Erbauer als erste vorgelegt zu werden, trotzdem gerade die Schaltungseigentümlichkeiten der jeweiligen Bauart erst in letzter Linie den Energiebedarf beeinflussen und andere, vornehmlich von der Absicht des Bestellers abhängige Umstände den Hauptausschlag geben. Als solche sind zu nennen: die Größe des Ofens, das Verhältnis der Transformatorleistung zur Ofenfassung, die Art des Erzeugnisses und die Betriebsweise des Ofens.

Was zunächst die Ofengröße anbetrifft, so nimmt im allgemeinen mit steigendem Einsatzgewicht der Energieverbrauch je Tonne Stahl ab. Die wärmeabgebende Ofenaußenfläche wächst nämlich nur im Quadrat, indes die Ofenfassung im Kubus zunimmt. Der auf die Tonne entfallende Betrag an Wärmeverlusten des Ofens wird demgemäß bei steigender Ofengröße geringer.

Auch das Verhältnis zwischen Ofengröße und Transformatorleistung ist von Einfluß. Je stärker die Transformatorleistung für einen bestimmten Ofen bemessen ist, um so kürzer ist die Einschmelzdauer und um so geringer die Dauer der Ofenverluste. Der Zusammenhang zwischen Ofengröße, Transformatorleistung und Einschmelzdauer ist in Abb. 91 dargestellt worden.

Maßgebend für den Energieverbrauch ist fernerhin die Art des Erzeugnisses. Bei der Herstellung von gewöhnlichem Stahlformguß, der nach beendeter Verflüssigung des Einsatzes nur anderthalb bis zweieinhalb Stunden gefeint zu werden braucht, kommt man naturgemäß mit einem geringeren Energieverbrauch aus als bei der Erzeugung von Edelstahl, für den eine Feinungsdauer von zweieinhalb bis dreieinhalb Stunden die Regel bildet. Schließlich ist es nicht gleichgültig, ob der Ofen, wie in den Blockgießereien, dauernd, oder, wie in vielen Stahlformgießereien, unterbrochen betrieben wird; je länger nämlich die Pausen zwischen Abstich und Wiederanfahren sind, um so vollständiger geht die im Ofenmauerwerk aufgespeicherte Wärme durch Ableitung und Ausstrahlung wieder verloren und um so größer wird der für das Wiederaufheizen aufzuwendende zusätzliche Energiebetrag.

Wenn auch, wie eben erwähnt, der Energieaufwand je Tonne Stahl in wechselndem Maße von der Art der Anlage und von der Betriebsweise des Ofens beeinflußt wird, so lassen sich doch immerhin einige allgemeine Anhaltszahlen geben, die unter Berücksichtigung der eben angedeuteten Verhältnisse unschwer auf einen bestimmten Sonderfall übertragen werden können.

Für das Einschmelzen von einer Tonne festen Einsatzes werden im Dauerbetrieb etwa 520 bis 620 kWh benötigt. Diese Zahl ist an einer großen Reihe von Öfen in der Weise ermittelt worden, daß der Stand des Energiezählers zu Beginn der Schmelzung und nach beendeter Verflüssigung des Bades abgelesen wurde; der letztere Zeitpunkt läßt sich durch Abrühren mit Rührstangen genügend genau feststellen. Aus der spezifischen Wärme des Eisens zwischen 0^0 und dem Schmelzpunkt läßt sich als theoretischer Wärmebedarf für die Verflüssigung von einer Tonne der Betrag von 340 kWh [1] errechnen; in diesem Wert ist bereits der Wärmeaufwand mit berücksichtigt, der für das Einschmelzen des gleichzeitig aufgegebenen Schlackenzuschlages erforderlich ist. Dieser theoretische Energiebedarf von 340 kWh kann zwanglos als die Nutzwärme oder Nutzarbeit der Einschmelzperiode angesehen werden. Da nun in Wirklichkeit 520 bis 620 kWh/t dem Netz entnommen werden, geht der Restbetrag von 180 bis 280 kWh/t für die Deckung der Verluste der Ofenanlage während der Ein-

[1] Für die Umrechnung von Wärme in elektrische Energie gelten folgende Gleichungen: 1 kWh = 859 kcal; 1000 kcal = 1,16 kWh.

schmelzzeit verloren. Der Einschmelzwirkungsgrad, also das Verhältnis zwischen Nutzwärme und insgesamt zugeführter Stromwärme, errechnet sich aus den eben mitgeteilten Zahlen zu etwa $\frac{340}{570} \cong 0{,}60$.

Während der Feinungsperiode, von der beendeten Verflüssigung des festen Einsatzes bis zum Abstich gerechnet, beträgt der Verbrauch an elektrischer Energie 200 bis 500 kWh/t. Die Größe dieser Spanne hängt mit der Verschiedenheit der metallurgischen Anforderungen an das fertige Erzeugnis und der dadurch bedingten Feinungsdauer zusammen. Für gewöhnlichen Stahl oder Stahlformguß gilt die untere, für hochwertigen Edelstahl die obere Grenze. Als Nutzarbeit der Feinungsperiode kann das Überhitzen des flüssigen Bades um 100 bis 200^0 sowie das Schmelzen der Legierungszusätze und der Schlackenzuschläge angesehen werden; für diese Arbeiten beträgt, wie sich rechnerisch ermitteln läßt, der Energiebedarf etwa 100 kWh/t. Zur Deckung der Verluste der Ofenanlage während des Feinens muß also ein Mehrbetrag von 100 bis 400 kWh/t aufgewendet werden, woraus sich für die Feinungsperiode ein thermischer Wirkungsgrad von 0,50 bis 0,20 ergibt.

Unter Zusammenfassung des Vorausgesagten kann man bei der Elektrostahlherstellung mit folgenden Durchschnittswerten des Energieverbrauches je t Einsatzgewicht rechnen:

bei der Erzeugung von hochwertigem Edelstahl
aus festem Einsatz . . . . 900 kWh/t,
aus flüssigem Einsatz . . . . 450 kWh/t.
bei der Erzeugung von gewöhnlichem Stahl oder Stahlformguß
aus festem Einsatz . . . . 700 kWh/t,
aus flüssigem Einsatz . . . . 250 kWh/t.

Die Zahlen gelten für Öfen mittlerer Fassung (etwa 5 t) und für eine Transformatorleistung von etwa 200 kVA je Tonne Einsatz. Bei kleineren Öfen und schwächeren Transformatoren stellen sich die Werte bis zu 20% höher, im umgekehrten Falle bis zu 10% niedriger.

Die für flüssigen Einsatz angeführten Anhaltszahlen gelten sowohl für Lichtbogen- als auch für Induktionsöfen. Bei den letzteren sind zwar die Wärmeverluste des Ofengefäßes geringer; jedoch wird dieser Vorteil wieder dadurch aufgehoben, daß Induktionsöfen ein Leerstehen schlecht vertragen und demgemäß bei Sonntagsstillständen und bei erzwungenem Warten auf den Vorschmelzofen mit flüssigem Metall gefüllt bleiben und beheizt werden müssen.

Die Bedeutung der Energieverluste bei der Elektrostahlerzeugung.

Von der dem Netz entnommenen elektrischen Energie gehen, wie eben ausgeführt wurde, während des Einschmelzens etwa 60% und während des Feinens 20 bis 50%, im Mittel 35% als Nutzwärme in den Stahl und die Schlacke über; die restlichen 40 bzw. 65% gehen demnach auf dem Wege zum Ofen und an der Außenfläche des Ofens verloren. Die Höhe dieses Verlustbetrages legt es nahe, seine Verteilung auf die einzelnen Quellen zu erörtern und Anhaltspunkte für eine Herabminderung zu gewinnen.

Die Energieverluste an Lichtbogen-Elektrostahlöfen sind dreierlei Art:

1. Die elektrischen Verluste bei der Energiezufuhr zum Ofen. Sie setzen sich aus Transformator-, Kabel- und Elektrodenverlusten zusammen.

2. Die Wandverluste des Ofens. Sie bestehen in der Wärmeabgabe des Ofengefäßes durch Leitung und Strahlung an die Umgebung und an das Kühlwasser, ferner in der Ausstrahlung des Ofeninnern durch Ritzen und offene Türen (Öffnungsstrahlung).

3. Die Verluste durch abziehende Ofengase.

Die Bedeutung der verschiedenen Verlustquellen sei nachstehend etwas ausführlicher erörtert.

Die Transformatorverluste.

Die Transformatorverluste gliedern sich in Eisen- und Kupferverluste. Die Eisenverluste entstehen durch Wirbelströme und Ummagnetisierungsarbeit (Hysteresis-Arbeit) im Transformatorkern; sie sind von der Stromstärke unabhängig und wachsen etwa mit dem Quadrat der Phasenspannung. Wenn also beispielsweise ein Transformator nach beendetem Einschmelzen von Dreieck/Stern- auf Stern/Sternschaltung umgeschaltet wird, wobei die Spannung im Verhältnis $\sqrt{3} : 1$ sinkt, verringern sich die Eisenverluste im Transformator im Verhältnis $3 : 1$.

Die Kupferverluste des Transformators entstehen durch den Ohmschen Widerstand der Kupferwicklungen. Sie wachsen quadratisch mit der Stromstärke an und treten im Gegensatz zu den Eisenverlusten praktisch nicht in Erscheinung, wenn der Transformator, ohne stromdurchflossen zu sein, lediglich unter Spannung steht.

Die gesamten Transformatorverluste betragen etwa 3% der zugeführten elektrischen Energie. Sie sind der niedrigste Posten in der Verlustrechnung des Elektroofens und lassen auch kaum für Ersparnismöglichkeiten Raum. Höchstens wäre als selbstverständlich zu erwähnen, daß bei längeren Stillständen, beispielsweise des Sonntags, der Transformator zur Vermeidung der Eisenverluste vom Netz abzuschalten ist.

Die Stromzuführungsverluste.

Die Verluste in den Stromzuführungen vom Transformator bis zum Eintritt in den Ofen entstehen zum Teil durch den Ohmschen Widerstand der Kupferzuleitungen und der außerhalb des Ofens befindlichen Elektrodenteile. Dieser Verlustanteil wächst quadratisch mit der Stromstärke an und ist im übrigen abhängig von der Länge und Beschaffenheit der Stromleitungen und von der Höhe des Übergangswiderstandes an den Elektrodenfassungen. Außer den Ohmschen entstehen auch noch induktive Verluste durch das Auftreten von Wirbelströmen und durch Ummagnetisierungsarbeit in sämtlichen dem Stromweg benachbarten Eisenteilen.

Als Mittelwert der Stromleitungsverluste kann man den Betrag von 6% der dem Transformator zugeführten Energie in Rechnung setzen. Um die Ohmschen Verluste möglichst niedrig zu gestalten, sind die Stromwege so kurz wie möglich zu bemessen und mit ausreichendem Querschnitt auszustatten. Dabei werden statt massiver Schienen mit Vorliebe Bündel dünner Kupferbänder oder verseilte Kabel verwendet, um den sogenannten Skin- oder Hauteffekt, die Überbelastung der Randzone massiger Leiter, möglichst auszuschalten. Zur Verringerung des Übergangswiderstandes sind die Anschlußstellen sämtlicher Kupferleiter zu verzinnen. So vorzüglich nämlich metallisches Kupfer den Strom leitet, so schlecht ist die Leitfähigkeit von Kupferoxyd. Diese Eigentümlichkeit erklärt wohl auch die Tatsache, daß Elektrodenfassungen aus Kupfer oder Messing einer Wasserkühlung bedürfen, Eisenfassungen dagegen merkwürdigerweise nicht. Ungekühlte Kupferfassungen überziehen sich nämlich beim Heißwerden rasch mit einer Oxydhaut, die den Übergangswiderstand erhöht und ein Erglühen der schlecht leitenden Berührungsstellen hervorruft.

Zur Gewährleistung eines niedrigen Übergangswiderstandes ist es ferner erforderlich, daß die Elektroden genau rund sind und schmiegsam von der Spannvorrichtung gefaßt werden. Um die Ohmschen Verluste herabzumindern, sollen die Elektroden nicht unnötig hoch gefaßt werden, sondern nur so weit, daß sie ohne Nachlassen eine ganze Schmelzung durchhalten können.

Zur Verringerung der induktiven Wirbelstromverluste, die ebenfalls mit der Stromstärke anwachsen, ist darauf zu achten, daß möglichst wenige und besonders möglichst wenig massige Eisenteile in unmittelbarer Nähe des Stromweges liegen. Lassen sich derartige Teile nicht in unmagnetischem Metall ausführen, so sind sie wenigstens in möglichst dünne, voneinander isolierte Lamellen zu unterteilen.

Die Kühlwasserverluste.

Um die höchstbeanspruchten Stellen der feuerfesten Ofenzustellung vor vorzeitiger Zerstörung zu bewahren, werden sie durch aufgelegte Kühlwassergefäße geschützt. So werden wohl stets die Elektrodenöffnungen im Gewölbe mit Kühlringen, zuweilen auch die Türpfeiler und Türbögen mit Kühlkästen versehen; in vereinzelten Fällen findet man auch das eiserne Gewölbewiderlager als wassergekühlten Ring ausgebildet. Da die Kühlung ihrem Wesen nach eine beabsichtigte Wärmeentziehung ist, wird die Schonung der Ofenzustellung durch einen Mehraufwand an Wärme, d. h. in diesem Falle an elektrischer Energie erkauft. Wie mehrfache Messungen ergeben haben, entspricht die durch drei Elektrodenkühlringe abgeführte Wärmemenge bei 5 t-Öfen einer Leistung von etwa 40 kW und bei 7 t-Öfen einer solchen von etwa 60 kW. Ferner wurden an einem 7 t-Ofen noch folgende Verlustzahlen festgestellt: für den wassergekühlten Gewölbering 10 kW, für die wassergekühlte Abstichöffnung 12 kW, für drei wassergekühlte Elektrodenfassungen aus Messing 30 kW.

Mit Rücksicht auf die nicht unbeträchtliche Höhe dieser Verluste wird es sich im allgemeinen empfehlen, die Kühlung auf die unbedingt notwendigen Stellen, nämlich auf die Elektrodenöffnungen im Gewölbe, zu beschränken. Über die Anwendung ungekühlter eiserner statt der gekühlten kupfernen Elektrodenfassungen wurde bereits gesprochen; gekühlte Elektrodenspanner sind nur bei selbstbrennenden Dauerelektroden unentbehrlich, um das obere Elektrodenende knetbar zu erhalten. Was schließlich die Wasserkühlung von Pfeilern, Türbögen, Türen und Gewölbewiderlagern betrifft, so werden die oben angeführten Zahlen ein Urteil darüber gestatten, ob der Energieverlust durch Ersparnis an kleinen Instandsetzungsarbeiten aufgewogen wird. Meistens wird dies nicht der Fall sein. Außerdem ist zu bedenken, daß die Vermehrung der Kühlkästen auch eine metallurgische Gefahr bedeutet. Leckstellen, die sich nach dem Ofeninnern öffnen und einige Zeit unentdeckt bleiben, führen unweigerlich eine schwere Beeinträchtigung des Ofenganges und der Stahlgüte herbei.

Die Wärmeleitungs- und Ausstrahlungsverluste des Ofengefäßes.

Die Wärmeleitungs- und Ausstrahlungsverluste des Ofengefäßes sind der erheblichste Posten in der Energiebilanz des Lichtbogenofens. Ihre Höhe ist durch den Temperaturunterschied zwischen der Ofenaußenfläche und der Umgebung bedingt und hängt demgemäß wesentlich von dem Zustand, der Stärke und der Wärmeleitfähigkeit der Ausmauerung und des Gewölbes ab. Der auf diese Verlustquelle entfallende Betrag läßt sich auf verschiedene Weise messen und errechnen. An einer größeren Anzahl von Öfen sind die in Abb. 101 dargestellten Werte als Durchschnittsbeträge ermittelt worden. Wie ersichtlich, bedarf beispielsweise ein 6 t-Ofen einer durchschnittlichen Leistungszufuhr von etwa 140 kW zum bloßen Ausgleich der Wandverluste.

Von diesen Verlusten entfällt der Hauptteil auf das Gewölbe. Durch ein neues Gewölbe geht etwa ebensoviel Wärme verloren, wie durch die gesamte restliche Ofenfläche, durch ein abgenutztes und dünn gewordenes Gewölbe etwa der dreifache Betrag.

Die Aussicht, durch bauliche Maßnahmen hier erhebliche Ersparnisse zu erzielen, sind leider sehr gering. Der an sich richtige und naheliegende Gedanke, durch einen geeigneten Wärmeschutz eine wirksame Herabsetzung der Wärmeverluste zu erzielen, scheitert an der unzulänglichen Feuerfestigkeit der Ofenbaustoffe und der Isoliermittel. Bei dem fast ausschließlich verwendeten Gewölbebaustoff Silika muß geradezu peinlich jede Wärmestauung, beispielsweise auch die unbeabsichtigte Isolierung durch Hüttenstaubablagerung, vermieden werden, um die Temperatur an der Innenseite der Ziegel nicht unzulässig hoch ansteigen zu lassen. Auch eine Isolierung der Seitenwände und des Herdes verspricht keine merkbaren Erfolge. Der Hauptbestandteil aller Isoliermassen, Kieselgur, erleidet nämlich bei etwa 850° eine durch-

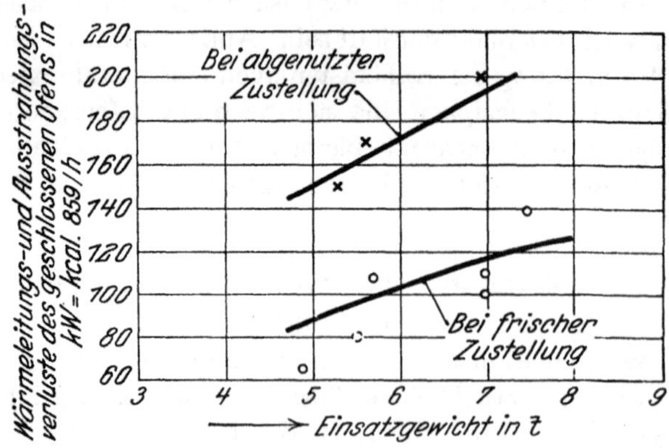

Abb. 101. Wandverluste (außer Verlusten durch Kühlwasser und Öffnungsstrahlung) bei Lichtbogenöfen während des Einschmelzens. Während des Feinens erhöhen sich die Werte um etwa 20 kW.

greifende Gefügeänderung, welche das Wärmeschutzvermögen vernichtet. Der Ausweg, die vorgebauten Dolomit- oder Magnesitwände stärker auszubilden als es aus rein betriebsmäßigen Erwägungen nötig wäre, führt ebenfalls nicht zum Ziel. Man erreicht zwar durch diese Maßnahme eine Temperaturerniedrigung in der Isolierschicht, vergrößert jedoch gleichzeitig die im Mauerwerk aufgespeicherte Wärmemenge, die ja in jeder Betriebspause zum Teil und bei jedem längeren Stillstand gänzlich verloren geht.

Wie ersichtlich, sind also zwei Voraussetzungen zu erfüllen, bevor in dieser Richtung Erfolge zu erwarten sind. Zuerst muß eine Isoliermasse verfügbar sein, die ihre Fähigkeit zum Wärmeschutz bis zu Temperaturen von etwa 1300° beibehält; angeblich ist in Amerika dieses Ziel durch Schaffung einer künstlich stark porös gemachten Schamotte bereits erreicht worden. Weiterhin muß die Verwendung von Ofenbaustoffen mit erheblich verbesserter Feuerfestigkeit möglich sein und wirtschaftlich gerechtfertigt werden können; auch hier läßt die Entwicklung der letzten Jahre in der Erzeugung sogenannter überfeuerfester Baustoffe (Karborund usw.) Raum für einige Hoffnung.

Inzwischen hat man aber mit Erfolg einen andern Weg zur Verringerung der Wärmeleitungs- und Strahlungsverluste beschritten. Da es bisher nicht gelungen ist, den Betrag je m^2 Ofenfläche und Stunde wesentlich herabzumindern, ist man dazu übergegangen, die Zeitdauer dieser Verluste abzukürzen. Da die Feinungsdauer durch metallurgische Erfordernisse festgelegt ist, hat man die Einschmelzdauer durch Aufstellung starker Transformatoren verringert; die damit im Zusammenhang stehenden Fragen sind in dem Abschnitt über die Bemessung der Transformatorleistung ausführlich erörtert. Hier sei nur das Endergebnis verzeichnet, nämlich daß durch die Verkürzung der Einschmelzdauer von beispielsweise vier auf zweieinhalb Stunden der auf die Tonne Stahl entfallende Betrag an Wärmeverlusten wesentlich herabgesetzt wird.

Die Verluste durch Öffnungsstrahlung.

Die bei der Ausstrahlung durch geöffnete Türen, undichte Türspalten und Elektrodenringöffnungen entstehenden Wärmeverluste sind beträchtlich, da sie mit der vierten Potenz der Temperatur der strahlenden Fläche (Ofeninnenwand und Lichtbogen!) wachsen. Sie betragen je m^2 strahlende Öffnung durchschnittlich 600 kW. Während des Beschickens und Einschmelzens sind sie etwas niedriger, ungefähr 450 kW, während des Feinens infolge der höheren Ofentemperatur und der freien Lage und ungehinderten Ausstrahlung der Lichtbögen etwas höher, etwa 800 kW.

Der im Durchschnitt der Schmelzungsdauer für die Deckung der Öffnungsstrahlung aufzuwendende Betrag hängt von der Größe der strahlenden Öffnungen und von der Öffnungsdauer ab. Im allgemeinen wird bei Öfen von 5 bis 7 t Fassung eine Leistung von 50 bis 80 kW zum Ausgleich dieser Verlustquelle erforderlich sein.

Die zur Verfügung stehenden Gegenmaßnahmen bestehen in möglichster Verkürzung der Beschickungszeit durch Verwendung handlichen und massigen Schrotts und durch Anwendung einfacher Beschickungsmulden, wo es die Aufstellung des Ofens zuläßt. Ferner ist auf gute Abdichtung der Türen und Elektrodenöffnungen zu achten.

Die Verluste durch abziehende Ofengase.

Durch die Umsetzungen beim Frischen und Desoxydieren, ferner bei der Bildung der Kalziumkarbidschlacke aus Kalk und Kohlenstoff entsteht Kohlenoxyd, welches mit der durch die Essenwirkung der Elektrodenöffnungen angesaugten Außenluft teilweise zu Kohlensäure verbrennt. Dieses aus dem Ofen entweichende Gasgemisch entführt eine Wärmemenge, die bei Öfen von 5 bis 7 t einer Transformatorleistung von 30 bis 60 kW entspricht.

Verteilung der Energiezufuhr auf Nutzarbeit und Verlustarbeit.

Um zu veranschaulichen, wie sich die dem Ofen zugeführte elektrische Energie auf die Nutzarbeit und auf die einzelnen Verlustquellen verteilt, seien nachstehend als Beispiel die großzahlmäßig ermittelten Betriebswerte eines 5 t-Lichtbogenofens wiedergegeben. Die Beobachtungen an dem betreffenden Ofen, in dem bei basischer Schlackenführung in ununterbrochenem Betriebe Edelstahl erzeugt wurde, ergaben im Durchschnitt von über tausend Schmelzungen folgende Zahlen:

I. Einschmelzen.
Einsatzgewicht: 5410 kg,
Einschmelzdauer: 3,52 Std.

Verteilung der zugeführten elektrischen Leistung beim Einschmelzen.

Ausgabeposten	kW	% der zugeführten elektrischen Leistung
Nutzleistung der Einschmelzperiode = vom Einsatz aufgenommene Leistung.	523	60,5
Kühlwasserverluste	35	4,1
Verluste des geschlossenen Ofengefäßes durch Leitung und Strahlung	130	15,2
Öffnungsstrahlung.	57	6,6
Verluste durch abziehende Gase	37	4,3
Transformatorverluste	28	3,3
Stromzuleitungsverluste	52	6,0
Zusammen	862	100,0

II. Feinen.
Einsatz: 5410 kg Ersteinsatz und 161 kg Legierungszusätze,
Feinungsdauer: 2,94 Std.

Verteilung der zugeführten elektrischen Leistung beim Feinen.

Ausgabeposten	kW	% der zugeführten elektrischen Leistung
Nutzleistung zum Überhitzen des Stahles, zum Schmelzen der Schlacke und der Legierungszusätze	189	36,6
Kühlwasserverluste	35	6,8
Verluste des geschlossenen Ofengefäßes durch Leitung und Strahlung	150	29,0
Öffnungsstrahlung	57	11,1
Verluste durch abziehende Gase	37	7,2
Transformatorverluste	17	3,3
Stromzuleitungsverluste	31	6,0
Zusammen	516	100,0

Die Übersicht zeigt in Übereinstimmung mit den früheren Darlegungen, daß der Hauptanteil der Verluste auf die Wärmeleistung und -strahlung des Ofengefäßes entfällt, und daß zu einer wirksamen Verringerung des Verlustbetrages hier in erster Linie der Hebel anzusetzen ist.

VIII. Die feuerfesten Baustoffe für den Elektrostahlofen.

Allgemeines.

Die Anforderungen, die der Elektrostahlofenbetrieb an die feuerfesten Baustoffe stellt, sind schärfer und mannigfaltiger als beim Betrieb der übrigen Stahlschmelzöfen. Sie können kurz wie folgt zusammengefaßt werden:

1. Möglichst hoher Schmelzpunkt.
2. Möglichst hohe Erweichungstemperatur unter Belastung.
3. Gute Raumbeständigkeit und Widerstandsfähigkeit gegen Abplatzen bei Temperaturschwankungen.
4. Widerstandsfähigkeit gegen Verschlackung, sowie gegen oxydierende und reduzierende Einflüsse.
5. Geeigneter elektrischer Leitwiderstand und geeignete Wärmeleitfähigkeit.

Zahlentafel 2. Physikalische Eigenschaften feuerfester Stoffe.

Ziegel aus	Schmelzpunkt °C	Raumgewicht g/cm³	Verhalten in der Hitze unter Belastung	Wärmeleitfähigkeit bei 1000° C kcal/cm³/sec/° C	Spezifische Wärme kcal/g/° C	Widerstandsfähigkeit gegen Abplatzen
Schamotte . .	1615—1715	2,65—2,75	Erweicht bei 1350°	0,0039	0,199 bei 100° 0,253 bei 1000°	gut
Silika	1705	2,29—2,44	Erweicht u. bricht bei 1600—1650°	0,0044	0,219 bei 100° 0,298 bei 1000°	schlecht
Magnesit . . .	2165	3,44—3,60	Bricht bei 1410—1550°	0,0079	0,231 bei 100° 0,324 bei 1000°	sehr schlecht
Karborund . .	zersetzt sich bei etwa 2000°	3,12—3,20	Bei 1650° kein Reißen u. kein Erweichen	bei 200°: 0,0070 bei 1000°: 0,0200 bei 1400°: 0,0260	0,186 zwischen 30° u. 1000°	gut
Bauxit	1565—1785	3,15—3,25	Erweicht bei 1350°			gut
Alundum . . .	2050	3,90—4,00	Bei 1550° noch kein Erweichen	bei 650—1020°: 0,0083	0,198 bei 100°	gut
Spinell	2135		Erweicht nahe am Schmelzpunkt			gut
Sillimanit . . .	1816		Erweicht bei 1700°			gut

Bisher ist noch kein Stoff gefunden worden, der alle diese Ansprüche zugleich, geschweige denn ein solcher, der sie preiswert erfüllt. Immerhin wird seit einigen Jahren mit großer Rührigkeit an der Verbesserung bereits gebräuchlicher und an der Erprobung neuartiger feuerfester Erzeugnisse gearbeitet.

Bevor das Verhalten und das Anwendungsgebiet der verschiedenen Baustoffe im Elektroofenbetrieb im einzelnen dargelegt wird, seien der besseren Übersicht halber in Zahlentafel 2 und 3 ihre wichtigsten physikalischen Eigenschaften zusammengestellt, und zwar Schmelzpunkt, Raumgewicht, Erweichungstemperatur unter Belastung, Wärmeleitfähigkeit, spezifische Wärme, Widerstandsfähigkeit gegen Abplatzen und elektrischer Leitwiderstand.

Zahlentafel 3.
Elektrischer Leitwiderstand feuerfester Stoffe in Ohm/cm^3.

Temperatur °C	Magnesitziegel	Silikaziegel	Schamotteziegel	Karborundumziegel	Alundumziegel
600	—	—	21000	Die angegebenen Beobachtungen sind widerspruchsvoll. Jedenfalls ist die Leitfähigkeit erheblich höher als bei Silika usw.	—
700	—	—	17000		$16 \cdot 10^6$
800	—	—	13000		—
900	—	—	9000		$5 \cdot 10^6$
1000	—	—	6600		$2 \cdot 10^6$
1100	—	—	4400		—
1200	—	—	2300		—
1300	6200	9700	1300		—
1400	420	2400	690		—
1500	55	710	280		—
1550	30	22	60		—
1565	25	18	—		—

Schamotte.

Schamotteziegel werden aus Ton ($Al_2O_3 . 2SiO_2 . 2H_2O$) unter Zusatz von Quarz, gebranntem Ton, tonerdehaltigen Stoffen oder anderen Magerungsmitteln gepreßt und gebrannt. Das wichtigste Kennzeichen der Schamotteziegel, die bereits bei 1350° C beginnende Erweichung unter Belastung, schließt ihre Verwendung im Elektrostahlofenbau im allgemeinen aus. Sie können lediglich als unterste Bodenlage im Herd und allenfalls noch als äußere Futterlage bei dicken Ofenwänden eingebaut werden und bieten dort infolge ihrer niedrigeren Wärmeleitfähigkeit gegenüber Silika, Magnesit und Dolomit den Vorteil einer geringen Herabminderung der Ausstrahlungsverluste.

Silika.

Silika- oder Dinassteine werden aus gemahlenen reinen Quarzgesteinen unter Zusatz ganz geringer Mengen Ton oder Kalk gepreßt und bei hohen Temperaturen gebrannt. Sie schmelzen bei etwa 1700 °C, weisen also kaum einen höheren Schmelzpunkt als die besten Schamottesorten auf. Ihre Überlegenheit über Schamotte liegt darin begründet, daß sie unter Belastung erst bei Temperaturen kurz unterhalb des Schmelzpunktes zu erweichen beginnen.

Da im Schmelzraum der Elektrostahlöfen Temperaturen von 1700 °C und darüber auftreten können, sind strenggenommen Silikaziegel für diesen Verwendungszweck zu wenig feuerfest und verdanken ihre weite Verbreitung eigentlich nur dem Umstand, daß sie widerstandsfähiger gegen Abplatzen und preiswerter als andere feuerfeste Stoffe sind.

Um ein vorzeitiges Abschmelzen des Silikamaterials im Ofen hintanzuhalten, stehen nur wenige Mittel zur Verfügung. Erstens muß jede Wärmeisolierung (Hüttenstaub auf dem Gewölbe!) streng vermieden werden und möglichst freie Ausstrahlung gewährleistet sein. Ein zweites Mittel besteht darin, die Entfernung zwischen Lichtbogen und Gewölbe so groß zu machen, daß die Temperatur der Zustellung die zulässige Grenze nicht überschreitet; dabei ist jedoch zu beachten, daß ein zu großer Abstand zwischen Badoberfläche und Gewölbe die Ausstrahlungsverluste des Ofens unangemessen erhöht. Ein weiteres, wenn auch aus metallurgischen Rücksichten nur beschränkt anwendbares Mittel besteht im zeitweiligem Öffnen der Türen, wodurch die Temperatur eines etwa zu heiß gewordenen Gewölbes rasch und wirksam herabgesetzt wird. Dem Einbau von Wasserkühlungen innerhalb des Ofens ist entschieden zu widerraten. Etwa auftretende Leckstellen können sich, wie bereits öfter betont, längere Zeit hindurch der Beobachtung entziehen und werden meist erst an der schweren Beeinträchtigung des Ofenganges und der Stahlgüte erkannt. Außerdem ist der Kostenaufwand für die durch die Kühlung entführte Wärme meist erheblich höher als die damit erzielte Ersparnis an feuerfesten Stoffen.

Kennzeichnend für Silikasteine ist im Zusammenhang mit ihrer verhältnismäßig großen Porosität die geringe Widerstandsfähigkeit gegen Verschlackung, die natürlich beim basischen Verfahren besonders augenfällig zutage tritt. Hauptsächlich der Kalkstaub wirkt verheerend auf das Gewölbe; deshalb ist auf die Verwendung stückigen Kalkes beim Schlackenbilden sorgfältig zu achten. Ein Beweis dafür, daß oft nicht die Überschreitung des Schmelzpunktes, sondern die Bildung leichtflüssiger Silikate ein Silikagewölbe zum „Laufen" bringt, ist die chemische Zusammensetzung der herabtropfenden Schmelzzapfen, die meist mehr oder weniger kalkreiche Kalziumsilikate sind. Ein weiterer Beweis ist die auf das Vielfache gesteigerte Gewölbehaltbarkeit beim sauren Schmelzverfahren, bei welchem der Kalkstaub im Herdraum fehlt. Außer von Kalk wird Silika auch von Flußspat unter Bildung von Siliziumfluorid angegriffen, ferner von den Oxydulen der Schwermetalle unter Bildung der entsprechenden Silikate.

Ein weiteres Kennzeichen der Silikaziegel ist ihre Neigung zum Abplatzen bei raschen Temperaturschwankungen, eine Eigenschaft, die bei den verschiedenen feuerfesten Stoffen durch das Gefüge, die Dichte, die Wärmeleitfähigkeit und den Ausdehnungskoeffizienten bedingt ist. Ob große oder kleine Steine leichter abplatzen, ist strittig; wahrscheinlich größere, doch haben diese wiederum den Vorteil kleinerer Fugenzahl. Eine günstige Wirkung gegen das Abplatzen wird vielfach der Glasur zugeschrieben, die sich beim Anschmelzen an der Oberfläche der Silikaziegel bildet. Um diese Glasur absichtlich herbeizuführen, wird manchmal das Mauerwerk mit einem dünnen Anstrich mannigfacher Art versehen. Der Wert eines solchen Anstriches ist aber meist recht zweifelhaft, da er infolge der Verschiedenheit des Ausdehnungskoeffizienten beim Erhitzen abzublättern pflegt. Enthält er außerdem in nennenswerter Menge Portlandzement, Alkalien, Asbest oder ähnliche „glasurbildende" Flußmittel, so setzt er die Feuerfestigkeit des zu schützenden Mauerwerks unzulässig herab.

Silikasteine dehnen sich beim Erhitzen unregelmäßig und sprunghaft aus. Diese Ausdehnung ist durch kristallographische Änderungen in der Quarzsubstanz bedingt und tritt in um so geringerem Maße auf, je schärfer der Stein bei seiner Herstellung gebrannt worden ist. Am ausgeprägtesten zeigt sie sich in dem Temperaturgebiet zwischen 500° und 600° C. Um ein Zerdrücken der Ziegel beim Wachsen zu vermeiden, ist beim Vermauern von Silikasteinen durch Belassung von Dehnfugen eine lineare Ausdehnung von etwa 2,5% zu ermöglichen. Die Dehnfugen werden durch Zwischenlagen von Holz, Pappe oder ähnlichen in der Hitze verbrennenden Stoffen geschaffen.

Zusammenfassend kann über die Verwendung von Silika im Elektroofen das Folgende gesagt werden:

Silika ist der fast ausschließlich verwendete Baustoff für das Ofengewölbe sowohl beim basischen wie auch beim sauren Verfahren. Außerdem werden beim basischen Verfahren die Türpfeiler und Türbögen meist, die Seitenwände über der Schlackenzone manchmal aus Silikasteinen gemauert. Beim sauren Schmelzverfahren wird die ganze Zustellung teils aus Silikasteinen gemauert, teils aus Silikasand nach einem später noch genauer zu beschreibenden Verfahren eingestampft oder eingebrannt. Infolge der außerordentlich geringen elektrischen Leitfähigkeit der Kieselsäure können saure Herde nicht ohne weiteres durch Bodenelektroden beheizt werden; bei saurer Herdauskleidung ist also in der Regel reine Lichtbogenbeheizung anzuwenden.

Magnesit.

Für die Magnesitziegelerzeugung benutzt man als Ausgangsstoff den Rohmagnesit ($MgCO_3$), der durch Brennen bei etwa 1600° bis 1700° C in Magnesia (MgO) übergeführt wird und dabei durch Zusammensintern eine außerordentlich hohe Festigkeit und Dichte erlangt. Der Sintermagnesit, der aus etwa 85 bis 90% Magnesia, etwa 4% Kieselsäure, etwa 4% Eisenoxyd neben geringen Mengen von Kalk und Tonerde besteht, gelangt in verschiedener Körnung als Stampf- oder Flickmasse im Elektroofenbetrieb zur Anwendung. Die Magnesitziegel selbst werden durch Zusammenpressen von gemahlenem Sintermagnesit mit geringem Wasserzusatz unter hohem Druck und nachheriges Brennen der Formlinge bei etwa 1500 bis 1600° C hergestellt.

Magnesit ist durch folgende Eigenschaften gekennzeichnet: hohen Schmelzpunkt (2165° C), große Wärmeleitfähigkeit, die fast das Doppelte derjenigen von Silika und Schamotte beträgt, leichtes Abplatzen bei Temperaturschwankungen, Raumverminderung bei langem Verweilen auf hoher Temperatur, hohe Dichte und große Widerstandsfähigkeit gegen verschlackende Einflüsse.

Die hohe Widerstandsfähigkeit gegen Verschlackung in Verbindung mit dem hohen Schmelzpunkt macht den Magnesit zu einem ausgezeichneten Baustoff für den Herd und die Wände im basischen Verfahren; ja es ist sogar möglich, auf einem Magnesitherd mit saurer Schlacke zu arbeiten, sofern die auch aus metallurgischen Gründen notwendige Verringerung des Säuregrades der Schlacke durch geeignete Zusätze gewährleistet bleibt.

Die geringe elektrische Leitfähigkeit bei hohen Temperaturen schließt die Verwendung von Magnesit als Herdbaustoff bei Öfen mit leitendem Herd im allgemeinen aus. Da bei Temperaturen unterhalb 1300 ^{0} Magnesit praktisch als Nichtleiter gelten kann, dürften, um genügenden Stromdurchgang zu ermöglichen, die Bodenelektroden nur einige wenige Zentimeter überstampft sein; eine derartig geringe Überdeckung wäre aber eine Quelle ständiger Durchbruchsgefahr. Als Aushilfe hat man den Magnesit mit geringen Mengen feiner Eisenfeilspäne oder ähnlicher gut leitender Stoffe vermischt; oder man hat die Bodenelektroden erst mit einer genügend dicken Schicht des leitfähigeren Dolomits und dann erst mit einer dünnen Magnesitschicht überstampft, hat aber in diesem Fall kaum mehr einen Vorteil gegenüber reinen Dolomitherden.

Für das Gewölbe von Lichtbogenöfen ist Magnesit kein empfehlenswerter Baustoff, weil die Temperaturschwankungen von Abstich zu Abstich ein ständiges Abplatzen der Steine bedingen. Das Einlegen dünner Blechplättchen zwischen die Ziegel erhöht zwar die Widerstandsfähigkeit gegen Abbrechen, weil das aus der Verbrennung der Bleche herrührende Eisenoxyd die Fugen fest verkittet und die Steine zusammenschweißt; jedoch vermag auch dieses Hilfsmittel nur selten den Einklang zwischen Lebensdauer und Kosten des Magnesitgewölbes herzustellen. Lediglich bei kleinen Strahlungsöfen, deren Fassungsvermögen 1000 bis 2000 kg nicht übersteigt und bei denen die Abkühlung des Ofeninnern während des Einsetzens nicht beträchtlich ist, können Magnesitgewölbe unter Umständen eine gute Wirtschaftlichkeit ergeben; bei derartigen Öfen hält nämlich ein Silikagewölbe der starken Ausstrahlung der freihängenden Lichtbögen nur sehr schlecht stand.

Um das leidige Absplittern der Magnesitziegel zu verhüten, das meistens den kristallinen Eigentümlichkeiten des Magnesiumoxydes (Periklas) zugeschrieben wird, werden in Amerika Versuche gemacht, den Sintermagnesit elektrisch zu schmelzen und die geschmolzene, amorphe Masse zu ziegeln; man hat aber bisher noch kein restlos befriedigendes Bindemittel für die Ziegelung finden können. Auch die Versuche, aus den Endlaugen der Kaliindustrie oder aus Dolomit chemisch abgeschiedene Magnesia zu brauchbaren und billigen Magnesitziegeln zu verarbeiten, haben bisher noch keinen durchgreifenden Erfolg gehabt.

Erwähnt sei noch eine weitere Eigentümlichkeit des Magnesits, nämlich die Zersetzung durch Kohlenstoff in Temperaturen von über 1700 ° C gemäß der Gleichung $MgO + C = Mg + CO$. Die lockeren, weißgrauen Flocken, die ein in hoher Temperatur befindlicher und viel Kohlenstoff in der Schlacke aufweisender Ofen durch die Elektrodenöffnungen auswirft, bestehen fast ganz aus Magnesia, dem Verbrennungserzeugnis des auf obige Weise gebildeten Magnesiums.

Beim Vermauern der Magnesitziegel wird als Mörtel fein gemahlener Sintermagnesit, dem eine Spur Ton beigemischt werden kann, benutzt. Das Einstampfen des Herdes geschieht in der gleichen Weise, wie es früher für Dolomitherde ausführlich erörtert worden ist, indem nämlich Sintermagnesit in etwa erbsengroßer Körnung unter Zusatz von wenig Magnesitmehl und 10 bis 12% wasserfreien Stahlwerksteeres festgestampft wird. Wird Sintermagnesit als Flickmasse zum Ausbessern der Zustellung im laufenden Betriebe verwandt, so wird er zweckmäßig mit etwa 10% gebrannten Kalkes zu einem steifen Brei angerührt und in die Löcher eingetragen.

Zusammenfassend kann gesagt werden, daß für den Herd und die Seitenwände basischer Elektroöfen Magnesit ein sehr guter, wenn auch kostspieliger Baustoff ist.

Dolomit.

Sinterdolomit wird aus Rohdolomit ($CaCO_3 \cdot MgCO_3$) durch Brennen und Austreiben der Kohlensäure gewonnen. Sinterdolomit ist der in Deutschland fast ausschließlich verwendete Baustoff für Herd und Seitenwände basischer Elektroöfen; in Amerika tritt er jedoch an Bedeutung gegen Magnesit zurück. Der Kalkgehalt des Dolomits bewirkt seine im Vergleich zu Magnesit geringere Widerstandsfähigkeit gegen verschlackende Einflüsse; eine saure Schlackenführung auf Dolomitherden ist daher im Gegensatz zu Magnesitherden nicht durchführbar.

Die elektrische Leitfähigkeit des Dolomits ist bei Temperaturen über 1000° genügend hoch, um in Öfen mit leitendem Herd den Stromdurchfluß von den Bodenelektroden zum Bad durch eine Überstampfung von etwa 300 mm Stärke hindurch zu gestatten.

Sinterdolomit wird wohl von allen Elektrostahlwerken als solcher in etwa bohnengroßer Körnung bezogen. Einrichtungen zum Brennen von Rohdolomit und zur Ziegelung von Sinterdolomit, wie sie in Thomasstahlwerken üblich sind, lohnen sich für den geringen Verbrauch der Elektrostahlwerke nicht. Die Vorratshaltung von Sinterdolomit bedingt gewisse Vorsichtsmaßregeln. Während Schamotte-, Silika- und Magnesitsteine sowie Sintermagnesit sich unbegrenzt aufbewahren lassen, wenn sie gegen unmittelbare Einwirkung von Nässe geschützt sind, ist dies bei Sinterdolomit nicht der Fall. Unter der Einwirkung der in der atmosphärischen Luft enthaltenen Feuchtigkeit wird der Dolomit mürbe und zerfällt. Derartig verwitterter Dolomit ist als Flickmasse unbrauchbar geworden, weil er nach dem Einbringen in den Ofen anfangs zwar zusammenfrittet, dann aber bei Temperaturen über 1000° die aufgenommene Feuchtigkeit unter Zerstäuben und Auseinanderfallen wieder abgibt. Je schärfer der Dolomit gesintert wurde, um so dichter ist seine Oberfläche und um so länger widersteht er der Verwitterung; doch büßt auch der schärfstgebrannte Dolomit durch vier- bis sechswöchiges Lagern an freier Luft an Güte ein. Aufbewahrung in gedeckten, mit Auslaufschnauzen versehenen Bunkern verbessert merkbar die Haltbarkeit.

Die Herstellung der Ofenzustellung aus Dolomit-Teerstampfmasse ist in ihren Einzelheiten bereits erörtert worden.

Karborund.

Dieses von Acheson eingeführte künstliche Erzeugnis wird durch Reduktion von Quarz mit Kohle gewonnen und entspricht in seiner Zusammensetzung der Formel SiC, ist also Siliziumkarbid. Die Herstellung der Ziegel geschieht durch Pressen unter Zusatz von Pech, Leinöl, Tonerde oder Kieselsäure als Bindemittel, und durch nachträgliches Brennen der Formlinge.

Karborund ist, wenn seine Erzeugung verbilligt und die Frage des Bindemittels einwandfrei gelöst werden kann, vielleicht berufen, mit Silika als Gewölbebaustoff in Wettbewerb zu treten.

Seine Feuerfestigkeit ist ausgezeichnet, da es sich erst über 2000° allmählich zersetzt; seine mechanischen Eigenschaften sind gut und seine Neigung zum Abplatzen bei Temperaturschwankungen soll sehr gering sein. Seine hohe Wärmeleitfähigkeit würde zur Vermeidung allzugroßer Wärmeverluste eine gute Isolierung des Gewölbes bedingen, was aber infolge der hohen Feuerfestigkeit keine Schwierigkeiten böte. Die ziemlich beträchtliche elektrische Leitfähigkeit des Karborunds würde freilich seine Verwendung als Einfassungsring der Elektrodenöffnungen ausschließen. Dem Angriff von Kalkstaub hält Karborund gut stand; der Einfluß oxydierender oder reduzierender Ofenatmosphäre bei 1700° C ist noch nicht hinlänglich erforscht.

Von flüssigem Eisen und von Schlacken wird Karborund sofort aufgelöst oder zersetzt, so daß es als Herdbaustoff nicht in Frage kommt. Als Gewölbebaustoff ist es in Amerika bei kleineren Elektroöfen bereits mehrfach erprobt worden und soll Haltbarkeitszahlen ergeben haben, die unter sonst gleichen Verhältnissen ein Vielfaches derjenigen von Silika betrugen.

Hochtonerdehaltige Erzeugnisse.

Versuche, die Feuerfestigkeit der Tonerde für Ofenbaustoffe auszunutzen, sind häufig unternommen worden, haben aber bisher noch kein befriedigendes Ergebnis gezeitigt. Bauxit, die natürlich vorkommende wasserhaltige Tonerde, wird aufbereitet, elektrisch geschmolzen, geziegelt und dann bei hoher Temperatur gebrannt. Das Erzeugnis geht unter verschiedenen Namen, Alundum, Korunit usw. Es hat einen hohen Schmelzpunkt, etwa 2000° C, erweicht erst in der Nähe des Schmelzpunktes und ist gegen Temperaturschwankungen unempfindlich. Dagegen wird es von Kalkstaub leicht angegriffen und besitzt noch eine weitere unangenehme Eigenschaft, die es mit allen hochtonerdehaltigen Erzeugnissen teilt, nämlich starke Schrumpfung in hoher Temperatur.

Durch Zusammenschmelzen von Magnesia und Ton wird der Magnesiaspinell ($MgO \cdot Al_2O_3$) gewonnen, durch Zusammenschmelzen von Kieselsäure und Schamotte der Sillimanit ($Al_2O_3 \cdot SiO_2$). Ersterer ist gegen basische, letzterer gegen saure Schlacken beständig. Feuerfestigkeit und übriges Verhalten beider Stoffe sind gut.

Die hohen Herstellungskosten der hochtonerdehaltigen Ziegel lassen vorläufig ihre Verwendung im Stahlwerksbetrieb noch als unwirtschaftlich erscheinen. Da man aber in letzter Zeit scheinbar die Ausbeutung natürlicher Fundstätten von sehr reinem Bauxit und Sillimanit in Angriff genommen hat, besteht einige Aussicht auf eine Verbilligung dieser Erzeugnisse und damit auf eine umfassendere Verwendung im Elektrostahlofenbetrieb.

Der Einkauf der feuerfesten Erzeugnisse.

Der Einkauf der feuerfesten Erzeugnisse ist in hohem Maße Vertrauenssache. Man hat sich zwar in der letzten Zeit bemüht, zuverlässige und möglichst einfache Prüfverfahren auszubilden, um einen zahlenmäßigen Maßstab für die verschiedenen in Betracht kommenden Eigenschaften zu gewinnen. Die Durchführung und einwandfreie Beurteilung derartiger Prüfungen liegt jedoch nur selten im Rahmen der Erfahrungen und Einrichtungen eines Elektrostahlwerkes. Diese Sachlage legt in verstärktem Maße den Herstellern feuerfester Erzeugnisse die Verpflichtung auf, auf Grund ihrer Hilfsmittel und Kenntnisse eindringlicher als es bisher teilweise der Fall gewesen sein mag, an der zuverlässigen Gleichmäßigkeit und an der weiteren Vervollkommnung ihrer Erzeugnisse zu arbeiten. Der Elektrostahlwerker jedenfalls wird gut daran tun, bis auf weiteres die Bewährung eines feuerfesten Baustoffes im Betriebe als allein gültigen Maßstab für die Güte zu benutzen.

IX. Die Einsatzstoffe und die Schlackenbildner.

Allgemeines über die Einsatzstoffe.

Die im Elektroofenbetrieb verwendeten Einsatzstoffe sind: Handelsschrott, unlegierte und legierte Stahlabfälle, Roheisen und schließlich Veredlungs- und Zusatzmetalle.

Da sowohl die Güte wie auch die Gestehungskosten des Elektrostahles in hohem Maße von der richtigen Auswahl der Einsatzstoffe abhängig sind, rechtfertigt sich eine eingehende Erörterung der dabei zu beachtenden Gesichtspunkte. Der Elektrostahlwerker muß in der Lage sein, aus der Reihe der ihm zur Verfügung stehenden Einsatzstoffe jene auszusuchen, die ihm bei gegebenen Gestehungskosten noch eine hinreichende Güte des Erzeugnisses sichern oder die im Hinblick auf verlangte hohe Güte möglichst niedrige Selbstkosten gewährleisten.

Gewöhnlicher Schrott.

Der gewöhnliche Stahlschrott in der für den Martinofenbetrieb üblichen Zusammensetzung und Sortierung (Kernschrott, Bauschrott, Blechschrott, Rohrschrott, gemischtes Alteisen usw.) ist ein für den Elektroofen wenig geeigneter Einsatz. Die verschiedene Stückgröße und Sperrigkeit, die für den maschinellen Chargierbetrieb des Martinofens von geringerer Wichtigkeit ist, spielt für den Elektroofen, der ja in den weitaus meisten Fällen von Hand gefüllt wird, eine nicht zu unterschätzende Rolle. Sperriger, ungleichmäßiger, nicht schaufelfähiger Schrott verlängert die Einsetzdauer ungebührlich, führt während des langen Einsetzens und des etwa notwendig werdenden Nachsetzens eine starke Abkühlung des Ofens herbei und erhöht damit letzten Endes die Schmelzkosten.

Fernerhin ist der gewöhnliche Stahlschrott auch in seiner Zusammensetzung sehr ungleichmäßig; er enthält in willkürlicher Verteilung hochphosphorhaltiges und phosphorarmes Sammelgut und erfordert deshalb zur Sicherung eines gleichmäßig geringen Phosphorgehaltes im Enderzeugnis stets eine starke Frischbehandlung.

Ausgesuchter phosphorarmer Elektroofenschrott.

Die eben dargelegten Verhältnisse lassen eine Nachfrage nach solchem Schrott entstehen, der für den Elektroofenbetrieb besonders geeignet ist; das heißt also, nach stückigem, schaufelfähigem Schrott einheitlicher Herkunft, bekannter Zusammensetzung und genügend niedrigen Phosphorgehaltes. Der amerikanische Schrotthandel liefert bereits laufend eine solche Schrottsorte unter der Bezeichnung ausgesuchter phosphorarmer Elektroofenschrott. Als Ausgleich für die Kosten der Sortierung und für die Gewährleistung eines Höchstgehaltes von 0,040% Phosphor kostet dieser Schrott etwa 10% mehr als gewöhnlicher Kernschrott. Er besteht zumeist aus Block- und Knüppelenden von Siemens-Martin-Stahl, aus Schienenstücken, schweren Kesselblech- und Stanzabfällen, Schmiedeabfall aus Gesenkschmieden und ähnlichem Gut.

Unlegierte Stahlabfälle.

Einen weiteren brauchbaren Einsatz für den Elektroofen stellen die unlegierten Werkzeugstahlabfälle dar. Während der eben beschriebene phosphorarme Schrott zwischen 0,10 bis 0,60%

im Mittel etwa 0,20% Kohlenstoff und etwa 0,50% Mangan enthält, weisen die unlegierten Werkzeugstahlabfälle einen durchschnittlichen Kohlenstoffgehalt von etwa 0,90% und einen durchschnittlichen Mangangehalt von etwa 0,25% auf. Im allgemeinen werden die Werkzeugstahlabfälle nicht gehandelt. Die Stahlwerke übernehmen sie vielmehr meist nur von ihren unmittelbaren Abnehmern, um eine gewisse Gewähr gegen Vermischung mit chrom-, wolfram- und anderslegierten Abfällen zu haben. Ein vollkommener Schutz gegen unbeabsichtigte Legierung wird selbstverständlich auch durch diese Maßnahme nicht erzielt, und es bleibt eine der wichtigsten Aufgaben des Elektrostahlwerkers, bei der Verwendung werkseigener und angekaufter Stahlabfälle deren Gleichmäßigkeit sicherzustellen.

Legierte Stahlabfälle.

Die gleichen Erwägungen gelten auch für legierte Stahlabfälle, deren Verwendung sich aus dem Zwang zur Verwertung des in den eigenen Werksbetrieben (Stahlwerk, Walzwerk, Schmiede, Kontrollstelle usw.) entfallenden Erzeugungsabfalles ergibt. Des weiteren schafft der billigere Preis des Legierungsmetalls in gekauften Abfällen einen gewissen Anreiz zu deren Bevorzugung gegenüber dem Reinmetall oder der Ferrolegierung. Es darf jedoch nicht übersehen werden, daß die größere Ausschußgefahr infolge unbeabsichtigter Legierung, sowie die Kosten der eingehenden Nachprüfung auf Gleichmäßigkeit den preislichen Vorteil der legierten Abfälle teilweise oder ganz wieder aufheben können.

Für die Bezahlung des legierten Schrottes ist meist nur die Höhe des Hauptlegierungsbestandteiles maßgebend, also z. B. bei Chromnickelstahlabfällen der Nickelgehalt, bei Schnelldrehstahlabfällen der Wolframgehalt. Späne werden wegen ihrer stärkeren Verrostung und der dadurch erschwerten Schlackenarbeit nur etwa halb so hoch wie stückige Abfälle gleicher Zusammensetzung bewertet.

Roheisen.

Als reiner kohlenstoffreicher Einsatz für bestimmte Stahlsorten sowie als genau und zuverlässig wirkendes Aufkohlungsmittel beim Fertigmachen der Schmelzungen wird Roheisen mit einem Phosphor- und Schwefelgehalt von höchstens 0,025% gern verwendet. Als reinste Sorten sind das steirische und das schwedische Roheisen bekannt. Das erstere gelangt in seinen besten Sorten nicht in den Handel, sondern wird in werkseigenen Betrieben restlos verbraucht; das schwedische Roheisen wird nach Fabrikmarken verkauft, deren Zusammensetzung und Reinheitsgrad gewährleistet werden. Für die meisten Zwecke kommen die weißen Roheisensorten in Frage, die außer 3,80 bis 4,20% Kohlenstoff nur geringe Mengen an Silizium und Mangan (unter 0,25%) enthalten. Siliziumreiches (meliertes und schwarzes) sowie manganreiches Sonderroheisen kommen im Elektroofenbetrieb nur in seltenen Sonderfällen zur Verwendung.

Manganlegierungen.

Das handelsübliche Ferromangan weist etwa 75 bis 82% Mangan und etwa 7% Kohlenstoff auf. Sein Schmelzpunkt liegt bei etwa 1250 °C, das spezifische Gewicht beträgt 7,1. Legierungen mit 50% und solche mit 12% Mangan (Spiegeleisen) bieten preislich kaum Vorteile und werden im Elektroofenbetrieb nur selten gebraucht.

Die im handelsüblichen Ferromangan vorkommenden Verunreinigungen treten fast nie in störendem Ausmaße auf. Der Siliziumgehalt beträgt meist unter 1%, Schwefel ist nur in unschädlichen Mengen vorhanden. Der einzige Bestandteil, der sich unter Umständen bei der Herstellung hochprozentiger Manganstähle störend bemerkbar machen kann, ist Phosphor, der im Ferromangan in einer Höhe von 0,200 bis 0,300% vorzukommen pflegt. Wenn auch bei den genannten Stählen ein Phosphorgehalt von 0,070% sich noch kaum nachteilig bemerkbar macht, so muß doch bei ihrer Erzeugung der Phosphorgehalt des Ferromangans dauernd überwacht werden.

Außer den gewöhnlichen Ferromangansorten ist noch kohlenstoffarmes Ferromangan mit 0,1 bis 3% Kohlenstoff und 80% Mangan, sowie aluminothermisch hergestelltes, kohlenstofffreies Manganmetall mit etwa 98% Mangan erhältlich. Diese beiden Legierungen kommen in Betracht für die Erzeugung niedriggekohlter, hochmanganhaltiger Stähle, die aber bisher noch nicht in nennenswertem Maße gewerblich angewendet werden.

Eine weitere niedriggekohlte Manganlegierung jedoch hat schon ziemlich starke Verbreitung gefunden, nämlich das Ferromangansilizium oder Silikomangan. Die übliche Zusammensetzung ist die folgende: etwa 60% Mangan, 20% Silizium, etwa 1,5% Kohlenstoff, Rest Eisen. Das Silikomangan wird vorzugsweise solchen Stählen zugesetzt, deren niedriger Kohlenstoffgehalt die Aufkohlung durch das übliche Ferromangan nicht zuläßt. Aber auch für alle sonstigen Stähle wird der Gebrauch von Silikomangan an Stelle eines getrennten Zusatzes von Ferromangan und Ferrosilizium öfter empfohlen. Im ersteren Falle soll sich als Desoxydationsprodukt leichtflüssiges und somit leicht zur Abscheidung kommendes Mangansilikat bilden, während in letzterem Falle die beiden schwerschmelzbaren Verbindungen Manganoxydul und Kieselsäure getrennt voneinander entstehen sollen, was nach der herrschenden Ansicht die Abscheidung schwieriger gestaltet.

Nachstehende Zahlentafel 4 gibt die übliche Zusammensetzung der Manganlegierungen wieder, sowie — als Anhalt gedacht — ihren ungefähren Preis Anfang 1928.

Zahlentafel 4.
Zusammensetzung und Preis von Manganlegierungen.

Legierung	Zusammensetzung in %					Ungefährer Preis 1928
	C	Mn	Si	P	S	
Ferromangan 80 proz.	6,0—8,5	75—82	< 1,0	< 0,350	< 0,050	270 RM je t, Basis 80% Mn
Ferromangan-silizium	< 1,0 < 2,5	60—70	16—25	< 0,200		390 RM je t, Basis 65% Mn
Kohlenstoff-armes Ferromangan	0,5—3,0 abgestuft	80	< 1,0			600—800 RM je t, Basis 75% Mn

Ferrosilizium.

Die für den Elektroofenbetrieb in Frage kommenden Ferrosiliziumsorten weisen etwa 50, 75 und 90% Silizium auf. Die 50 proz. Legierung, die bei weitem gebräuchlichste, enthält neben 40 bis 50% Silizium bis zu 1% Kohlenstoff und geringe Mengen von Mangan, Phosphor und Schwefel. Sie hat die Eigentümlichkeit, bei längerem Lagern an der Luft zu einem griesigen Pulver unter Entwicklung beträchtlicher Gasmengen zu zerfallen. Wegen der damit verbundenen Explosionsgefahr erfolgen Versand und Lagerung nie in dicht verschlossenen Behältern. Viele Stahlwerker ziehen, insbesondere bei der Herstellung heikler, hochsilizierter Stähle, das zerfallene Pulver wegen seines geringeren Gasgehaltes der frischen, stückigen Legierung vor, trotzdem sich diese leichter in das Schmelzbad einführen läßt.

Die 75 proz. und die 90 proz. Legierung neigen nicht zu dem eben beschriebenen Zerfall. Sie gelangen meist nur dort zur Anwendung, wo dem Stahl erst in der Pfanne ein höherer Siliziumgehalt zugefügt wird und infolgedessen die damit verbundene Abkühlung möglichst gering gehalten werden soll. Diese Sachlage ist im Martinofenbetrieb die Regel; im Elektroofenbetrieb ist sie nur selten gegeben, da hier die Zugabe in den Schmelzofen selbst erfolgt.

Auf besondere Reinheit des verwendeten Ferrosiliziums ist bei der Herstellung des 4proz. Siliziumstahles für Transformatorenbleche zu achten, weil für dessen Güte ein möglichst geringer Gehalt an Kohlenstoff, Mangan, Schwefel und Phosphor Voraussetzung ist.

Zum Schluß sei noch erwähnt, daß der Schmelzpunkt der Ferrosiliziumsorten etwa 1360 °C beträgt. Ihr spezifisches Gewicht ist erheblich geringer als das des Eisens und nimmt mit steigendem Siliziumgehalt von 4,8 (bei 50 proz. Ferrosilizium) auf 2,4 (bei 90 proz. Ferrosilizium) ab.

Nachstehende Zahlentafel 5 gibt Anhaltspunkte für die Zusammensetzung und den Preis von Ferrosilizium.

Zahlentafel 5. Zusammensetzung und Preis von Ferrosilizium.

Legierung	Zusammensetzung in %					Ungefährer Preis 1928
	C	Si	Mn	P	S	
Ferrosilizium 50 proz.	< 0,50	42—55	< 1,0	< 0,150	Spuren	250 RM je t, Basis 45% Si
Ferrosilizium 75 proz.		70—80				400 RM je t, Basis 75% Si
Ferrosilizium 90 proz.		90—95				550 RM je t, Basis 90% Si

Chromlegierungen.

Ferrochrom wird meist durch Reduktion von Chromeisenstein im elektrischen Ofen erzeugt. Die dabei entfallende Legierung enthält etwa 60 bis 70% Chrom und über 4% Kohlenstoff. Aus diesem ursprünglichen Erzeugnis werden durch wiederholtes Umschmelzen unter geeigneter Schlacke immer kohlenstoffärmere Legierungen gewonnen. Demgemäß ist auch der Preis für die Chromeinheit im Ferrochrom um so höher, je niedriger der Kohlenstoffgehalt ist. Im Handel werden meist folgende Sorten unterschieden: 6 bis 8%, 4 bis 6%, 2 bis 4%, 1 bis 2% und unter 1% Kohlenstoff; die Legierungen unter 1% Kohlenstoff werden im Preis von Zehntel- zu Zehntelprozent abgestuft.

Die Wahl des zu verwendenden Ferrochroms richtet sich natürlich nach der Art des zu erschmelzenden Stahles. Je niedriger dessen Kohlenstoffgehalt, je höher der Chromgehalt und der Gehalt an anderen gleichfalls Kohlenstoff mitführenden Legierungsbestandteilen ist, um so weicher muß das zuzusetzende Ferrochrom sein. In den weitaus meisten Fällen wird die Legierung mit 2 bis 4% Kohlenstoff verwendet, selbst dort, wo die härteren Sorten an und für sich brauchbar wären. Vielfach wird nämlich dem harten Ferrochrom schwere Mischbarkeit mit dem Stahlbad und als Folge davon das Auftreten chromreicher Schlieren im Gußblock zugeschrieben. Für die Erzeugung rostfreien Stahles (etwa 14% Chrom) und ähnlicher Stähle kommt Ferrochrom mit 1% Kohlenstoff, für die Herstellung weichen rostfreien Eisens solches mit höchstens 0,20% Kohlenstoff in Betracht.

Als unerwünschte Begleiter können im Ferrochrom Silizium, Mangan, Phosphor, Schwefel, Stickstoff und Wasserstoff vorkommen. Der höchstzulässige Gehalt an diesen Bestandteilen hängt von der Zusammensetzung und dem Verwendungszweck des zu erschmelzenden Stahles ab; je höher der Chromgehalt des Stahles, um so reiner muß im allgemeinen das Ferrochrom sein. Den Erzeugern von Ferrochrom scheint insbesondere die Einhaltung eines niedrigen Silizium-, Stickstoff- und Wasserstoffgehaltes vielfach Schwierigkeiten zu bereiten.

Für besondere Zwecke steht aluminothermisch hergestelltes Chrommetall mit 95 bis 99% Chromgehalt zur Verfügung.

Das spezifische Gewicht von Ferrochrom beträgt etwa 7,1 bis 7,3; der Schmelzpunkt der weicheren Sorten liegt bei 1350 bis 1550 °C, der der härteren bei 1200 bis 1350 °C.

Nachstehende Zahlentafel 6 gibt Anhaltspunkte für die Zusammensetzung und den Preis von Chromlegierungen.

Zahlentafel 6. Zusammensetzung und Preis von Chromlegierungen.

Legierung	Zusammensetzung in %								Ungefährer Preis 1928
	C	Cr	Si	Mn	N	S	P	Fe	
Ferrochrom 4—6 % C . .	4,0—6,0	60—70	Sollte 1,5 % nicht überschreiten.	< 0,5	Sollte 0,1 % nicht überschreit. Kommt aber bis zu 2 % vor.	< 0,150	< 0,100		0,90 RM je kg Reinchrom
Ferrochrom 2—4 % C . .	2,0—4,0	60—70		< 0,5		< 0,150	< 0,100		1,00 RM je kg Reinchrom
Ferrochrom 1—2 % C . .	1,0—2,0	60—70		< 0,5		< 0,150	< 0,100		1,10 RM je kg Reinchrom
Ferrochrom 0,1—1 % C .	0,1—1,0	60—70		< 0,5		< 0,150	< 0,100		1,80—1,10 RM je kg Reinchrom
Chrommetall	< 0,1	98—99	< 0,50	Sp.				< 1,0	6,40 RM je kg Legierung.

Wolframlegierungen.

Wolfram für die Stahlerzeugung kommt in zwei Arten in den Handel: als Wolframmetall mit etwa 98 % Wolframgehalt in Form eines graubraunen Pulvers, und als Ferrowolfram mit etwa 80 % Wolfram in stückiger Form. Das spezifische Gewicht beider Legierungen ist sehr hoch und beträgt etwa 16,0 bis 17,0. Viele Stahlwerker ziehen das Ferrowolfram dem Wolframmetall vor, weil letzteres einen erheblich höheren Schmelzpunkt (über 3000 °C) besitzt. Dazu ist jedoch zu bemerken, daß bei der Stahlerzeugung der Schmelzpunkt der Legierungszusätze nicht allein maßgebend ist, da es sich ja überwiegend um einen Lösungs- und weniger um einen Schmelzvorgang handelt. Das Wolframmetall jedenfalls löst sich infolge seiner außerordentlich großen Oberfläche ebenso rasch und sicher im Stahlbade auf wie das stückige Ferrowolfram.

Stahlschädlinge treten in Wolframlegierungen nur selten in Mengen auf, die zu Beanstandungen Anlaß geben könnten. Lediglich Mangan, Zinn und Arsen, kennzeichnende Wolframerzbegleiter, können sich unter Umständen störend bemerkbar machen. Als handelsüblich gilt ein Ferrowolfram mit weniger als: 0,50 % Silizium, 0,60 % Mangan, 0,100 % Phosphor, 0,050 % Zinn und 0,100% Arsen. Der Kohlenstoffgehalt soll bei 80proz. Ferrowolfram 0,60%, bei Wolframmetall 0,10% nicht überschreiten.

Nachstehend Anhaltszahlen für Zusammensetzung und Preis von Wolframlegierungen:

Zahlentafel 7.
Zusammensetzung und Preis von Wolframlegierungen.

Legierung	Zusammensetzung in %						Ungefährer Preis 1928
	C	W	Si	Mn	S, P, As	Sn	
Ferrowolfram	< 0,60	80—85	< 0,50	< 0,60	je < 0,100	< 0,05	3,10 RM je kg Reinwolfram
Wolfram-metall	< 0,10	96—99	< 0,50	< 0,60	je < 0,100	< 0,05	3,30 RM je kg Legierung

Molybdänlegierungen.

Ähnlich wie Wolfram ist auch Molybdän für die Stahlerzeugung als stückiges Ferromolybdän und als pulverförmiges Molybdänmetall im Handel. Ferromolybdän ist in zwei Arten, als 45- bis 55proz. und als 70- bis 80proz. Legierung erhältlich. Es schmilzt bei etwa 1600° C und hat das spezifische Gewicht 9,0. Da der Molybdängehalt der zu legierenden Stähle selten 1% überschreitet, spielen die Stahlschädlinge im Ferromolybdän kaum eine Rolle.

In Amerika wird vielfach statt des metallischen Molybdäns Kalziummolybdat als Zusatz verwendet. Es ist dies ein kalkähnliches Salz von der Zusammensetzung $CaO \cdot MoO_3$, welches sich ziemlich leicht in der Elektroofenschlacke löst und unter reduzierender Einwirkung seinen Molybdängehalt an das Stahlbad abgibt.

Zahlentafel 8 gibt Zusammensetzung und Preis von Molybdänlegierungen wieder.

Zahlentafel 8.
Zusammensetzung und Preis von Molybdänlegierungen.

Legierung	Zusammensetzung in %					Ungefährer Preis 1928
	C	Mo	Si	S	CaO	
Ferromolybdän	< 0,50 < 2,00	etwa 50,0 etwa 75,0	etwa 1,50	< 0,25		10 RM je kg Reinmolybdän
Molybdänmetall	< 0,50	etwa 96,0	< 0,50	< 0,25		
Kalziummolybdat	—	etwa 40,0			etwa 25,0	11 RM je kg Reinmolybdän

Ferrovanadin.

Von der in voller Entwicklung befindlichen Ferrovanadinindustrie fordert der Stahlerzeuger eine Legierung, die unter 0,50% Kohlenstoff und möglichst hohen Vanadingehalt aufweist. Der jetzt vielfach noch sehr hohe Silizium-, Stickstoff-, Phosphor- und Kohlenstoffgehalt muß auf eine solche Grenze herabgesetzt werden, daß er bei den an und für sich niedrigen Vanadingehalten im Stahl nicht stört. Hochgekohltes Ferrovanadin verwendet der Stahlwerker ebenso ungern wie hochgekohltes Ferrochrom, aus den dort angegebenen Gründen.

Das spezifische Gewicht des Ferrovanadins beträgt 7,0, der Schmelzpunkt liegt bei etwa 1380 bis 1480° C. Das Kilogramm Reinvanadin in Ferrovanadin kostete Anfang 1928 etwa 22 RM.

Nickel.

Der Zusatz von Nickel zum Stahl erfolgt wohl stets in der Form von Reinnickel mit 98 bis 99% Nickelgehalt. Je nach dem Herstellungsverfahren und Aussehen werden unterschieden: Würfel- und Rondellennickel, aus Nickeloxyden in Pulverform reduziert und zu entsprechender Form gepreßt; Kathodennickel, aus Nickelsalzlösungen in Plattenform elektrolytisch abgeschieden; Granaliennickel, durch Einlaufenlassen geschmolzenen Nickels in einen Wasserstrom gekörnt oder durch Abspaltung von Nickel aus Nickelkarbonylgas gewonnen. Das nach letzterem Verfahren gewonnene, sehr reine Nickel wird auch als Mondnickel bezeichnet.

Als störende Beimengung im Würfelnickel kann unter Umständen Kohlenstoff, im Elektrolytnickel Zink auftreten.

Der Preis für 1 kg Reinnickel betrug 1928 etwa 3,40 RM.

Aluminium.

Wenn auch Aluminium nur selten dem Stahl als Legierungsbestandteil zugesetzt wird, so rechtfertigt doch sein häufiger Gebrauch als Reduktionsmittel eine Besprechung auch an dieser Stelle. Reinaluminium mit 98,0 bis 99,5% Aluminiumgehalt kommt im Hüttenbetrieb meist in Form zehngeteilter, ein Kilogramm schwerer Barren zur Verwendung. Aluminiumpulver für Schlackenreduktion kann als solches im Handel bezogen werden; kleinere Mengen kann man sich durch Zerkleinerung von Blöckchenaluminium bei 600° selbst herstellen, da sich Aluminium bei dieser

Temperatur leicht pulvern läßt. Der Preis des Aluminiums betrug 1928 etwa 2,10 RM. je kg.

Außer Aluminium gelangt auch öfter Silikoaluminium mit etwa 20% Aluminium und etwa 50% Silizium zur Anwendung. Der Vorteil soll, ähnlich wie beim Silikomangan, in der Leichtflüssigkeit der bei der Desoxydation entstehenden Verbindungen liegen.

Weniger wichtige Legierungselemente.

Kobalt ist als Kobaltmetall in den gleichen Formen wie Nickel im Handel. Deutsches Kobalt wird in Reinheitsgraden von 96 bis 99%, amerikanisches und afrikanisches in solchen von 98 bis 99% geliefert. Der Preis betrug 1928 etwa 20 RM je kg.

Kupfer für Legierungszwecke ist leicht in Reinkupferform im Handel erhältlich.

Ferrozirkon, Ferrotitan, Ferrouran, Ferrotantal, Ferrobor und ähnliche Legierungen kommen so selten zur Anwendung, daß sich ein näheres Eingehen auf ihre Besonderheiten an dieser Stelle erübrigt.

Allgemeines über die Schlackenbildner.

Die im Elektrostahlbetrieb benötigten Schlacken werden aus Kalkstein, Kalk, Flußspat, Sand, Erz und Kohle erschmolzen. Da eine ungeeignete Zusammensetzung der Schlackenbildner die Schlackenwirkung beeinträchtigen oder ganz aufheben kann, seien in diesem Abschnitt kurz die an die einzelnen Stoffe zu stellenden Anforderungen gestreift.

Kalkstein und Kalk.

Kalkstein und gebrannter Kalk sind die wichtigsten Schlackenbildner des basischen Elektrostahlverfahrens. Kalkstein oder Rohkalk besteht im wesentlichen aus Kalziumkarbonat $CaCO_3$. Austreiben der Kohlensäure durch Brennen ergibt gebrannten Kalk, wobei sich das Gewicht des Kalksteines um etwa die Hälfte vermindert. Kalkstein und gebrannter Kalk sind im allgemeinen für die Bildung basischer Elektroofenschlacken gleichwertig. Für die Verwendung von Kalkstein spricht als nicht zu unterschätzender Vorteil der Umstand, daß er, ohne Schaden zu leiden, unbegrenzt gelagert werden kann. Gebrannter Kalk hingegen nimmt bei längerem Liegen erhebliche Mengen Wasserdampf aus der Luft auf und gibt sie erst im Ofen bei Temperaturen über 1000 °C ab;

in der Nichtbeachtung dieser Tatsache liegt nicht selten die Erklärung für eine sonst rätselhafte Gasaufnahme des Stahlbades. Ein weiterer Nachteil länger gelagerten gebrannten Kalkes ist sein Zerfall zu Staub und als Folge davon beim Einbringen in den Ofen eine stark zerstörende Einwirkung auf das Gewölbe unter Bildung leichtflüssiger Kalksilikate. Der leichten Verwitterungsmöglichkeit des Kalkes ist durch Einlagerung in geschlossenen Bunkern Rechnung zu tragen. Andererseits hat frisch gebrannter Kalk auch Vorzüge aufzuweisen. Er kühlt beim Einbringen das Stahlbad und die bereits gebildete Schlacke weniger ab, da gegenüber Rohkalk nur das halbe Gewicht benötigt wird und der Wärmebedarf für die Austreibung der Kohlensäure wegfällt. Weiterhin mag noch erwähnt werden, daß Rohkalk auf das Stahlbad eine, wenn auch schwache, so doch deutlich wahrnehmbare, entkohlende Wirkung ausübt. Ob die Frischwirkung darauf beruht, daß die entweichende Kohlensäure Stahltropfen hochreißt und mit der Luft in Berührung bringt oder ob sie selbst oxydierend auf Eisen oder Kohlenstoff einwirkt, bleibe hier dahingestellt. Im allgemeinen wird es sich wohl empfehlen, Rohkalk nur beim ersten Aufbau der Schlacke zu verwenden, bei späteren ausgleichenden Zusätzen dagegen gebrannten Kalk.

Die im Martinofenbetrieb übliche Stückgröße, insbesondere des Rohkalks, ist für den Elektroofen unzweckmäßig; hier sollte Faustgröße nicht überschritten werden. Über die in chemischer Beziehung zu stellenden Ansprüche gibt die nachstehende Zahlentafel 9 Auskunft:

Zahlentafel 9. Zusammensetzung von Kalk.

Bezeichnung	CaO	MgO	CO_2	SiO_2	$Fe_2O_3 + Al_2O_3$	S
Rohkalk, gut	54,10	0,65	43,20	0,92	0,91	Spur
Rohkalk, schlecht	47,30	3,95	40,50	6,25	1,97	0,20
Kalk, gebrannter, gut	89,40	1,20	3,60	3,50	1,70	0,08
Kalk, gebrannter, schlecht . .	62,73	16,25	7,55	10,27	2,86	0,38

Im gebrannten Kalk ist ein höherer Magnesiagehalt als 2% unerwünscht, da er die Schlacke dickflüssig macht und erhöhten Flußspatzusatz erfordert. Der Kieselsäuregehalt sollte 5%, der Eisenoxyd- und Tonerdegehalt 2% nicht überschreiten. Schließlich ist darauf zu achten, daß manche Kalksteinvorkommen stark mit Schwefelkies verunreinigt sind; ein für die Entschweflungsschlacke brauchbarer Kalk darf nicht mehr als 0,2% und soll möglichst weniger als 0,1 % Schwefel enthalten.

Flußspat.

Flußspat, als wesentlichen Bestandteil Kalziumfluorid CaF_2 enthaltend, ist ein sehr wertvolles Hilfsmittel der Schlackenbildung. Zu dickflüssige, umsetzungsträge Kalkschlacken werden durch Flußspatzusatz rasch und wirksam auf die benötigte Dünnflüssigkeit gebracht, ohne daß ihr basischer Charakter durchgreifend geändert wird. Flußspat kommt in Faustgröße, als Kies und als Sand in den Handel. Der CaF_2-Gehalt soll 90% nicht unterschreiten; der Kieselsäuregehalt soll nicht mehr als 3%, der Schwefelgehalt nicht mehr als 0,2% betragen.

Erz und Sinter.

Für Frischschlacken wird Erz und Sinter gebraucht. An das Erz werden keine weiteren Anforderungen gestellt, als daß es möglichst wenig Phosphor und Schwefel sowie möglichst wenig Gangart enthält. Da im Elektroofenbetrieb meist nur geringe Mengen benötigt werden, verwendet man mit Vorliebe reinsten schwedischen Magneteisenstein. Walzensinter und Hammerschlag sind billiger und außerdem frei von Gangart; doch enthalten sie manchmal recht viel Schwefel, was besonders beim sauren Schmelzverfahren unangenehm sein kann. Weiterhin ist nicht zu vergessen, daß im Sinter manchmal vorkommende Legierungselemente (Nickel usw.) in das Stahlbad übergehen und recht störend wirken können.

Koks.

Der für die Desoxydationsschlacke benötigte Koks soll fein gemahlen, trocken, schwefelarm und frei von flüchtigen Bestandteilen sein; je geringer ferner der Gehalt an Asche ist, um so weniger Arbeit beansprucht die Reduktion der darin enthaltenen Metalloxyde. Brauchbar sind unter anderm Hüttenkoks, gemahlene Elektrodenkohle und reiner Anthrazit.

Sand.

Der für saure Schlacken sowie für basische Schlacken an Stelle von Flußspat als Flußmittel etwa benötigte Sand steht ohne weiteres überall in genügender Reinheit zur Verfügung.

X. Die allgemeine Schmelzungsführung bei festem Einsatz.

Allgemeines.

Der Schmelzungsgang bei der Herstellung von basischem Elektrostahl aus festem Einsatz umfaßt folgende Teilarbeiten: Einfüllen des Einsatzes und der Schlackenbildner, Einschmelzen unter mehr oder weniger oxydierenden Bedingungen, Abziehen der Einschmelzschlacke, Aufkohlen, Desoxydieren und Entschwefeln unter einer Reduktionsschlacke und schließlich Fertigmachen, worunter das Legieren und das Einstellen der richtigen Gießhitze verstanden wird. Die drei ersten Teilarbeiten — Einsetzen, Einschmelzen und Abschlacken — bilden den Inhalt der Oxydations-, Einschmelz- oder Frischperiode; die übrigen — Aufkohlen, Desoxydieren und Entschwefeln, sowie Fertigmachen — faßt man unter der Bezeichnung Desoxydations- oder allgemeiner Feinungsperiode zusammen.

Je nach dem Grade der Frischwirkung unterscheidet man drei Abarten der Oxydationsperiode: das Einschmelzen mit vollständiger Oxydation, das Einschmelzen mit beschränkter Oxydation und das Einschmelzen ohne Oxydation. Desgleichen erheischen während der Feinungsperiode die verschiedenen Stahlsorten eine ihrer Zusammensetzung angepaßte Sonderbehandlung.

In diesem Abschnitt soll zunächst nur ein allgemeiner Überblick über den Schmelzungsgang beim basischen Elektrostahlverfahren gegeben werden, wobei vorwiegend der äußere Verlauf der Vorgänge zur Erörterung kommen wird. Auf dieser Grundlage können dann in den nächstfolgenden Abschnitten die chemischen Vorgänge während des Schmelzungsganges, ferner die Abarten des Frischens sowie die Besonderheiten bei der Herstellung der verschiedenen Stahlsorten eingehend im einzelnen behandelt werden.

Das Ofenflicken.

Vor dem Einbringen eines jeden neuen Einsatzes müssen zur Gewährleistung eines störungsfreien Schmelzungsganges die Schäden der feuerfesten Zustellung ausgebessert werden. Eine Instandsetzung der Herdsohle, der Türpfeiler und der Türbögen ist nicht nach jeder Schmelzung nötig; dagegen sind die Seitenwände in der Höhe des Schlackenstandes fast immer mehr oder weniger stark eingefressen. Als Flickmasse wird für Dolomitöfen Sinterdolomit, für Magnesitöfen Sintermagnesit benutzt, die trocken in etwa erbsengroßer Körnung mit einer besonderen Flickschaufel (Abb. 102) sorgfältig in die schadhaften Stellen eingetragen werden. Weist die Herdsohle Löcher auf, so sind die darin zurückgebliebenen Stahl- und Schlackenreste vorher gründlich zu entfernen; andernfalls würde das Flickgut, insbesondere der schwierig und langsam festbrennende Magnesit, während der Verflüssigung des Einsatzes wieder hochgeschwemmt werden. Der Schmelzer benutzt für das sogenannte „Trockenpumpen" der Stahltümpel kleine Krätzer (ähnlich Abb. 112), mit welchen er durch kurze, ruckartige Bewegungen den Stahl aufs „Trockene" schleudert und sodann aus dem Ofen herauszieht; notfalls erleichtert er sich diese Arbeit durch die Zugabe von etwas Dolomit, wodurch der noch flüssige Stahl breiig und steif gemacht wird.

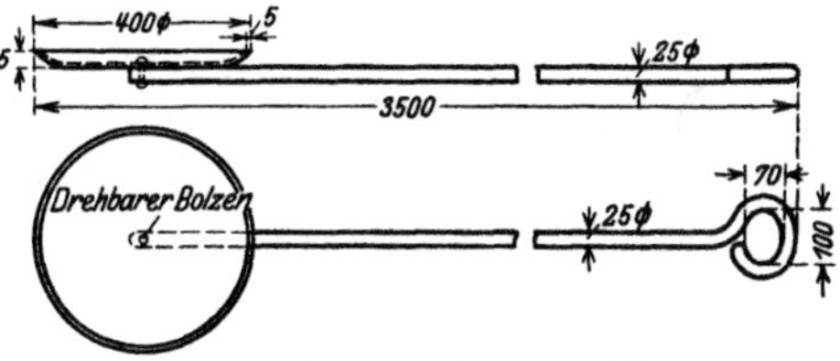

Abb. 102. Flickschaufel für 6 t-Öfen.

Haben sich aus der Herdmulde größere Zustellungsbrocken losgelöst, so empfiehlt es sich nicht, das Ausflicken der entstandenen Löcher mit trockenem Dolomit oder Magnesit vorzunehmen; zum Zusammensintern großer Flickgutmengen würde die Einschmelzzeit nicht ausreichen. Vielmehr wird in diesem Falle die Flickmasse zweckmäßig mit etwa 10% Stahlwerksteer gemischt eingetragen und festgestampft; der Ofen wird sodann mit stückigem Koks gefüllt und bis zum Festbrennen des Gemisches mit Strom beheizt.

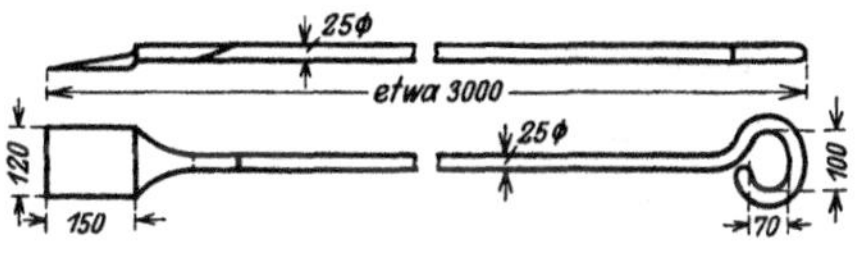

Abb. 103. Ofenspachtel.

Stellt sich die Notwendigkeit zu Ausbesserungen an den senkrechten Seitenwänden heraus, so wird bei Silikawänden mit Wasserglas angemachter Quarzsand, bei basischen Wänden ein Gemisch aus Sintermagnesit mit 10% gelöschtem Kalk mit Vorliebe benutzt. Aus den Mischungen werden handliche Ballen geformt, mit einer Spachtel (Abb. 103) an den schadhaften Stellen angelegt und festgedrückt.

Der Schmelzer muß darauf bedacht sein, beim Flicken das lichte Profil der Herdmulde zu wahren. Zu dünne Wandstärken vermehren die Durchbruchgefahr und erhöhen die Wärmeausstrahlungsverluste des Ofens. Eine zu stark gewordene Zustellung hingegen verkleinert die Ofenfassung, so daß nach beendetem Einschmelzen das Bad über die Türschwellen auszulaufen droht. Die Schuld am „Zuwachsen" der Herdmulde ist stets nachlässiger Schmelzerarbeit zuzuschreiben. Die beim Abkippen der Schmelzung im Ofen zurückgebliebene Schlacke ist nicht herausgekratzt, sondern sorglos mit übermäßigen Dolomitmengen bestreut worden, so daß das Ganze sich als festbackende Schicht an die Wandungen angelegt hat.

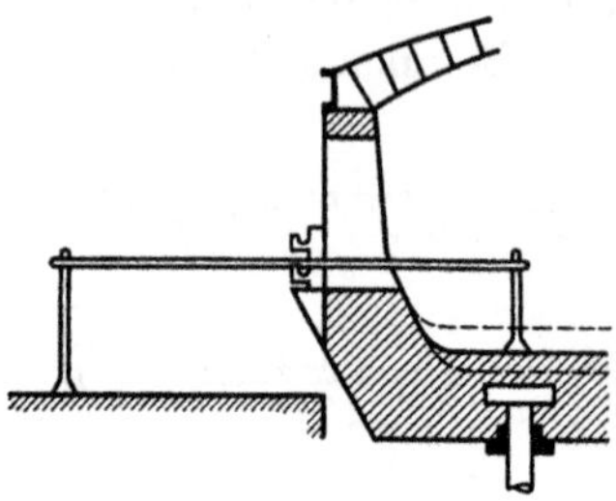

Abb. 104. Einfache Meßvorrichtung zur Nachprüfung der Herdstärke.

Die Einhaltung der richtigen Herdstärke ist bei Öfen mit Bodenelektroden besonders wichtig. Abb. 104 zeigt eine einfache, aus einer Stange mit zwei Gelenken bestehende Vorrichtung, mit welcher sich die Stärke der Bodenelektrodenüberdeckung nach jeder Schmelzung bequem prüfen läßt.

Das Einsetzen.

Die richtige Durchführung des Einsetzens erleichtert das Einschmelzen in hohem Maße und erfordert deshalb einige Aufmerksamkeit.

Nach Beendigung der notwendigen Flickarbeiten am Herd, an den Seitenwänden und an den Pfeilern werden die Elektroden soweit wie möglich hochgewunden, um sie vor Beschädigungen während der Beschickungsarbeit zu schützen. Sodann wird auf den Boden des Ofens Kalkstein in einer der Art des Einsatzes entsprechenden Menge aufgegeben. Ist der Schrott hoch legiert oder sehr rein, so daß ein Frischen nicht angängig oder nicht nötig ist, so genügt ein Zusatz von 0,5 bis 1% Kalkstein. Bei mäßig verrostetem, phosphorarmem Einsatz geben 3 bis 4% Kalkstein eine zufriedenstellende Schlackenmenge, während bei stark verrostetem, gewöhnlichem Schrott 4 bis 6% benötigt werden. Der Kalk soll zu faustgroßen, besser noch zu walnußgroßen Stücken zerkleinert sein.

Auf den Kalkstein wird Erz oder Sinter aufgegeben. Auch hier richtet sich die Höhe des Zusatzes nach der Beschaffenheit des Schrottes und nach dem Grade der beabsichtigten Frischwirkung. Auf jeden Fall soll man die Zugabe knapp bemessen und lieber nach beendetem Einschmelzen noch etwas Erz nachtragen, falls die Frischwirkung des ursprünglichen Zusatzes ungenügend war.

Über die an das Erz oder den Sinter zu stellenden Anforderungen ist in dem Abschnitt über die Schlackenbildner bereits gesprochen worden. Hier sei nur kurz wiederholt, daß Sinter nicht selten durch Schwefel oder durch Legierungselemente, beispielsweise Nickel, verunreinigt ist, daß hingegen phosphorreines, an Gangart armes Erz auf die Einheit Sauerstoff berechnet teurer zu sein pflegt. Wie später noch ausführlich darzulegen sein wird, empfiehlt sich in manchen Fällen der Ersatz von Eisenerz durch Manganerz.

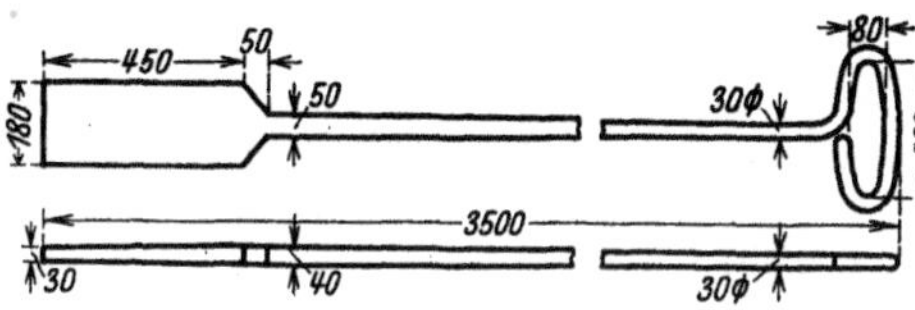

Abb. 105. Einsetzschieß.

Nach den Schlackenbildnern wird der Schrott eingefüllt, und zwar ist darauf zu achten, daß der schwere Schrott zu unterst, der leichtere obenauf zu liegen kommt. Mit schwerem Schrott allein, beispielsweise mit Blöcken, ließe sich das Einschmelzen im Elektroofen nur schwierig durchführen; der Widerstand der Beschickung würde infolge der geringen Anzahl von Berührungspunkten zwischen den wenigen Schrottstücken stark schwanken und die Lichtbögen würden infolgedessen, solange kein flüssiger Sumpf gebildet ist, sehr unruhig brennen und häufig abreißen. Leichter Schrott, der sämtliche Zwischenräume dicht ausfüllt, ergibt eine wenig schwankende Summe zahlreicher Einzel-Berührungswiderstände und erleichtert demgemäß zu Beginn des Einschmelzens die Bildung ruhiger und stetiger Lichtbögen.

Das Beschicken der Elektroöfen geschieht fast durchweg von Hand. Der schmelzungsweise abgewogene Einsatz kommt gewöhnlich in Muldenkippwagen zur Ofenhalle und wird unmittelbar vor oder nach dem Abgießen der vorhergehenden Schmelzung auf die Arbeitsflur des Ofens ausgeleert. Die schweren Brocken werden mittels Kranzangen auf eine sogenannte „Schieß“, ein am Vorderende plattenförmig ausgebildetes Werkzeug (Abb. 105), gelegt und über eine am Türrahmen angebrachte Rolle in den Ofen hineingeschoben (Abb. 106). Schieß und Rolle sind zur Verringerung der Reibung mit Graphit zu schwärzen. Der leichtere Schrott wird dann von Hand oder mit Schaufeln und Gabeln in den Ofen hineingeworfen. Wenn der Einsatz sehr leicht und sperrig ist, kann es vorkommen, daß nicht die ganze Beschickung im

Abb. 106. Handbeschickung an einem 20 t-Ofen.

Ofen Platz hat. In diesem Fall läßt man den handlichsten Schrott zurück und setzt ihn nach, sobald beim Niederschmelzen neuer Ofenraum frei geworden ist.

Zur Beschleunigung des Einsetzens empfiehlt es sich, außer der Ofenmannschaft auch die verfügbaren Gießgrubenleute heranzuziehen, vorausgesetzt, daß der Ofen mindestens zwei Beschikkungstüren aufweist. Das Einsetzen ist nämlich eine der wenigen Arbeiten des Elektrostahlbetriebes, bei denen ein geldlicher Ansporn Schnelligkeitsrekorde ohne Beeinträchtigung der Güte herbeizuführen vermag. Wie aus Abb. 107 entnommen werden kann, dauert im Durchschnitt die Pause vom Ausgießen einer Schmelzung bis zum Wiederanfahren der nächsten, also das Flicken und Einsetzen, bei 3 t-Öfen etwa 40, bei 6 t-Öfen etwa 60 und bei 9 t-Öfen etwa 80 Minuten. Jede dabei eingesparte Minute bedeutet eine merkbare Verringerung der Ausstrahlungsverluste des Ofens und damit eine entsprechende Verminderung des Energieaufwandes für das Einschmelzen.

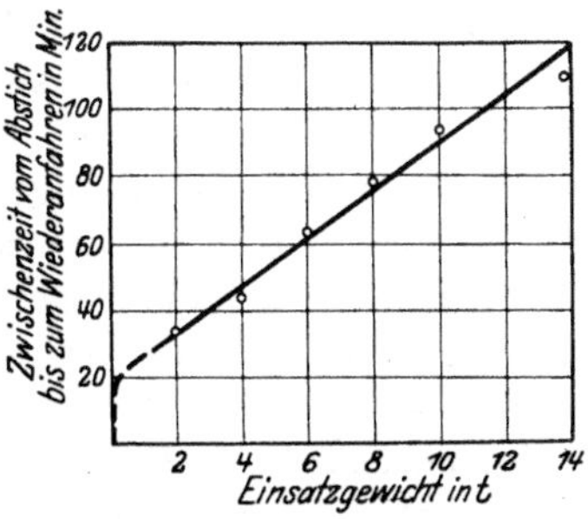

Abb. 107. Durchschnittlicher Zeitaufwand für das Flicken und Beschicken von Lichtbogenöfen.

Wie bereits erwähnt, wird fast durchweg von Hand beschickt. Einsetzmaschinen nach Art der im Martinofenbetrieb üblichen werden nur selten angewendet.

Abb. 108. Einfache Muldenbeschickung an einem Lichtbogenofen.

Bei kleinen Elektroöfen (unter 10 t Fassung) läßt nämlich die Kleinheit der Türen und des Ofenraumes ein rasches, sachgemäßes und billiges Füllen mittels schwenkbarer Mulden nicht zu; größere Öfen werden in der Regel nicht mit festem Einsatz betrieben.

Es gibt jedoch ein halbmaschinelles Einsetzverfahren, das überall dort, wo die Aufstellung des Ofens es zuläßt, zur Anwendung kommen sollte. Der Einsatz wird auf dem Schrottplatz sorgfältig in 4 bis 6 m lange Mulden eingefüllt, deren Querschnitt dem Umriß der Beschickungstüre entspricht. Der Ofen, der gegenüber dem Abstich eine Türe aufweisen muß, wird in Kippstellung gebracht; die Mulde wird mit dem Kran hochgehoben, an die Einsatzöffnung angelegt und durch einseitiges Hochziehen in den Ofen entleert (Abb. 108). Bei Öfen, die der Abstichschnauze gegenüber keine Türe haben, kann dieses Verfahren naturgemäß nur dann angewendet werden, wenn der Ofen auch um mindestens 30° nach rückwärts gekippt werden kann; in diesem Fall läßt man den Inhalt der Mulden durch die Abstichöffnung in den Ofen hineinrutschen.

Öfen unter 3000 kg Fassungsvermögen sind bisweilen mit einem aufklappbaren Deckel (vgl. Abb. 57) versehen, so daß der ganze Einsatz auf einmal von oben hineingeschüttet werden kann.

Das Einschmelzen.

Sofort nach beendetem Einsetzen schließt man die Türen, schaltet den Strom ein und windet die Elektroden von Hand abwärts, bis sie den Schrott berühren und einen Lichtbogen bilden. Ist der Einsatz wenig verrostet, kleinstückig und dicht gelagert, so können sofort die selbsttätigen Elektrodenregler eingeschaltet werden. Da jedoch auf kaltem Schrott und in kalter Ofenatmosphäre der Lichtbogen leicht abreißt, empfiehlt es sich meist, während der ersten Viertelstunde die Elektroden von Hand oder durch Anlaßsteuerung der Windenmotoren auf die gewünschte Stromstärke einzustellen. Die Handregelung vermag nämlich wirksamer als die selbsttätige Regelung plötzliche starke Stromstöße auszugleichen.

Dem Schmelzer stehen noch einige weitere Hilfsmittel zu Gebote, um ein ruhigeres Anfahren zu erzielen. Wenn der Ofen mit Drosselspulen ausgestattet ist, sind diese mit ihrer vollen Leistung einzuschalten. Ferner soll ganz zu Beginn des Einschmelzens die niedrigste Ofenspannung, also etwa 95 bis 125 V, eingestellt werden. Schließlich ist die Zugabe von etwas feinem Koks oder

Elektrodenmehl unmittelbar unter die Elektroden eine einfache und wirksame Hilfsmaßnahme; der im Lichtbogen zerstäubende Kohlenstoff schafft um die Elektrodenspitzen herum eine glühende Atmosphäre, welche die Stetigkeit des Lichtbogens beträchtlich erhöht.

Wenn eine Elektrode auch nach mehreren Minuten noch nicht „gezündet" hat, so ist die Verhinderung der Lichtbogenbildung meistens auf die isolierende Wirkung eines unter die Elektrodenspitze geratenen Silikasteinbrockens vom Gewölbe zurückzuführen; auch übermäßiger Schmutz am Schrott, oder an Gießtrichtern anhaftende Schamottemasse können die Ursache sein.

Im Laufe der ersten Viertelstunde schmelzen die Elektroden eine kleine Höhlung in die Beschickung ein. Da die Lichtbögen von diesem Zeitpunkt ab beständigere Angriffsflächen finden, wird der Gang des Ofens ruhiger. Die Drosselspulen können ganz oder teilweise abgeschaltet und die Betätigung der Elektroden den selbsttätigen Reglern übertragen werden. Weiter wird die höchste Spannungsstufe eingeschaltet und voller Strom gegeben.

Die Elektroden schmelzen sich nun allmählich einen tiefen Krater in den Einsatz ein. Das im Lichtbogen verflüssigte Eisen erreicht anfangs die Herdsohle noch nicht, sondern erstarrt beim Abwärtssickern wieder an den noch ungeschmolzenen Schrottstücken. Erst nach und nach, wenn die Schmelzkrater fast bis zum Boden ausgehöhlt sind, bildet sich dort ein zusammenhängender „Sumpf" von flüssigem Eisen. Dieser Zeitpunkt ist für die Haltbarkeit des Herdes sehr gefährlich. Liegt nämlich zufälligerweise die Beschickung in der Mitte des Ofens zu locker, so arbeiten sich die Elektroden zu schnell abwärts und finden bei ihrer Ankunft am Grunde des Schmelzkraters noch kein flüssiges Bad vor. Die Lichtbögen schmelzen dann in der ungeschützt vor ihnen liegenden Ofensohle Löcher von beträchtlicher Größe aus. Je höhere Leistung man also beim Einschmelzen aufwendet und je rascher sich demgemäß die Schmelzkrater vertiefen, um so sorgfältiger muß man beim Einsetzen die schwersten Schrottstücke unmittelbar unter den Elektroden einlagern. Merkt man an der Voreilung einer Elektrode, daß sie auf ihrem Wege zu wenig Schmelzgut vorfindet, so läßt man sie hochfahren und füllt in den Schmelzkrater massige Schrottbrocken nach.

Nach Ablauf einer Stunde, vom Einschalten des Stromes an gerechnet, beginnt der Badstand unter den Elektroden allmählich durch die Verflüssigung weiterer Anteile der Beschickung anzusteigen. Die bis dahin im wesentlichen abwärts gerichtete Elektrodenbewegung macht nunmehr einer mit dem Badstand steigenden Aufwärtsbewegung Platz. Nach weiteren ein bis anderthalb Stunden, selten früher, zeigt ein Blick in den Ofen, daß in der Ofenmitte das ganze Schmelzgut verflüssigt ist und nur ringsum an den Seitenwänden noch ein Kranz von teigigem weißglühendem Schrott festsitzt. Der Schmelzer vermag die Auflösung dieser Schrottbänke zu beschleunigen, indem er sie mit Brechstangen (30 bis 50 mm stark, 3 bis 4 m lang, vorne zugespitzt) abhebt und in den mittleren Sumpf einstößt (Abb. 109). Mit dieser Maßnahme erzielt er einen weiteren Vorteil: die in diesem Zeitpunkt schädliche Überhitzung des Bades wird vermieden und damit die für eine rasche und vollständige Entphosphorung günstigste Vorbedingung geschaffen. Nach dem Einstoßen ist das Bad zur Behebung etwaiger Ungleichmäßigkeiten gut durchzurühren. Ferner ist der Herd mit Haken (Abb. 110) abzutasten, um festzustellen, ob er „rein“ ist, das heißt, ob der eingesetzte Kalkstein sich losgelöst hat und in die Schlacke übergegangen ist. Bei einiger Übung unterscheidet man leicht am Gefühl des Darüberstreichens die körnige Ofenzustellung, die klumpigen Kalksteinansätze sowie die glatte etwa vorhandene „Bodensau“.

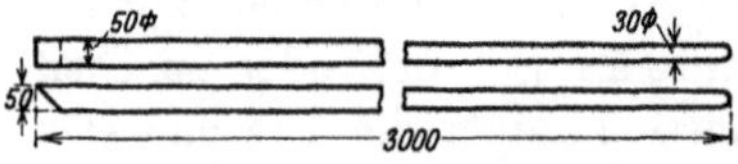

Abb. 109. Brechstange. Werkstoff: Stahl mit einer Festigkeit von etwa 70 kg/mm².

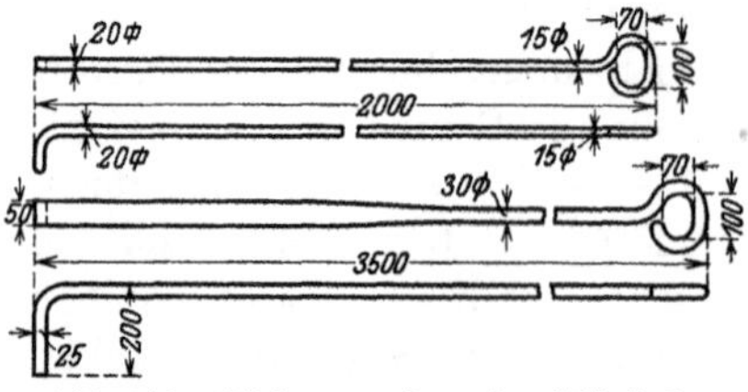

Abb. 110. Kleiner und großer Rührhaken. Werkstoff: Stahl mit einer Festigkeit von etwa 70 kg/mm².

Mit diesem letzten Ausdruck bezeichnet man eine am Boden festhaftende erstarrte Eisenschicht, die zu den unangenehmsten Erscheinungen des Schmelzbetriebes gehört. Wenn nach längerem Stillstand der Herd kalt geworden und für die erste Schmelzung weich einschmelzender Schrott genommen worden ist, erstarrt das zuerst verflüssigte Schmelzgut am Boden zu einer mit Oxyden gesättigten Schicht, die sich in dem überstehenden, später geschmolzenen Bade nur äußerst schwierig auflöst. Grundsätzlich ist also nach Stillständen, zum Beispiel am Wochenbeginn, der erste Einsatz so zu wählen, daß er mit mindestens 0,30% C einschmilzt. Bei nachlässiger Arbeit des Schmelzers kann sich eine solche Bodensau während mehrerer Schmelzungen erhalten; diese sind selten von einwandfreier Beschaffenheit, weil bis zum Abgießen das Bad von der Bodensau her mit oxydhaltigem Eisen verunreinigt wird. Gelingt es nicht, durch Eintreiben von Brechstangen zwischen Herdsohle und Eisenansatz diesen hochzuheben und durch Unterspülung zur Auflösung zu bringen, so tut man am besten, nach erfolgtem Abguß den Ofen mit Koks zu füllen und mit Strom zu beheizen, wobei sich der Ansatz zu Roheisen aufkohlt und losschmilzt.

Wenn der Einsatz vollkommen eingeschmolzen ist, gerät das Bad durch die nunmehr einsetzende Kohlenstoffverbrennung in lebhafte Wallung. Jetzt ist für den Schmelzer der Zeitpunkt gekommen, sich durch Entnahme einer Probe — erste Vorprobe oder Einschmelzprobe genannt — über den Zustand und die Zusammensetzung des Bades zu unterrichten. Zu diesem Zweck schöpft er eine kleine Metallmenge aus dem Ofen, gießt sie in eine Probeschale, läßt das Blöckchen ausschmieden und schickt es zur chemischen Untersuchung in das Schnelllaboratorium.

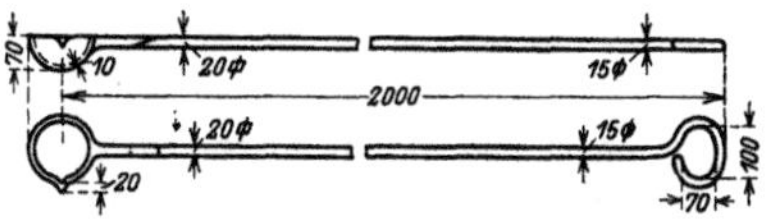

Abb. 111. Probelöffel. Werkstoff für Kopf und Stiel: schweißbarer Stahl mit einer Festigkeit von 40 bis 50 kg/mm².

Hier sei etwas ausführlicher der Vorgang bei der Probenahme aus dem Bad geschildert. Der eiserne Probelöffel (Abb. 111) wird durch die etwas angehobene Arbeitstür in den Ofen eingeführt und „eingeschlackt", das heißt durch Hin- und Herbewegen in der Schlackendecke mit einer dünnen, gleich erstarrenden Schlackenschicht überzogen, die ihn vor dem Angriff des flüssigen Stahles schützt. Der eingeschlackte Löffel wird dann mit der Höhlung nach unten in die Mitte des Bades eingeführt, dort aufwärts gedreht und gefüllt herausgezogen, worauf der Inhalt unter Zurückhaltung der darüber schwimmenden Schlacke in eine kleine Probeform gegossen wird. Die Farbe des ausfließenden Stahls (gelb, gelbweiß, weiß, weißblau mit steigender Hitze), die Dünn- oder Dickflüssigkeit, die Form der entweichenden Funken, die Stärke der Gasentwicklung sind für den geübten Schmelzer wertvolle Kennzeichen für die Zusammensetzung und Hitze des Bades. Weitere Aufschlüsse erhält er beim Schmieden des Probeblöckchens;

etwaige Kantenrissigkeit beim Vierkant- und Blattschmieden, Rotbruch beim Einkerben und Umbiegen in der Hitze geben ihm einen ziemlich genauen Anhaltspunkt über den Sauerstoffgehalt seiner Probe.

Ein zu Beginn des Schmiedens von der Probe abgesetztes Stück ist inzwischen ins Schnellaboratorium gelangt, wo es nach dem Abschmirgeln des Zunders angebohrt wird. Auf die Art der Abkühlung vor der Entnahme der Bohrspäne wird später noch zurückzukommen sein. Nach fünf Minuten kann Kohlenstoff, nach zehn Minuten Phosphor, nach einer Viertelstunde Mangan, nach einer halben Stunde Nickel und nach dreiviertel Stunden Chrom bestimmt sein.

Das Abschlacken.

Nach der Entnahme der ersten Vorprobe trifft der Schmelzer seine Vorbereitungen zum Abziehen der Frischschlacke. Um sicher zu gehen, daß das Bad heiß genug ist und nicht während des Abschlackens teilweise wieder zum „Einfrieren“ kommt, kann er seine Beobachtungen beim Vergießen der Vorprobe durch eine einfache Hitzeprobe ergänzen. Zu diesen Zwecke steckt er eine lange, etwa 15 mm starke Eisenrute in das Schmelzbad, bewegt sie wagerecht im Bogen langsam hin und her, bis das Ende abgeschmolzen ist und zieht sie wieder heraus. Ein zugespitztes Abschmelzende deutet auf zu niedrige, ein ausgezacktes und unregelmäßig angefressenes auf zu hohe Temperatur; bei glattem, ebenem Schmelzende pflegt die Hitze gerade richtig zu sein. Zu Beginn des Abschlackens wird die Schlackentür, also je nach der Anlage des Ofens entweder die Abstichtür oder die ihr gegenüberliegende Arbeitstür, hochgezogen und durch Beschweren mit einem Gegengewicht oder durch Einhaken offen gehalten. Dann wird der Ofen langsam so weit gekippt, daß die Hauptmenge der Schlacke in flachem Strahl ablaufen kann. Sobald der Badstand die Türschwelle erreicht, wird der Ofen gestoppt. Dann werden die Elektroden so weit hochgefahren, daß die ganze Badfläche unbehindert mit breiten „Krätzern“ bestrichen werden kann. Diese Krätzer (Abb. 112) sind etwa 15 mm starke, etwa 200 mm hohe und 300 mm breite Eisenplatten, die mit einem etwa 4 m langen Stiel versehen sind. Sie werden in eine am Türrahmen (Abb. 113) oder an der Abstichschnauze (Abb. 114) befestigte Tragstange eingelegt und dienen dazu, die beim Abkippen übriggebliebene Schlacke vom Bade sauber „abzukratzen“. Während dieser Arbeit findet, wie bereits erwähnt, eine erhebliche Abkühlung des nunmehr größtenteils unbedeckt liegenden und durch die weitgeöffneten Türen ungehindert ausstrahlenden Bades statt. Aus diesem Grunde ist eine möglichst rasche Durchführung des Abschlackens anzustreben.

Um dem Schlackenzieher allzu weite Krätzerhübe zu ersparen, schieben ihm die Ofenhelfer von den Seitentüren her

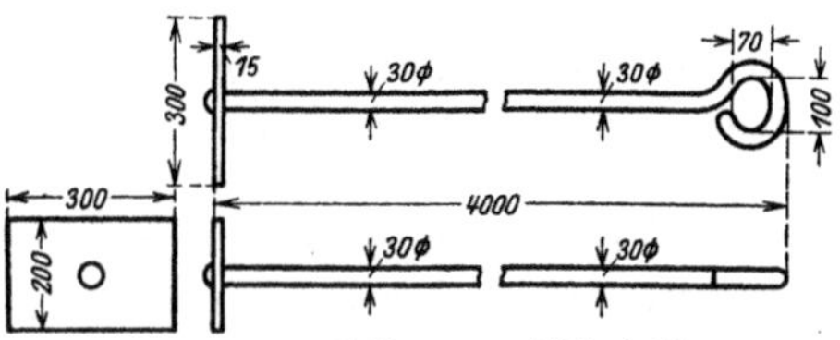

Abb. 112. Krätzer aus Walzstahl.

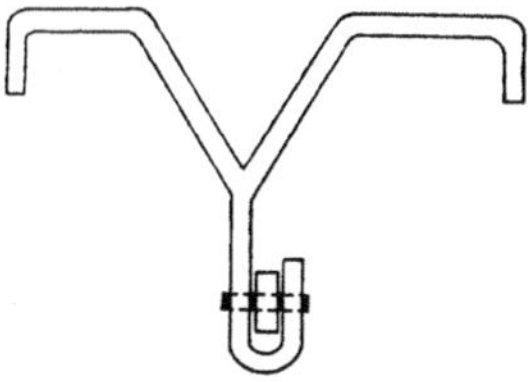
Abb. 113. Anordnung des Krätzerhalters am Türrahmen.

mittels flacher Stangen die noch auf dem Bade schwimmenden „Schlackeninseln“ zur Vordertüre hin. Die dort angesammelte Schlacke wird mit kurzen ruckartigen Krätzerbewegungen aus dem Ofen herausgeschleudert. Die dabei rotglühend und weich werdenden Krätzer müssen ständig gegen gebrauchsbereite frische ausgewechselt werden. Von Wichtigkeit ist ferner ein geeigneter Flüssigkeitsgrad der Schlacke. Die für das vorherige Ablaufenlassen empfehlenswerte Dünnflüssigkeit ist beim Abziehen unerwünscht. Eine zu dünne Schlacke weicht dem Krätzer seitlich aus und muß durch Zugabe von gebranntem Kalk so weit „abgesteift“ werden, daß sie gerade noch gummiartig fließt. Eine zu dicke Schlacke staut sich infolge ihrer Zähflüssigkeit in der Abstichrinne zu großen Klumpen an, die zwischendurch losgebrochen werden müssen, um den nachfolgenden Abhüben Platz zu machen. Ein Flußspatzusatz stellt in diesem Falle die benötigte Dünnflüssigkeit wieder her.

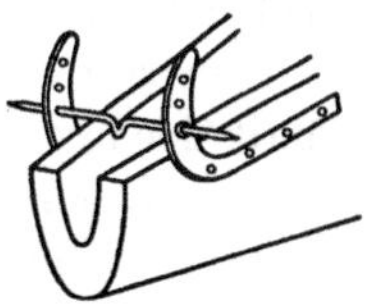
Abb. 114. Anordnung des Krätzerhalters an der Abstichrinne

Die Entfernung der letzten Schlackenreste muß um so sorgfältiger geschehen, je stärker die Frischschlacke an Phosphor, Mangan und anderen Elementen angereichert ist, deren Rückwanderung in das Bad während der Desoxydationsperiode vermieden werden soll. Bei unreinem Einsatz werden deshalb die letzten Schlackenspuren mit Kalk „abgewaschen", das heißt, durch Überstreuen mit Kalk verdickt und abgezogen.

Das Aufkohlen.

Mit der Beendigung des Abschlackens ist der erste Hauptabschnitt des Schmelzungsganges, die Frischperiode, abgeschlossen; nunmehr setzt der zweite, die Feinungsperiode, ein. Eingeleitet wird die Feinung durch die Aufkohlung des Bades, das jetzt ohne Schlackendecke im Ofen liegt und infolgedessen den aufgestreuten Kohlenstoff leicht aufnehmen kann. Als Kohlungsmittel werden aschenarmer Koks, Anthrazit oder Elektrodenkohle in Form von Grieß oder Mehl verwendet. Elektrodenkohle weist den niedrigsten Gehalt an Asche, Schwefel und flüchtigen Bestandteilen auf und sollte deshalb stets den beiden andern Kohlungsmitteln vorgezogen werden. Der betriebseigene Entfall an Elektrodenbruchstücken macht meist einen anderweitigen Bezug entbehrlich.

In der Höhe der Aufkohlung geht man bei reinen Kohlenstoffstählen bis auf 0,05% unter die geforderte Mindestgrenze der jeweiligen Stahlsorte; bei legierten Stählen muß der Kohlenstoffgehalt der noch benötigten Legierungszusätze in Rechnung gestellt werden. Ein heißes, blankes Bad nimmt beim Aufkohlen etwa 70% des zugesetzten Elektrodenmehles auf, während der Rest mit den im Bade zurückgebliebenen Oxyden und mit der Ofenluft zu Kohlenoxyd verbrennt. Bei Verwendung von Koks kann man rechnen, daß nur 60% des Zusatzgewichtes als Kohlenstoff in den Stahl übergehen. Wird beispielsweise ein Kohlenstoffstahl mit 0,60 bis 0,70% C verlangt, und betrage der Einsatz 6000 kg mit einem Abbrand von 5% beim Frischen und Abschlacken, weise ferner die erste Vorprobe 0,12% C auf, so ergibt eine einfache Rechnung, daß man zum Aufkohlen auf 0,55% C etwa 35 kg Elektrodenmehl oder 41 kg Koks benötigt. Bei planmäßigem Arbeiten ist diese Menge selbstverständlich abzuwiegen, und nicht, wie es öfter geschieht, nach Schaufelzahl zu schätzen. Ob während der Aufgabe des Kohlungsmittels der Ofen unter Strom zu setzen ist oder ausgeschaltet bleiben kann, hängt von der Hitze des Bades ab. Ein kaltes Bad löst den Kohlenstoffzusatz nur langsam auf und muß beheizt werden Ist dagegen der Stahl noch heiß genug, so empfiehlt es sich, die Elektroden noch so lange hochgewunden zu lassen, bis das mit der Aufkohlung meist verbundene starke Aufwallen und Kochen des Bades beendet ist.

Dieses Aufschäumen rührt von der plötzlichen Kohlenoxydbildung her, die bei der Zerstörung der im Bad zurückgebliebenen Oxyde durch Kohlenstoff eintritt; es kann unter Umständen so heftig sein, daß der Stahl über die Türschwellen zu treten droht. In diesem Falle vermindert ein Zusatz von einigen Kilogramm Ferromangan die Heftigkeit der Gasentwicklung. Die Zugabe von Ferrosilizium beruhigt das Bad noch wirksamer; sie ist aber neben andern Gründen schon deshalb nicht angebracht, weil ein unbeweglich liegendes Bad Kohlenstoff nur sehr träge auflöst, und weil infolgedessen ein großer Anteil des Kohlungsmittels durch Verbrennung mit der Ofenluft verloren geht.

Die eben erörterte Aufkohlung fällt selbstverständlich teilweise oder ganz weg, wenn der Einsatz, wie es bei hochwertigen Stählen die Regel ist, mit beschränkter Oxydation oder ohne Oxydation eingeschmolzen worden ist.

Das Entschwefeln und Desoxydieren.

Die Desoxydations- und Entschweflungsschlacke setzt sich aus Kalk, Koks und Flußspat oder Quarzsand zusammen. Für das Mischungsverhältnis läßt sich eine starre Regel nicht angeben, da es von der Art des zu erschmelzenden Stahles, von der Zusammensetzung der Schlackenbildner, von der Geschicklichkeit des Schmelzers und von anderen Umständen in starkem Maße abhängig ist. Man kann jedoch unschwer zwei Abarten der Feinungsschlacke unterscheiden: die weiße Kalkschlacke und die Kalziumkarbidschlacke. Die weiße Kalkschlacke besteht im allgemeinen aus 8 bis 16 Teilen gebranntem Kalk, 1 bis 4 Teilen Flußspat und ½ bis 1 Teil Koks. Für die Karbidschlacke wird mehr Koks zugesetzt, und zwar 1½ bis 2 Teile Koks auf 5 bis 6 Teile Kalk und ½ bis 2 Teile Flußspat. Die Vor- und Nachteile beider Schlacken werden später eingehend erörtert werden. Hier sei nur kurz erwähnt, daß die weiße Kalkschlacke hauptsächlich bei der Erzeugung weicher Stähle benutzt wird, während die Karbidschlacke infolge ihrer stärkeren Desoxydationswirkung bei der Herstellung aller übrigen Stahlsorten mit Vorteil zur Anwendung kommt.

Bei der Erschmelzung der Fertigschlacke geht man zweckmäßig in folgender Weise vor. Man mischt auf Hüttenflur innig etwa 4 % des Einsatzgewichtes an frischem, kleinstückigem, gebranntem Kalk mit etwa 1 % des Einsatzgewichtes an Flußspat und schaufelt dieses Gemisch nach vollzogener Aufkohlung des Bades rasch in den Ofen ein. Nach längstens einer Viertelstunde ist die Schlacke gut flüssig geworden und bedeckt das Bad in gleichmäßiger Schicht. Nun streut man etwa 1 % des Badgewichtes an Koks gut verteilt über die Schlackendecke, schließt die Türen dicht, indem man nötigenfalls die Fugen mit Lehm verschmiert, und läßt die Lichtbögen mit hoher Stromstärke auf die Schlacke einwirken. Auf manchen Werken ist es üblich, Kalk, Flußspat und Koks bereits auf Hüttenflur zu mischen und das fertige Gemisch in den Ofen aufzugeben. Bei dieser Arbeitsweise tritt leicht eine unbeabsichtigte weitere Aufkohlung des Stahlbades ein; dagegen geht der Vorgang der Schlackenbildung etwas schneller vor sich.

Etwa eine halbe Stunde nach beendeter Aufgabe des Schlackengemisches entnimmt man mit dem Probelöffel eine Schlackenprobe aus der Mitte des Ofens und gießt sie auf eine Eisenplatte aus. Ist die Schlacke braunschwarz, braungelb oder braungrün, so ist die Zerstörung der Oxyde in der Schlacke noch nicht weit genug vorgeschritten und muß durch weiteres Aufstreuen von Koks vervollständigt werden. Auch der Flüssigkeitsgrad der Schlacke wird nach der Beschaffenheit der Schlackenprobe geregelt. Eine zu dickflüssige und klumpige Schlacke, die bei Verwendung eines Kalkes mit hohem Magnesia- oder niedrigem Kieselsäuregehalt öfter auftritt, wird durch Flußspatzusatz verdünnt; eine zu dünnflüssige, „wässerige" Schlacke, die meist zu wenig basisch ist und schwierig Kalziumkarbid bildet, wird durch Kalkzugabe auf richtige Beschaffenheit gebracht.

Im Ofen, insbesondere unter den Elektroden, zeigt die Schlacke zu diesem Zeitpunkt ein flaumiges, an dichten Seifenschaum erinnerndes Aussehen. Im Verlauf der nun folgenden halben bis ganzen Stunde hört jedoch die von der Desoxydation und Entschweflung herrührende Kohlenoxydentwicklung allmählich auf; die Schlacke wird sämig, dicht und ruhig. Das Fortschreiten der Desoxydation läßt sich auch am Aussehen der erkalteten, fortlaufend entnommenen Schlackenproben feststellen. Während die ersten Proben, wie erwähnt, noch dunkel gefärbt waren, nimmt die Schlacke in dem Maße, wie sie ärmer an Eisen- und Manganoxydul wird, eine reinweiße Farbe an und zerfällt schließlich einige Minuten nach dem Erkalten zu einem dichten Pulver.

Beim Arbeiten mit weißer Kalkschlacke wird von diesem Zeitpunkt an durch Zugabe von Kalk oder Flußspat und durch gelegentliches Aufstreuen von Koks die eben geschilderte Beschaffenheit aufrechterhalten. Wird jedoch, wie es die Regel sein sollte, die Desoxydation unter einer Karbidschlacke zu Ende geführt, so ist der Kokszusatz zu verstärken. Man mischt zu diesem Zweck kleingeschlagenen Kalk mit der Hälfte Koks und gibt einige Schaufeln von diesem Gemisch in den Ofen. Nach einer weiteren Viertelstunde starker Beheizung ist die Schlacke karbidisch geworden. Ihre Farbe im erkalteten Zustand ist dann hell- bis dunkelgrau; sie zerfällt an der Luft zu einem hell- bis dunkelgrauen Pulver, doch tritt das Zerrieseln meist erheblich später als bei der weißen Kalkschlacke ein. Das hervorstechendste Kennzeichen der Karbidschlacke ist ihr starker Azetylengeruch, der besonders deutlich beim Benetzen mit Wasser hervortritt, aber auch schon durch die bloße Einwirkung der Luftfeuchtigkeit unverkennbar zum Ausdruck kommt.

Ähnlich wie die Beschaffenheit der Schlacke läßt auch das Verhalten der dem Bade fortlaufend entnommenen Stahlproben den Fortschritt der Desoxydation erkennen. Ohne an dieser Stelle auf Einzelheiten einzugehen, seien nur die zwei wichtigsten Kennzeichen dieses Vorgangs erwähnt: die Gasentwicklung bei der Erstarrung und die Schmiedbarkeit. Bei gleichem Siliziumgehalt ist eine Stahlprobe um so sauerstoffärmer, je weniger Gas sie bei der Erstarrung abgibt; desgleichen ist sie bei gleichem Mangangehalt um so einwandfreier schmiedbar, je geringere Mengen an Sauerstoff sie enthält.

Wie bereits erwähnt, braucht man etwa eine halbe Stunde, um die Schlacke zu schmelzen und von Eisen- und Manganoxydul zu befreien, und eine weitere Viertelstunde, um die Karbidbildung durchzuführen. Der Rest der Feinungsperiode, etwa anderthalb bis zwei Stunden, wird durch die Vervollständigung der Desoxydation, die Regelung der gewünschten Stahlzusammensetzung und die Erzielung der benötigten Gießhitze ausgefüllt. Während dieser ganzen Zeit muß die Schlacke zur Aufrechterhaltung ihrer desoxydierenden Wirkung in karbidischem Zustande erhalten bleiben. Diese Aufgabe ist nicht leicht und erfordert von Seiten des Schmelzers große Geschicklichkeit und Erfahrung. In einem späteren Abschnitt werden die Umstände, die zum Schluß der Feinungsperiode die Beschaffenheit und Wirksamkeit der Schlacke beeinträchtigen können, ausführlich erörtert. Hier sei nur erwähnt, daß die Maßnahmen des Schmelzers in jeweils zeitgerechter Zugabe von Kalk, Flußspat oder Koks, in sorgfältiger Instandhaltung der Ofenzustellung und des Gewölbes sowie in der Ausschaltung sämtlicher Störungen des regelrechten Schmelzungsganges bestehen.

Das Legieren.

Wenn die Fertigschlacke ihre richtige Beschaffenheit erlangt hat, das heißt oxydfrei und karbidisch geworden ist, ist der Zeitpunkt zur Regelung der chemischen Zusammensetzung des Stahlbades gekommen. Der Schmelzer entnimmt dem Bade eine weitere Stahlprobe, im Gegensatz zur Einschmelzprobe zweite Vorprobe oder Zwischenprobe genannt, und läßt sie auf ihren Gehalt an Kohlenstoff und Mangan untersuchen. Ist, wie es bei hochlegiertem Einsatz die Regel darstellt, die Einschmelzschlacke nicht abgezogen, sondern mit Koks desoxydiert worden, so werden in dieser Zwischenprobe auch die mittlerweile vollständig ins Bad zurückreduzierten Elemente Chrom, Wolfram, Vanadin und Molybdän bestimmt. Wie bei der Einschmelzprobe erhält auch bei der Zwischenprobe der Schmelzer durch Farbe, Funkenbild, Verhalten beim Schmieden und Bruchaussehen wertvolle Anhaltspunkte über die Hitze, die Zusammensetzung und den Desoxydationsgrad des Stahlbades.

Nach der Probenentnahme beginnt die Zugabe der benötigten Legierungselemente, und zwar in endgültiger Menge, soweit die Kenntnis des Einsatzes oder die bereits vorliegenden Ergebnisse der Einschmelzprobe dies zulassen, und in vorläufiger Menge, soweit die Bestimmung in der Vor- oder Zwischenprobe noch abgewartet werden muß. Die Reihenfolge der Zusätze und die bei der Zugabe zu berücksichtigenden Besonderheiten erheischen einige Bemerkungen.

Unter den Legierungselementen gehören Nickel, Kobalt und Kupfer zu den Stoffen, die schwerer als Eisen oxydierbar sind. Sie können deshalb ganz oder teilweise bereits nach dem Abziehen der Frischschlacke zugesetzt werden, ohne daß eine Oxydation durch noch vorhandenes Eisenoxydul zu befürchten ist.

Mangan wird, falls die Zwischenprobe ausnahmsweise noch nicht einwandfrei schmiedbar sein sollte, als erstes Element in solcher Menge zugesetzt, daß das Stahlbad 0,15 bis 0,20% aufweist. Der Ausgleich auf den gewünschten Endgehalt wird, falls es sich nicht gerade um hochmanganlegierten Stahl handelt, erst zum Schluß der Schmelzung vorgenommen.

Die Chrom-, Wolfram-, Vanadin- und Molybdänlegierungen sollen erst zugesetzt werden, wenn Schlacke und Stahl ordentlich desoxydiert sind, das heißt, wenn die Schlacke karbidisch ist und der Stahl mit geringer Gasentwicklung erstarrt und sich rotbruchfrei schmieden läßt. Bei Anwesenheit größerer Mengen von Eisenoxydul würden nämlich Chromoxyde und ähnliche Verbindungen entstehen, deren nachträgliche Reduktion bedeutend schwieriger und langwieriger als die des Eisenoxyduls ist und in besonders krassen Fällen allen Bemühungen des Schmelzers hartnäckig widersteht.

Die ebengenannten Legierungsmetalle weisen teilweise einen recht hohen Schmelzpunkt auf. Größere Mengen, auf einmal zugesetzt, würden daher das Bad stark abkühlen und auf der Herdsohle unter Umständen bis zum Abstich teilweise ungelöst liegen bleiben. Es empfiehlt sich daher, die Zugabe größerer Mengen nur allmählich zu bewerkstelligen. Ein Teil der auf Faustgröße zerkleinerten Stücke wird im Innern des Ofens an den Türschwellen aufgeschichtet, bei geschlossenen Türen während etwa einer Viertelstunde auf Rotglut vorgewärmt und dann erst in das Bad eingestoßen. Bei Bedarf wird dieser Vorgang mit weiteren Teilmengen wiederholt. Lediglich bei Ferromolybdän und bei dem pulverförmigen Wolfram- und Molybdänmetall läßt sich diese Arbeitsweise nicht durchführen. Ferromolybdän oxydiert sich nämlich bei Rotglut leicht zu flüchtigem Molybdänoxyd und wird deshalb in Stück- oder Pulverform unmittelbar ins Bad geworfen. Wolframmetall wird ebenfalls nach und nach schaufelweise unmittelbar dem Bade zugesetzt, da es bei etwaigem Auftragen auf der Türschwelle nur schwierig restlos ins Bad gekratzt werden könnte. Schließlich ist noch zu erwähnen, daß Ferrovanadin infolge seines verhältnismäßig geringen spezifischen Gewichtes beim Einstoßen sich leicht mit Schlacke umhüllt und in der Schlackendecke schwimmend stecken bleibt. Es wird deshalb zweckmäßigerweise mit Ferrowolfram oder andern schweren Stücken zusammen in Blechtrommeln verpackt, die nach erfolgter Vorwärmung an der Türschwelle zur Gänze eingestoßen werden.

Ferrosilizium wird aus später ausführlich zu erörternden Gründen erst eine Viertelstunde vor dem Abstich zugesetzt.

Die Regelung der chemischen Zusammensetzung.

Nachstehend sei an Hand eines Schmelzungsberichtes die Regelung der chemischen Zusammensetzung veranschaulicht.

Beispiel für die Regelung der chemischen Zusammensetzung.

Vorgeschriebene Zusammensetzung:	0,25—0,35% C
	0,15—0,25% Si
(Normstahl VCN 15 für den Kraftfahrbau.)	0,40—0,60% Mn
	1,30—1,70% Ni
	0,40—0,60% Cr.

Zeit	
0,00	Abstich der vorhergehenden Schmelzung.
0,10	Herd geflickt und Beginn des Einsetzens.
0,50	Fertig eingesetzt: 4300 kg Chromnickelstahlschrott, 2000 kg phosphorarmer, unlegierter Schrott. Strom eingeschaltet.
3,00	Fast geschmolzen. Beginn des Einstoßens.
3,20	Ganz eingeschmolzen. Entnahme der Einschmelzprobe. Probe rotbruchfrei.
3,25	Schlacke dick, Flußspatzusatz.
3,30	Beginn des Abschlackens.
3,40	Ergebnis der Einschmelzprobe: 0,15% C, 0,24% Mn.
3,45	Abschlacken beendet. Keine Aufkohlung erforderlich.
3,50	Fertigschlacke aufgegeben. Volle Stromstärke.
4,05	Ergebnis der Einschmelzprobe: 0,97% Ni.
4,20	Schlacke geschmolzen; fast weiß. Ergebnis der Einschmelzprobe: 0,17% Cr.
4,25	Zusatz von Nickel (98% Ni): 33 kg.
4,40	Schlacke karbidisch. Durchgerührt. Entnahme der Zwischenprobe. Probe rotbruchfrei.
4,55	Ergebnisse der Zwischenprobe: 0,18% C, 0,26% Mn.
5,05	Zusatz von Ferrochrom (6% C, 66% Cr): 30 kg.
bis	Zusatz von Ferromangan (80% Mn): 18 kg. Zusatz von Roheisen (3,6% C): 50 kg.
5,30	Schlacke karbidisch. Durchgerührt. Entnahme der Schlußprobe. Hitze gut.
5,35	Zusatz von Ferrosilizium (50% Si): 26 kg
5,45	Ergebnis der Schlußprobe: 0,30% C. Entnahme einer Hitze- und Stehprobe nach dem Siliziumzusatz: Probe gut.
5,50	Ausgeschaltet und abgestochen.

Tatsächliche Zusammensetzung:	0,31% C
	0,18% Si
	0,51% Mn
	1,46% Ni
	0,49% Cr
	0,016% S
	0,017% P.

Für die betreffende Schmelzung sind 4300 kg Chromnickelstahlabfälle mit etwa 1,5% Nickel und etwa 0,5% Chrom sowie 2000 kg guten, phosphorarmen Schrottes eingesetzt worden. Für Abbrand und Verschlackung beim Einschmelzen sowie Mitreißen von Stahl beim Abschlacken kann als Verlust der Betrag von 5% angenommen werden, so daß mit einem Badgewicht von 6000 kg zu rechnen ist. Das Einschmelzen wird mit beschränkter Oxydation vorgenommen, so daß etwas Kohlenstoff, Mangan und Chrom im geschmolzenen Bade zurückbleiben. Die Einschmelzprobe zeigt 0,15% C und 0,24% Mn. Mithin ist keine Aufkohlung erforderlich, da die am Kohlenstoffgehalt fehlenden 10 bis 15 Punkte durch den Kohlenstoffgehalt der Zusätze, durch Kohlenstoffaufnahme aus der Schlacke und nötigenfalls durch Zusatz von Roheisen gedeckt werden.

Um 4,05 Uhr erhält der Schmelzer das Ergebnis der Nickelbestimmung in der Einschmelzprobe: 0,97%. Da 1,50% erforderlich sind, fehlen ihm auf 6000 kg: $60 \times 0{,}53 \cong 32$ kg Reinnickel. Da das verfügbare Nickel 98% Nickel enthält, müssen $32 : 0{,}98 \cong 33$ kg Nickel zugesetzt werden.

Da die Einschmelzprobe einwandfrei schmiedbar gewesen ist und 0,24% Mn enthält, ist vorläufig ein weiterer Manganzusatz nicht nötig. Für den Ausgleich des Mangangehalts wird deshalb das Ergebnis der Zwischenprobe abgewartet, die 0,26% Mn aufweist. Es fehlen also am gewünschten Mangangehalt 0,24%. Hierfür sind $60 \times 0{,}24 = 14{,}4$ kg Reinmangan nötig, was bei Verwendung von 80proz. Ferromangan $14{,}4 : 80 = 18$ kg Ferromangan ausmacht.

Für Chrom fehlen am verlangten Durchschnittsgehalt $0{,}50 - 0{,}17 = 0{,}33$%. Demgemäß ist ein Zusatz von $60 \times 0{,}33 \cong 20$ kg Reinchrom erforderlich, was für 66proz. Ferrochrom $20 : 0{,}66 \cong 30$ kg ergibt.

Mit dem Zusatz an Ferromangan und Ferrochrom wird gleichzeitig auch der Kohlenstoffgehalt geregelt. Die Einschmelzprobe, um 3,20 Uhr entnommen, hatte 0,15% C aufgewiesen, die Zwischenprobe, um 4,40 Uhr entnommen, 0,18%. Die Aufnahme von 0,03% entstammt aus dem Kohlenstoffgehalt der Schlacke und beträgt, wie das Beispiel zeigt, etwa 0,02% je Stunde. Die nach der Entnahme der Zwischenprobe zugesetzten Legierungen Ferromangan und Ferrochrom bringen folgende Kohlenstoffmengen mit:

18 kg Ferromangan mit 8% C ergeben 18 × 0,08 = 1,44 kg C,
30 kg Ferrochrom mit 6% C ergeben 30 × 0,06 = 1,80 kg C,
also insgesamt 3,24 kg C. Dies macht auf den Einsatz von 6000 kg 3,24:60 = 0,05 bis 0,06% C aus. Da von der Entnahme der Zwischenprobe bis zum Abstich bei der vorliegenden Schmelzung noch ein Zeitraum von etwa einer Stunde erforderlich sein wird, ist eine weitere Zunahme von 0,02% C aus der Schlacke zu erwarten; für die Abstichprobe würden sich demnach 0,18 + 0,06 + 0,02 = 0,26% C ergeben. Um auf 0,29% C zu kommen, sind also noch weitere 0,03% C oder insgesamt 60 × 0,03 = 1,8 kg Kohlenstoff erforderlich. Der Ausgleich erfolgt am einfachsten durch einen Zusatz von Roheisen mit 3,6% C, wovon also 1,8:0,036 = 50 kg benötigt werden.

Die vor dem Abstich entnommene Schlußprobe ergibt in Übereinstimmung mit der Berechnung 0,30% C.

Der Siliziumgehalt ist mit 0,20% vorgeschrieben. Da das Bad kein Silizium enthält, ist ein Zusatz von 60 × 0,20 = 12 kg Reinsilizium oder, bei Verwendung von 50proz. Ferrosilizium, von 12:0,50 = 24 kg Ferrosilizium nötig. Zugesetzt werden 26 kg eine Viertelstunde vor dem Abstich.

Wie die am Schluß der Tabelle wiedergegebene Zusammensetzung der Pfannenprobe zeigt, liegen die Werte sämtlicher Legierungsbestandteile innerhalb der vorgeschriebenen Grenzen.

Bei der Durchrechnung dieses Zahlenbeispiels ist eine Vereinfachung vorgenommen worden, die nur bei schwach legierten Stählen zulässig ist. Als Badgewicht wurde nämlich durchweg das Gewicht von 6000 kg in Rechnung gestellt, während tatsächlich im Verlaufe der Feinung 157 kg an Zusätzen hinzugekommen sind. Bei höher legierten Stählen muß die Vermehrung des Badgewichtes durch die Zusätze unbedingt berücksichtigt werden. Bei der Besprechung des Schmelzungsganges für Schnelldrehstahl wird sich die Gelegenheit ergeben, die genaue Berechnung der Zusatzmenge auch an dem Beispiel eines hochlegierten Stahles durchzuführen.

Die Regelung der Stahlhitze.

Wenn nach anderthalb- bis dreistündigem Verweilen unter der Fertigschlacke der Stahl entschwefelt und desoxydiert ist und durch Aufnahme der Legierungszusätze die gewünschte chemische Zusammensetzung erreicht hat, braucht er lediglich auf das Vorhandensein der richtigen Hitze geprüft zu werden, um als gießfertig zu gelten. Die Temperaturführung während der Feinungsperiode ist eines der Gebiete, auf denen sich die Kunst des begabten Schmelzers zeigt: er hat zu gleicher Zeit seinen Stahl desoxydiert, auf vorschriftmäßige Zusammensetzung und auf richtige Gießhitze gebracht. Der ungeübte Schmelzer hingegen kümmert sich zuerst lediglich um die Schlacke; dann setzt er zögernd und unsicher die Legierungen zu, wobei er in ständiger Sorge um den Kohlenstoffgehalt des Bades zahlreiche Zwischenproben entnimmt und damit die Legierungsarbeit weiter aufhält. Zum Schluß erst geht er dazu über, das Bad aufzuheizen, setzt sich dabei aber der Gefahr aus, das Gewölbe anzuschmelzen, die Schlacke zu verderben und die Desoxydationsarbeit von neuem aufnehmen zu müssen.

Bei der Temperaturführung während der Feinungsperiode sind folgende Punkte zu berücksichtigen. Bei der Aufgabe der Fertigschlacke muß hohe Stromstärke eingestellt werden, um die Verflüssigung der Schlacke, die Kalziumkarbidbindung und die mit der Desoxydation zusammenhängenden Umsetzungen zu beschleunigen. Da die Ofenzustellung zu diesem Zeitpunkt — kurz nach dem Einschmelzen — noch nicht die volle Hitze erreicht hat, ist die Gefahr des Gewölbeanschmelzens weniger groß. Sobald die Schlacke karbidisch geworden ist, kann die Stromstärke allmählich verringert werden, da die Lichtbogenhitze jetzt nur mehr die Wärmeverluste des Ofens und den Wärmebedarf für das Schmelzen der Legierungszusätze zu decken hat. Die Aufrechterhaltung einer einwandfreien Schlackenbeschaffenheit erleichtert während dieses Zeitraums dem Schmelzer die Beherrschung der Ofenhitze wesentlich; eine sämige, karbidische Schlacke leitet die Hitze leicht an das Bad weiter, eine „wässerige“, kohlenstofffreie, spiegelnde Schlacke hingegen bringt durch starke Rückstrahlung der Lichtbogenhitze das Gewölbe bald zum Schmelzen.

Nach beendetem Legierungszusatz wird die Stromstärke nötigenfalls wieder allmählich bis zum Abstich gesteigert.

Die Hitze, bei welcher das Vergießen der verschiedenen Stähle in die Blockformen erfolgt, pflegt zwischen 1480° und 1580° C zu liegen. Da durch das Ausgießen aus dem Ofen und das Verweilen in der Pfanne bis zum Schluß des Abgießens eine Abkühlung um mindestens 50° C eintritt, muß die Badtemperatur vor dem Abstich je nach der Stahlmarke und je nach der zu erwartenden Gießdauer 1550° bis 1650° C betragen.

Wie prüft nun der Schmelzer das Bad auf richtige Gießhitze? Auf Pyrometer kann er nicht zurückgreifen. Thermoelektrische Pyrometer können nicht in das Schmelzbad eingeführt werden, da wir über keine Schutzmasse verfügen, die dem Angriff des flüssigen Stahles dauernd widersteht. Auch optische Pyrometer können zur Temperaturbestimmung des Ofeninhaltes nicht verwendet werden, da, von allen andern Fehlerquellen abgesehen, die Schlackendecke heißer als der Stahl zu sein pflegt. Auch der etwa denkbare Ausweg, beim Ausgießen kleiner Stahlproben aus dem Probelöffel den Gießstrahl mit optischen Meßinstrumenten anzuvisieren, ist nicht gangbar, da die kurze Dauer des Ausfließens und die geringe Mächtigkeit des Gießstrahles eine genaue Einstellung des Pyrometers kaum zulassen.

Nach dem Vorausgesagten ist der Schmelzer, wenn er die Hitze des Bades richtig abschätzen will, auf die Vornahme und Beurteilung praktischer Proben angewiesen. Als solche seien hier die Abschmelz-, die Fließ- und die Erstarrungsprobe angeführt.

Die bereits früher (S. 170) beschriebene Abschmelzprobe beruht darauf, daß das abgeschmolzene Ende einer in das Stahlbad eingetauchten Eisenrute je nach der Hitze des Stahls verschiedenartig angefressen wird. Diese verhältnismäßig rohe Probe wird jedoch meist nur nach dem Einschmelzen angewendet; zur Beurteilung der Hitze am Schluß der Schmelzung eignet sie sich weniger, wird aber doch mancherorts mit einer kleinen Abänderung durchgeführt. Die Rute wird am Ende etwa 15 bis 20 cm rechtwinklig umgebogen und in das Stahlbad eingeführt. Durch pendelnde Drehung wird das umgebogene Ende im Bogen langsam hin und herbewegt und die zum Abschmelzen notwendige Zeit gezählt. Für jede Stahlmarke und Gießdauer (wenige große oder viele kleine Blöcke!) kann auf diese Weise eine „Normal-Abschmelzzeit" erfahrungsmäßig festgelegt werden.

Die Fließprobe ist die meist angewendete und wohl auch beste praktische Hitzeprobe. Sie beruht auf der einleuchtenden Tatsache, daß der Stahl in kälterer Umgebung um so länger flüssig bleibt, je höher er über seinen Schmelzpunkt erhitzt ist. Der Schmelzer entnimmt mit einem zuvor gut eingeschlackten Probelöffel dem Bade eine Probe und gießt sie in schwachem, langsamem

Strahl in eine bereitstehende Probeschale aus. Er beobachtet dabei die Farbe des Strahles, die, durch ein blaues Schutzglas betrachtet, um so heller wird, je höher die Hitze ist. Weiterhin gibt der Flüssigkeitsgrad des Stahles einen Anhaltspunkt; bei niedriger Temperatur fließt der Stahl dickflüssig und träge, bei hoher dünnflüssig, wie Wasser. Schließlich gibt die Dauer, die bei gefüllter Form bis zum Erscheinen des ersten Erstarrungshäutchens verstreicht, einen guten Maßstab für die Hitze der Probe. Freilich ist dabei wohl zu unterscheiden, ob der Siliziumzusatz zum Stahl bereits erfolgt ist oder nicht. Eine weniger als etwa 0,10 % Si enthaltende Stahlprobe liegt nicht vollkommen ruhig in der Form, sondern weist, auch wenn keine merkbare Gasentwicklung mehr stattfindet, eine bewegte, „spielende" Oberfläche auf. Auf diese Weise wird während einiger Zeit stets frischer, heißerer Stahl in Berührung mit der Luft gebracht. Das Auftreten des ersten Erstarrungshäutchens läßt also länger auf sich warten und der Stahl sieht unter sonst gleichen Umständen heißer aus als eine siliziumhaltige, „tot" daliegende Probe. Dafür sieht wieder ein siliziumhaltiger Stahl in der Farbe heißer aus als ein gleich heißer, siliziumfreier. Ein siliziumhaltiger Stahl hat nämlich einen Stich ins Bläuliche, und da mit steigender Hitze der Farbton sich von gelbweiß über weiß nach weißblau verschiebt, wird durch Betrachtung der Farbe allein in diesem Fall ein höherer Hitzegrad vorgetäuscht. Eine weitere Quelle von Unsicherheit kann der Flüssigkeitsgrad der Schlacke sein. Eine dünnflüssige Schlacke legt sich beim Einschlacken des Probelöffels nur in schwacher Schicht an und läßt demgemäß die abkühlende Wirkung des eisernen Löffels stärker in Erscheinung treten. Trotz aller dieser störenden Einwirkungen lernt jedoch der Schmelzer durch längere Erfahrung an Hand der Fließprobe die Hitze so genau abschätzen, daß aufeinanderfolgende Schmelzungen derselben Stahlmarke, beim Vergießen mit dem optischen Pyrometer gemessen, um nicht mehr als 20° voneinander abzuweichen pflegen.

Eine weitere praktische Hitzeprobe, die Erstarrungsprobe, ist der eben beschriebenen sehr ähnlich. Ein sorgfältig eingeschlackter Probelöffel von immer gleicher Größe wird mit Stahl gefüllt, herausgezogen und ruhig auf den Boden gestellt. Die Schlackendecke wird rasch abgekratzt und mit der Stoppuhr die Zeit gemessen, die bis zum Erscheinen der Erstarrungshaut auf der Stahloberfläche vergeht. Diese Zeiten liegen bei etwa 10 Sekunden. Sie sind für die einzelnen Stahlsorten verschieden und unterliegen im übrigen der Einwirkung des Flüssigkeitsgrades der Schlacke und des Siliziumgehaltes im Stahl in der vorhin beschriebenen Weise.

Das Abstechen.

Der Ausdruck „Abstechen" für das Ausleeren des fertigen Stahles aus dem Ofen in die Gießpfanne ist aus der Betriebsweise feststehender Öfen übernommen, bei welchen durch Aufstechen eines Loches in der Ofenwand dem flüssigen Metall der Ablauf freigemacht wird. Ein solcher „Abstich" im eigentlichen Sinne kommt beim Elektroofen nur selten in Frage, da dieser in den weitaus meisten Fällen durch Hochkippen seinen Inhalt über eine Türschwelle entleert. Wenn hin und wieder statt einer großen Tür nur ein Abstichloch von etwa 100 mm Durchmesser als Auslauföffnung vorgesehen ist, so ist dabei die Absicht maßgebend, den Stahl möglichst rein ausfließen zu lassen. Durch starkes Ankippen des Ofens bringt man nämlich den Schlackenstand über das Abstichloch, so daß zuerst nur die Hauptmasse des Stahles und dann erst die Schlacke den Ofen verläßt. Man vermeidet auf diese Weise die starke Durchwirbelung von Stahl und Schlacke beim Sturz in die Gießpfanne. Es fragt sich jedoch, ob das Ausgießen in dünnem, allseits luftumspültem und der Oxydation ausgesetztem Strahl der Stahlbeschaffenheit nicht abträglicher ist als das Auskippen in breitem, wenigstens auf der Oberfläche durch eine Schlackenschicht geschütztem Strom. In einem der nächsten Abschnitte wird bei der Erörterung des Stahlabstehenlassens in der Gießpfanne auf diese Frage noch zurückzukommen sein.

Der Standort für die Betätigung des Kippantriebes soll so gewählt sein, daß von dort aus die Bewegungen der Ausgußrinne und der Gießpfanne genau beobachtet und aufeinander abgestimmt werden können. Daß der Ofen vor dem Kippen stromlos zu machen ist, ist eine selbstverständliche Maßnahme; eine Berührung stromführender Teile, beispielsweise der Elektroden, mit den Kranseilen würde einen Kurzschluß und ein Abschmoren der Seile zur Folge haben.

Am Stahlbade in der Gießpfanne noch metallurgische Operationen, wie Desoxydieren, Legieren, Aufkohlen vornehmen zu wollen, ist im Elektrostahlbetrieb nicht angebracht und meist ein Beweis für mangelhafte Schmelzungsführung. Auf die Berechtigung des Leitsatzes: Den Stahl im Ofen fertig machen und nicht in der Gießpfanne! wird in den späteren Ausführungen noch wiederholt hinzuweisen sein.

Das Schnellaboratorium im Elektrostahlbetrieb.

Kein Elektrostahlbetrieb, der stets wechselnde Stahlsorten zu erzeugen hat, kann ein gut ausgerüstetes Schnellaboratorium entbehren. Wenn auch bei unlegierten Stählen das Bruchaussehen und der Biegewinkel gehärteter und ungehärteter Proben den Kohlenstoffgehalt mit genügender Sicherheit festzulegen gestattet, so versagt doch dieses Hilfsmittel bei der Mehrzahl der legierten Stähle. Bei diesen ist eine genaue Schätzung des Kohlenstoff- und Legierungsgehaltes lediglich auf Grund äußerer Kennzeichen ein Ding der Unmöglichkeit, und nur eine chemische Prüfung vermag die zur Regelung der Badzusammensetzung notwendigen Aufschlüsse zu geben.

Die chemischen Untersuchungsverfahren sind naturgemäß für den Stahlwerksbetrieb um so wertvoller, je kürzere Zeit sie in Anspruch nehmen und je unabhängiger von der gleichzeitigen Anwesenheit anderer Elemente die Bestimmung eines Bestandteiles durchgeführt werden kann. Nachstehend sei eine Aufzählung erprobter Schnellprüfverfahren nebst Angaben über die benötigte Untersuchungsdauer wiedergegeben:

Kohlenstoff: Verbrennung mit Sauerstoff im elektrischen Rohrofen und gasvolumetrische Bestimmung im Apparat nach J. Wirtz. Für alle Stähle geeignet. Dauer 6 Minuten. Oder physikalische Messung mit dem Karbometer der A.-B. Alpha, Sundbyberg. Für unlegierte Stähle geeignet. Dauer 2 Minuten.

Mangan: Silbernitrat-Ammoniumpersulfat-Verfahren. Ausführung nach dem Chemikerausschuß des Vereins deutscher Eisenhüttenleute. Dauer 12 Minuten.

Chrom: Ammoniumpersulfat-Verfahren nach Philips. Oder amerikanisches Standardverfahren: Lösen in Phosphor-Schwefelsäure, Oxydation des Chroms mit Ammoniumpersulfat bei Anwesenheit von Silbernitrat. Dauer 30 Minuten.

Wolfram: Gewichtsanalytische Bestimmung nach Abscheiden mit Säure. Dauer 60 Minuten.

Vanadin: Kolorimetrische Bestimmung mit Wasserstoffsuperoxyd oder maßanalytische Bestimmung mit Kaliumpermanganat nach Reduktion mit Salzsäure. Dauer 45 Minuten.

Nickel: Zyanometrische Bestimmung nach Großmann, Dauer 30 Minuten. Oder gewichtsanalytische Bestimmung nach Brunck (unabhängig von gleichzeitig anwesendem Kupfer oder Kobalt). Dauer 40 Minuten.

Molybdän: Kolorimetrische Bestimmung nach Maag und Mc. Collam. Dauer 25 Minuten.

Kobalt: Zyanometrische Bestimmung nach Szaß (Chemikerausschuß des Vereins deutscher Eisenhüttenleute).

Schwefel: Verbrennung im Sauerstoffstrom und maßanalytische Bestimmung nach Holthaus. Dauer etwa 10 Minuten.

Phosphor: Ammoniummolybdat-Schleuderverfahren. Dauer bis zu 20 Minuten.

Zum Schluß sei noch die Entnahme des Untersuchungsmaterials kurz gestreift. Die Analysenspäne sollen mit einem ölfreien Bohrer oder Fräser der abgeschmirgelten oder abgeschliffenen Probe entnommen werden. Bei selbsthärtenden Stahlproben, deren Ausglühen einen unzulässigen Zeitaufwand bedeuten würde, hilft man sich durch Zerstampfen dünn geschmiedeter Plättchen in einem Mörser aus gehärtetem Stahl. Jedoch ist auch bei diesen Stählen die Entnahme reiner Bohrspäne mittels des nachstehend beschriebenen Kunstgriffes möglich. Ein auf etwa 10×5 mm Querschnitt und 200 mm Länge ausgeschmiedeter Flachstab wird aus heller Rotglut in Wasser oder Öl gehärtet. Sodann wird er im Schmiedefeuer so erhitzt, daß das eine Ende auf helle Rotglut kommt, während das andere Ende dunkel und kalt bleibt. Der nunmehr eine von 900^0 bis etwa 200^0 C verlaufende Hitze aufweisende Stab wird von neuem zur Gänze in Wasser abgeschreckt. Das glühend gewesene Ende ist durch dieses Abschrecken hart geworden, das kalt gebliebene Ende ist noch vom ersten Abschrecken her hart geblieben. Dazwischen muß sich aber eine Zone befinden, in welcher der Stab durch Anlaßwirkung weich geworden war; dieser Anlaßzustand ist durch das zweite Abschrecken festgehalten worden. Ein Feilenstrich längs der Stabkante verrät sofort die Lage dieser weichen Zone; sie tritt ungefähr dort auf, wo beim verlaufenden Abschrecken die Farbhitze ins Dunkel übergegangen ist.

XI. Die Frischvorgänge beim basischen Verfahren.

Allgemeines.

Das basische Elektrostahlverfahren baut sich aus zwei chemisch-metallurgisch wohl unterschiedenen Abschnitten auf: einer Oxydations- oder Frischperiode und einer Desoxydations- oder Feinungsperiode. Die Frischperiode ist in mancher Beziehung ein ziemlich getreues Abbild des basischen Martinverfahrens, während die Feinungsperiode eine Eigentümlichkeit des Elektrostahlschmelzens ist und den übrigen Stahlgewinnungsverfahren mehr oder minder vollständig abgeht. Vom Tiegelstahl abgesehen, erfährt kein anderer Stahl eine gleich gründliche Desoxydation wie der Elektrostahl, auch der saure Martinstahl nicht, der sich hier zum Vergleich aufdrängen mag.

Das Frischen hat den Zweck, aus dem im Elektroofen selbst oder in einem anderen Ofen vorgeschmolzenen Einsatz unerwünschte Eisenbegleiter abzuscheiden. Hauptaufgabe ist meist die Entfernung des Phosphors; daneben können aber auch Kohlenstoff, Mangan und andere Elemente in solchen Mengen vorhanden sein, daß ihre Abscheidung im Hinblick auf die verlangte Endzusammensetzung notwendig wird. Das Frischen im Elektroofen wird durch Sauerstoffzufuhr in fester Form bewerkstelligt, sei es durch Rost am Schrott, sei es durch Erz, Hammerschlag oder Walzsinter. Auf diese Weise werden Silizium, Phosphor, Kohlenstoff, Mangan, Chrom, Wolfram, Molybdän und Vanadin mehr oder weniger vollständig verbrannt. Kohlenoxyd entweicht gasförmig, die übrigen Sauerstoffverbindungen gehen zum größten Teil in die Schlacke über. Ein kleiner Teil löst sich im Eisenbade auf oder bleibt als „Schlamm“ darin aufgeschwemmt; dieser Rest wird erst in der auf die Frischperiode folgenden Feinungsperiode abgeschieden.

Die physikalisch-chemischen Gesetze, denen die Verbrennungsvorgänge gehorchen, lassen willkürliche Eingriffe in die Reihenfolge der Oxydation nur in sehr beschränktem Maße zu. Selbst wenn also die vorgeschriebene Endzusammensetzung des Stahles das Verbleiben eines der vorgenannten Elemente im Stahlbade erwünscht erscheinen läßt, ist eine Auswahl beim Frischen mit Rücksicht auf die Abscheidung der übrigen unerwünschten Beimengungen meist nicht möglich.

Die Oxydation der Eisenbegleiter während der Frischperiode vollzieht sich in vier Stufen:

1. Abscheidung des Siliziums.
2. Abscheidung des Mangans, Chroms, Wolframs, Molybdäns und Vanadins.
3. Abscheidung des Phosphors.
4. Verbrennung des Kohlenstoffs.

Die Abscheidung des Siliziums.

Die ersten Umsetzungen, die sich während des Einschmelzens vollziehen, sind, auf grundsätzliche Formeln zurückgeführt, die folgenden:

$$Si + 2FeO = 2Fe + SiO_2\,, \tag{1}$$

$$SiO_2 + FeO = FeO \cdot SiO_2\,, \tag{2}$$

$$FeO \cdot SiO_2 + CaO = CaO \cdot SiO_2 + FeO\,. \tag{3}$$

Der Siliziumgehalt des Einsatzes setzt sich nach Gleichung (1) mit dem Rost und Zunder des Schrottes oder mit dem zugefügten Erz zu metallischem Eisen und Kieselsäure um. Die entstandene Kieselsäure bildet mit dem anfangs meist im Überschuß vorhandenen Eisenoxydul Eisensilikate wechselnder Zusammensetzung, die zur Schlacke aufsteigen [Gl. (2)]. In dem Maße nun, wie sich miteingesetzter oder nachgesetzter Kalk in der Schlacke auflöst, geht das Eisensilikat unter Abspaltung von Eisenoxydul in das beständigere Kalksilikat [Gl. (3)] über. Das frei werdende Eisenoxydul beteiligt sich an der Oxydation der weiterhin zur Verbrennung gelangenden Eisenbegleiter.

Die Abscheidung des Mangans.

Das Mangan wird im verflüssigten Einsatz in gleicher Weise wie das Silizium oxydiert und verschlackt:

$$Mn + FeO = Fe + MnO\,, \tag{4}$$

$$MnO + SiO_2 = MnO \cdot SiO_2\,. \tag{5}$$

Das nach Gleichung (5) gebildete Mangansilikat scheint als solches in der Einschmelzschlacke zu bleiben, auch wenn dieselbe durch allmähliche Auflösung von Kalk basischer wird.

Während die Oxydation des Siliziums in der Einschmelzperiode — auch bei höherem Siliziumgehalt des Einsatzes — rasch und restlos vonstatten geht, verläuft die Verbrennung des

Mangans merklich träger und unvollständiger. Der eingeschmolzene Stahl enthält noch stets einen gewissen Mangangehalt, dessen Höhe sich nach dem ursprünglichen Mangangehalt des Einsatzes, der Stärke der oxydierenden Einflüsse und dem Manganoxydulgehalt der Schlacke richtet. Chemisch, im Sinne des Massenwirkungsgesetzes gesprochen, bedeutet diese Feststellung also, daß neben einer bestimmten Mangankonzentration im Stahl eine stärkere Eisenoxydulkonzentration bestehen kann als neben einer gleich hohen Siliziumkonzentration.

Der nach beendetem Einschmelzen im Bade zurückbleibende Mangangehalt beträgt meistens etwa 0,15 bis 0,25%. Ist er bei Verwendung gewöhnlichen Schrottes auf 0,10% oder noch weniger gesunken, so ist dies ein sicheres Kennzeichen dafür, daß eine äußerst starke Oxydation stattgefunden hat. In diesem Falle ist gewöhnlich auch der Kohlenstoffgehalt des Bades bereits auf weniger als 0,10% zurückgegangen.

In manchen, später noch eingehender zu erörternden Fällen kann es erwünscht sein, den Kohlenstoffgehalt des Bades unter 0,10% herabzudrücken, dabei aber einen Mangangehalt von 0,15% oder darüber zurückzubehalten. Zu diesem Zweck wählt man einen hochmanganhaltigen Einsatz, dessen Oxydation viel Manganoxydul entstehen läßt, oder man verstärkt künstlich den MnO-Gehalt der Schlacke durch Zugabe von Manganerz neben Eisenerz. Durch diese Mittel wird die Manganverschlackung, die unter gewöhnlichen Umständen zu Ende gegangen ist, wenn die Verbrennung des Kohlenstoffs einsetzt, in ihrem Ablauf stark verzögert und man behält neben Kohlenstoffgehalten von unter 0,10% Mangangehalte von 0,15% und darüber zurück.

Ähnlich wie Mangan verhalten sich die Elemente Chrom, Vanadin, Molybdän und Wolfram; sie gehen beim Frischen in ihre Oxyde über, die sich in der Schlacke auflösen. Die Oxydation geht, wie bei Mangan, um so langsamer vor sich, je stärker sich die Schlacke an den betreffenden Oxyden anreichert.

Die Zusammensetzung der Einschmelzschlacke.

Wie aus den vorhergehenden Erörterungen ersichtlich ist, besteht die erste Einschmelzschlacke im wesentlichen aus einem Gemisch von Kieselsäure, Kalk, Eisen- und Manganoxydul, deren Mengenanteile in weiten Grenzen schwanken können. Ähnlich der basischen Martinschlacke und im Gegensatz zur Schlacke des sauren Martinofens strebt die Einschmelzschlacke des basischen Elektroofens nicht selbsttätig einer bestimmten Zusammensetzung zu. Der Gehalt an Kieselsäure beträgt 10 bis 20%, an Kalk 40 bis 60%, an Eisenoxydul 4 bis 20% und an Manganoxydul 3 bis 15%. Daneben finden sich Magnesia und Tonerde als aus dem Ofenfutter stammende Verunreinigungen vor. Nachstehende Zahlentafel 10 gibt die Zusammensetzung von drei kennzeichnenden Einschmelzschlacken wieder. Schlacke A stammt von einer Schmelzung mit vollständiger Oxydation, B von einer ebensolchen, aber unter Zusatz von Manganerz, C von einer Schmelzung mit reinem Einsatz und nur geringfügiger Oxydation.

Zahlentafel 10. Kennzeichnende Zusammensetzung von Elektroofen-Einschmelzschlacken beim basischen Verfahren.

Bezeichnung	Zusammensetzung in %						
	SiO_2	CaO	FeO	MnO	Al_2O_3	MgO	P_2O_5
Schlacke A	14,28	43,17	18,42	8,43	2,07	12,47	1,09
Schlacke B	15,37	44,31	12,35	12,65	1,96	11,65	1,76
Schlacke C	16,26	53,23	8,41	4,37	2,84	13,78	0,82

Schlacken mit hohem Manganoxydulgehalt sind dünnflüssig und sehr reaktionsfähig, da Mangansilikate mit etwa 40% SiO_2 zu den niedrigst schmelzenden schlackenbildenden Silikaten gehören. Dieser beim basischen Martinverfahren wichtige Vorteil verliert aber für den Elektroofenbetrieb seine Bedeutung, da hier infolge der höheren Ofentemperatur auch Schlacken der Zusammensetzung C ohne Schwierigkeit, nötigenfalls durch geringe Flußspatzugabe, genügend dünnflüssig gestaltet werden können.

Die Abscheidung des Phosphors.

Zur vollständigen Verbrennung und Abscheidung des Phosphors müssen drei Bedingungen erfüllt sein: Zufuhr von Sauerstoff, genügende Basizität der Schlacke und Niedrighaltung der Temperatur.

Die bei Einhaltung dieser Bedingungen stattfindende Entphosphorung geht nach folgenden Grundgleichungen vor sich:

$$5FeO + 2Fe_3P = P_2O_5 + 11Fe\,, \qquad (6)$$

$$P_2O_5 + 3FeO = (FeO)_3\cdot P_2O_5\,, \qquad (7)$$

$$(FeO)_3\cdot P_2O_5 + 3CaO = (CaO)_3\cdot P_2O_5 + 3FeO\,. \qquad (8)$$

Die Umsetzung zwischen Eisenoxydul und dem im Stahlbad als Eisenphosphid vorhandenen Phosphor ergibt Phosphorpentoxyd [Gl. (6)]. Diese ausgesprochen sauren Charakter aufweisende Verbindung verschlackt mit der im Bade reichlich vorhandenen Base Eisenoxydul und steigt als Eisenphosphat zur Schlackendecke empor [Gl. (7)]. Eisenphosphat ist jedoch keine sehr beständige Verbindung und setzt sich mit Kalk zu dem beständigeren Kalziumphosphat und Eisenoxydul [Gl. (8)] um.

Aus Kalziumphosphat kann durch einen Überschuß an Kieselsäure gemäß der Gleichung

$$(CaO)_3 \cdot P_2O_5 + 3SiO_2 = 3CaO \cdot SiO_2 + P_2O_5 \qquad (9)$$

Phosphorpentoxyd wieder abgespalten und damit einer Rückbildung zu Phosphor zugänglich werden. Aus diesem Grunde geht auch die Entphosphorung nicht vor sich, solange unter einer eisenoxydulhaltigen Schlacke neben Kohlenstoff noch Silizium im Stahl vorhanden ist. Die aus der Verbrennung des Siliziums entstehende Kieselsäure setzt nämlich nach Gleichung (9) Phosphorpentoxyd in Freiheit, welches von dem noch vorhandenen Kohlenstoff ständig zu Phosphor ins Bad zurückreduziert wird. Desgleichen kann nie eine Entphosphorung eintreten, solange die Schlacke einen Überschuß an Kieselsäure enthält, der nicht mit Kalk abgesättigt ist. Darüber hinaus muß noch so viel freier Kalk vorhanden sein, daß das zuerst gebildete Eisenphosphat sich in Kalkphosphat umsetzen kann. Diese Verhältnisse machen die Unmöglichkeit einer Entphosphorung bei allen sauren Schmelzverfahren verständlich.

Die Höhe der Temperatur ist von großem Einfluß auf die Verbrennung des Phosphors. Die Umsetzung des Phosphors mit Eisenoxydul geht ebenso wie die des Siliziums und Mangans unter Wärmeabgabe vor sich. Die Verbrennung des Kohlenstoffs durch Eisenoxydul hingegen (anders ausgedrückt die Reduktion des Eisenoxyduls durch Kohlenstoff) ist mit einer nicht unbeträchtlichen Wärmeaufnahme verknüpft. Dies bedingt, daß bei niedriger Temperatur, also bei etwa 1400° C, die Oxydation des Siliziums, Mangans und Phosphors in der angegebenen Reihenfolge vor sich geht und dann erst der Kohlenstoff in erheblichem Maße zur Verbrennung gelangt. Bei erhöhter Temperatur hingegen wird durch die stärkere Wärmezufuhr die Verbrennung des Kohlenstoffs begünstigt und verläuft gleichzeitig mit der des Phosphors.

Der Elektroofenschmelzer, der darauf bedacht ist, nach beendeter Verflüssigung des Einsatzes die Badhitze nur allmählich ansteigen zu lassen, hat es also nach dem eben Gesagten in der Hand, die Abscheidung des Phosphors in weitgehendem Maße vor der Verbrennung des Kohlenstoffs zu bewerkstelligen.

Die Verbrennung des Kohlenstoffs.

Die Verbrennung des Kohlenstoffs durch Eisensauerstoffverbindungen, also die Umsetzung:

$$FeO + Fe_3C = 4Fe + CO \qquad (10)$$

oder

$$Fe_3O_4 + 4Fe_3C = 15Fe + 4CO \qquad (11)$$

wird, wie bereits erwähnt, durch Temperatursteigerung über 1400 °C erheblich beschleunigt.

Die Gleichungen (10) und (11) verlaufen nicht restlos von links nach rechts. Bei den im Lichtbogenofen herrschenden Bedingungen ist es praktisch unmöglich, den Kohlenstoffgehalt des Bades unter 0,03% zu drücken, und außerordentlich schwierig, ihn auf 0,05% herunter zu bringen. Selbst ein Herunterfrischen auf 0,06 oder 0,07% bedingt eine sehr starke Erzzugabe, erschwert damit die spätere Desoxydation und läßt sie manchmal unzulänglich bleiben.

Soll beim Einschmelzen der Kohlenstoffgehalt des Einsatzes möglichst unverbrannt bewahrt bleiben, so ist die Sauerstoffzufuhr nach Tunlichkeit einzuschränken, indem die Zugabe von Erz vermieden und möglichst rostfreies Schmelzgut verwendet wird. In diesem Falle wird nur der Siliziumgehalt oxydiert und die Verbrennung des Mangans, Chroms, Phosphors und Kohlenstoffs sehr stark eingeschränkt. Die Einhaltung der eben gekennzeichneten Bedingungen bildet die Grundlage des Einschmelzens ohne Oxydation.

Bei beschränkter Erzzufuhr und sorgfältiger Niedrighaltung der Temperatur gelingt es, nach der Abscheidung des Siliziums unter teilweiser Belassung des Mangans und Chroms einen beträchtlichen Anteil des Phosphors zu verbrennen, ohne daß gleichzeitig oder unmittelbar nachher auch der ganze Kohlenstoff aus dem Bade entfernt wird. Diese Arbeitsweise bildet die Grundlage des Einschmelzens mit teilweiser Oxydation.

Die Entschweflung während des Frischens.

Während des Frischens findet im Elektroofen auch eine gewisse Abscheidung des Schwefels statt. Sie sei hier kurz gestreift, wenn auch ihre Bedeutung im Hinblick auf die leichte und vollständige Entschweflung beim Feinen nur geringfügig ist. Der Schwefel ist im Stahl wohl hauptsächlich in der Form von Mangansulfid vorhanden. Diese Verbindung ist zwar, soweit unsere Kenntnis reicht, im geschmolzenen Stahl unlöslich; sie ist jedoch im Bade in derart fein verteilter Form enthalten, daß ihre vollkommene Abscheidung lediglich auf Grund des geringeren spezifischen Gewichtes nicht durchführbar ist. Immerhin findet während des Frischens eine solche „Seigerungsentschweflung" in geringem Maße statt. Das emporgestiegene Mangansulfid ist überwiegend in den kleinen metallischen Kügelchen anzutreffen, die in der Frischschlacke eingeschlossen sind und die sich durchweg durch einen außergewöhnlich hohen Mangan- und Schwefelgehalt auszeichnen.

Der durchschnittliche Schwefelgehalt der Einschmelzschlacke kann bis auf 0,200% steigen. Während des Frischens selbst und besonders beim Abschlacken verbrennt ein Teil dieses Schwefels an der Luft, was sich durch einen ausgeprägten Geruch nach Schwefeldioxyd zu erkennen geben kann.

Die Entgasung während des Frischens.

Beim Frischen entweicht wahrscheinlich auch ein großer Teil des vom Stahlbad aufgenommenen Wasserstoffs. Gelegenheit zur Wasserstoffaufnahme hat das flüssige Eisen durch Umsetzung mit der Feuchtigkeit des Einsatzes, des Erzes und insbesondere mit dem Hydratwasser von gebranntem Kalk, der längere Zeit abgelagert ist. Kalziumhydroxyd spaltet erst bei außerordentlich hohen Temperaturen Wasser ab, welches auf flüssiges Eisen etwa nach der Gleichung:

$$Fe + H_2O = FeO + H_2 \quad \text{(gelöst)} \qquad (12)$$

einwirkt. Dieser gelöste Wasserstoff wird durch die Kohlenoxydbildung beim Frischen mit entfernt, vielleicht in ähnlicher Weise, wie kohlensäurehaltiges Wasser beim Durchwirbeln mit Luft oder bei heftigem Umrühren Kohlensäure abgibt. Unmittelbar bewiesen ist diese Annahme zwar noch nicht, doch lassen mittelbar manche Beobachtungen mit hoher Wahrscheinlichkeit auf ihre Richtigkeit schließen. Im basischen Martinofen zum Beispiel ergeben Schmelzungen, die weich eingeschmolzen sind und infolgedessen nicht unter Kohlenoxydbildung „gekocht" haben, leicht blasige Blöcke, selbst wenn sie mit Silizium oder andern Mitteln „desoxydiert" worden sind. Der Inhalt der Gasblasen besteht, wie zahlreiche Untersuchungen gezeigt haben, überwiegend aus Wasserstoff. Ähnliche Beobachtungen können im Elektroofen manchmal bei der Erzeugung von weichem, rostsicherem Eisen und weichem Chromnickelstahl gemacht werden. Wenn diese Schmelzungen weich eingelaufen sind und keine Gelegenheit zum Kochen gehabt haben, neigen die Blöcke bei der Erstarrung öfter zur Bildung wasserstoffgefüllter Blasen. In besonders lehrreicher und kennzeichnender Weise tritt die Blasenbildung auf, wenn Stahl für Transformatorenbleche lediglich aus den praktisch kohlenstofffreien und etwa 4% Silizium enthaltenden Erzeugungsabfällen dieser Stahlsorte erschmolzen wird. Diese Tatsache ist ein Beweis dafür, daß auch ein sehr hoher Siliziumgehalt nicht imstande ist, die Auslösung der Wasserstoffentwicklung beim Erstarren zu verhindern.

Bei der Erzeugung härterer Stähle kann der eben beschriebene Vorgang naturgemäß nur selten eintreten, da der in ihnen enthaltene Kohlenstoff stets Oxydreste zur Reduktion findet und dadurch Kohlenoxydbildung hervorruft. Überdies sorgt bei diesen Stählen die Kalziumkarbidbildung in der Feinungsschlacke, die nach dem Vorgang:

$$CaO + 3C = CaC_2 + CO \qquad (13)$$

verläuft, bei nicht allzu großer Badtiefe für eine gewisse Durchwirbelung des Bades.

Zusammenfassung der chemischen Vorgänge während des Frischens.

Da die richtige Durchführung des Frischens die Güte des erzeugten Stahls entscheidend beeinflussen kann, seien die dabei herrschenden Verhältnisse nochmals leitsatzartig zusammengestellt.

Zum Frischen wird Sauerstoff in gebundener Form zugeführt, sei es als Rost am Schrott, sei es als Eisenerz, Manganerz, Hammerschlag oder Walzsinter. Die Oxydation der leichter als Eisen verbrennlichen Bestandteile findet dabei in folgender Reihenfolge statt:

1. Silizium wird bis auf Spuren schon während des Einschmelzens zu Kieselsäure verbrannt.

2. Mangan wird ebenfalls ziemlich leicht als Manganoyxdul abgeschieden, doch verläuft die Oxydation um so langsamer, je näher sie ihrem Ende zuschreitet. Durch knappe Bemessung des Erzzusatzes oder durch Zugabe von Manganerz zur Schlacke kann die Verbrennung des Mangans eingeschränkt werden.

3. Chrom, Molybdän und Vanadin verhalten sich ähnlich wie Mangan und gehen als Oxyde in die Schlacke; doch können bei nicht zu großem Sauerstoffüberschuß, ähnlich wie bei Mangan, einige Zehntelprozent im Bade zurückbleiben. Wolfram wird weniger leicht oxydiert als die eben genannten Elemente, ähnelt ihnen jedoch im allgemeinen Verhalten.

4. Phosphor wird zu Phosphorpentoxyd verbrannt, welches mit Kalk zu Kalziumphosphat verschlackt und als solches in der Schlacke beständig ist, solange diese einen Überschuß an Kalk enthält und von reduzierenden Stoffen frei ist.

5. Kohlenstoff wird, wenn die Temperatur des Bades niedrig gehalten wird, in der Hauptsache erst nach dem Phosphor verbrannt und entweicht als Kohlenoxyd. Die Entfernung des Kohlenstoffs läßt sich bis zu Gehalten von etwa 0,07% ohne allzu große Schwierigkeiten bewerkstelligen. Eine weitergehende Abscheidung hat eine Überoxydation des Bades zur Folge, die leicht eine Verminderung der Stahlgüte nach sich zieht.

6. Etwa ein Fünftel des im Einsatz enthaltenen Schwefels geht selbsttätig als Mangansulfid in die Frischschlacke über und wird mit dieser entfernt.

7. Vom Stahlbade aufgenommener Wasserstoff wird höchstwahrscheinlich durch die Kohlenoxydentwicklung während des Frischens gasförmig mitgerissen.

Diese Leitsätze lassen erkennen, welche Wirkung ein im Verhältnis zur Menge der Eisenbegleiter verschieden hoch bemessener Erzzusatz ausübt.

Ein Erzüberschuß entfernt Silizium, Vanadin und Molybdän bis auf Spuren, Kohlenstoff, Mangan, Wolfram und Chrom bis unter 0,10% sowie schließlich Phosphor bis unter 0,010%.

Ein knapp bemessener Erzzusatz unter genauer Einhaltung der Temperatur bewirkt ebenfalls restlose Abscheidung von Silizium, Vanadin und Molybdän. Der Phosphorgehalt wird unter 0,020%

herabgedrückt, falls nicht mehr als 0,040 bis 0,050% im Einsatz vorhanden waren. Kohlenstoff-, Mangan-, Chrom- und Wolframgehalt verringern sich um ein bis zwei Drittel.

Vollständige Unterlassung der Erzzugabe, Verwendung nichtrostigen Schrottes und sofortige Desoxydation der Einschmelzschlacke — also mit einem Wort Wegfall des Frischens — hat folgende Wirkungen: Silizium wird zum überwiegenden Teil von den nie ganz fehlenden Sauerstoffresten verbrannt und verbleibt als Kieselsäure in der Schlacke. Von Mangan, Chrom, Wolfram, Vanadin, Molybdän werden kleine Anteile oxydiert, welche aber bei der Behandlung der Schlacke mit reduzierenden Mitteln wieder Sauerstoff abgeben und als Metall ins Bad zurückwandern. Ein geringer Teil des Kohlenstoffs entweicht als Kohlenoxyd. Phosphor verbleibt natürlich zur Gänze im Bad.

Die drei eben gekennzeichneten Arbeitsweisen: Einschmelzen mit vollständiger Oxydation, Einschmelzen mit teilweiser Oxydation und Einschmelzen ohne Oxydation bilden die Grundlage jeglicher Schmelzungsführung im Elektroofen. Sie sollen deshalb später nochmals in allen Einzelheiten erörtert werden.

XII. Die Feinungsvorgänge beim basischen Verfahren.

Allgemeines über die Feinungsvorgänge.

Die mehr oder weniger starke Sauerstoffzufuhr während des Frischens zieht naturgemäß eine Anreicherung des Bades an gelösten oder beigemengten Sauerstoffverbindungen nach sich. Teilweise handelt es sich um die im Überschuß zugefügten Eisensauerstoffverbindungen selbst, teilweise um die aus ihrer Umsetzung mit den Eisenbegleitern herrührenden Oxydationsprodukte. Aufgabe der Feinungsperiode ist es nun, den gelösten Sauerstoff in unlösliche oder weniger lösliche Verbindungen überzuführen und diese mitsamt den vom Frischen her im Stahlbad aufgeschwemmt verbliebenen Oxyden möglichst restlos in die Schlacke überzuführen. Der „trübe" Stahl soll also geklärt, „gefeint" werden. Neben der Desoxydation hat das Feinen im Elektroofen auch die Abscheidung des im Einsatz enthaltenen Schwefels zur Aufgabe.

So wie das Frischen durch eine Frischschlacke, wird das Feinen durch eine Reduktionsschlacke bewirkt. Beide Vorgänge verlaufen demnach im Elektroofen vornehmlich an der Berührungsfläche zwischen Bad und Schlacke und erhalten durch diese Eigentümlichkeit ihr kennzeichnendes Gepräge.

Die Aufkohlung.

Ist oxydierend eingeschmolzen worden, so setzt die Desoxydation mit der Aufkohlung ein. Nach dem Abziehen der Frischschlacke wird auf die blanke Badoberfläche reiner Kohlenstoff in berechneter und abgewogener Menge aufgegeben. Freilich gelangt das zugesetzte Kohlungsmittel nicht restlos zur Auflösung. Ein Teil verbrennt mit der Ofenluft zu Kohlenoxyd, ein anderer wird zur Reduktion der im Bad gelösten oder aufgeschwemmten Schwermetalloxydule verbraucht. Umsetzungen dieser Art (z. B. $Fe_3C + FeO = 4\,Fe + CO$) sind beim Vorhandensein größerer Oxydmengen die Ursache für das Kochen und Aufwallen des Bades während der Aufkohlung. Droht das Stahlbad bei zu starkem Schäumen über die Türschwellen zu treten, so kann zur Beruhigung etwas Ferromangan zugesetzt werden, welches nach der Gleichung $FeO + Mn = MnO + Fe$ das Eisenoxydul in das schwerer und langsamer reduzierbare Manganoxydul überführt. Noch wirksamer beruhigt eine Zugabe von Ferrosilizium nach der Gleichung $2\,FeO + Si = SiO_2 + 2\,Fe$. Doch sollte ein solcher Zusatz nur im Notfall gegeben werden, da die als Reaktionsprodukt entstehende Kieselsäure hartnäckig als Trübe im Bade aufgeschwemmt bleiben kann und oft noch beim Abstich nicht vollständig in die Schlacke übergegangen ist.

Die Desoxydationsschlacken im Elektroofen.

Für die Desoxydationsschlacke im Elektroofen ist, wie bereits erwähnt, die Bezeichnung „weiße Schlacke“ gebräuchlich. Dieser Sammelname kennzeichnet ihren hohen Kalkgehalt und ihre helle Farbe im Gegensatz zur Frischschlacke des Elektroofens und den Schlacken der andern Schmelzverfahren, die infolge ihres teilweise erheblichen Schwermetalloxydulgehalts dunkelbraun bis schwarz gefärbt sind und demgemäß als „schwarze Schlacken“ bezeichnet werden. Allerdings trifft die allgemeine Bezeichnung „weiße Schlacke“ nicht mehr genau zu, da die heutige Arbeitsweise bei der Desoxydation im Elektroofen zwei Arten von Feinungsschlacken benutzt, nämlich die weiße bis gelblichweiße Kalkschlacke und die hellgraue bis grauschwarze Kalziumkarbidschlacke.

Die weiße Kalkschlacke baut sich aus Kalk, Koks und Flußspat oder Kalk, Koks und Sand im ungefähren Verhältnis 12 : 1 : 2 auf. Der Koksanteil in dieser Schlacke ist so gering, daß Kalziumkarbid gar nicht oder nur in kleinen Mengen unmittelbar im Lichtbogenbereich gebildet wird. In den ersten Jahren des Elektrostahlschmelzverfahrens war die weiße Kalkschlacke allein üblich und wird auch heute noch in manchen Stahlwerken durchgehend angewendet. Ihr geringer Gehalt an Reduktionsmitteln und die dadurch bedingte Geringfügigkeit der Desoxydationswirkung läßt jedoch ihre Anwendung nur dort angezeigt erscheinen, wo jede auch noch so geringe Kohlenstoffaufnahme des Bades vermieden werden soll. Das ist der Fall bei der Erschmelzung ganz niedrig gekohlter Stähle sowie solcher hochlegierter Stähle, bei denen das Bad bereits durch den Kohlenstoffgehalt des Legierungszusatzes bis an die zulässige Grenze aufgekohlt wird. Ein weiteres Anwendungsgebiet der weißen Kalkschlacke ist die Stahlformgußerzeugung im basischen Ofen.

Im Gegensatz zur weißen Kalkschlacke ist die Kalziumkarbidschlacke als wirkliche Desoxydationsschlacke anzusehen. Sie besteht zwar gleichfalls aus Kalk, Koks und Flußspat oder Sand, jedoch ist das Verhältnis Koks zu Kalk wesentlich gesteigert. Eine für alle Fälle gültige und zweckmäßige Zusammensetzung läßt sich nicht angeben, da die sich bildende Kalziumkarbidmenge von der Ofentemperatur, der Arbeitsweise (häufiges Öffnen der Türen und Luftzutritt!), von dem ursprünglichen Oxydgehalt des Bades und ähnlichen Umständen in wechselndem Maße beeinflußt wird. Im Durchschnitt wird man mit einem Verhältnis Kalk zu Koks zu Flußspat wie 6 : 2 : 1 ungefähr das Richtige treffen. Wird stärkere Reduktionswirkung angestrebt, so mag man auf 6 Teile Kalk 3 Teile Koks nehmen; bei sehr reinem Einsatz wiederum, beispielsweise bei der Herstellung von Kohlenstoffstählen aus Roheisen und Weicheisen, genügt auf 6 Teile Kalk 1 Teil Koks vollauf. Die angegebene Flußspatmenge ist selbstverständlich auch nur als Anhaltspunkt zu bewerten. Da die Rolle des Flußspats überwiegend darin besteht, der Schlacke eine geeignete Dünnflüssigkeit zu erteilen, hängt der notwendige Zusatz von der Ofentemperatur, von der Reinheit des verwendeten

Kalks, von den Verunreinigungen der Schlacke, wie z. B. abgeschmolzener Silikamasse des Gewölbes oder losgelösten Brocken des Ofenherdes, und von ähnlichen Umständen ab.

Die weiße Kalkschlacke als Desoxydationsschlacke.

Die weiße Kalkschlacke, deren Kohlegehalt beim Aufgeben nur 6% oder noch weniger beträgt, kann kaum als eigentliche Desoxydationsschlacke angesprochen werden. Zwar bildet sich vielleicht zu Anfang im unmittelbaren Lichtbogenbereich etwas Kalziumkarbid, doch verbrennt der größte Teil des Kohlenstoffs mit der Ofenluft zu Kohlenoxyd. Der geringe Rest von Kohlenstoff und das etwa gebildete Kalziumkarbid werden dann rasch für die im nächsten Abschnitt zu erörternde Entschweflung verbraucht, so daß kein merklicher Anteil für die Desoxydation übrigbleibt. Diese wird vielmehr erst durch zugesetztes Mangan und Silizium nach den Formeln

$$FeO + Mn = Fe + MnO \quad (1)$$

und

$$2\,FeO + Si = 2\,Fe + SiO_2 \quad (2)$$

bewirkt. Eine solche Art der Desoxydation unterscheidet sich aber nicht sehr wesentlich von der des basischen Martinverfahrens. Der geringere Gehalt an Schwermetalloxydulen in der weißen Kalkschlacke gestattet lediglich eine längere Einwirkung der Desoxydationszusätze als im Martinofen, wo dieselben nur kurze Zeit vor dem Abstich und während des Verweilens in der Pfanne wirksam sein können.

Die weiße Kalkschlacke als Entschweflungsschlacke.

Die weiße Kalkschlacke ist eine gute Entschweflungsschlacke, worin auch der Hauptgrund für ihre allgemeine Anwendung in den ersten Jahren des Elektrostahlverfahrens zu suchen ist. Die mit ihrer Hilfe ermöglichte durchgreifende Schwefelabscheidung ist eine Errungenschaft, die bis dahin jedem andern Stahlerzeugungsverfahren versagt geblieben war. Erklärlicherweise ließ die große Bedeutung dieser Neuerung die Stahlwerker anfänglich übersehen, daß in der Durchführung der Desoxydation ein wesentlicher Fortschritt gegenüber dem Martinstahlverfahren nicht erzielt war.

Die Grundbedingungen einer völligen Schwefelabscheidung, genügende Basizität der Schlacke und niedriger Gehalt an Schwermetalloxydulen, sind beide in der weißen Kalkschlacke des Elektroofens verwirklicht. Ihr Kalkgehalt beträgt im Durchschnitt etwa 60%, ihr Gehalt an Eisenoxydul und ähnlichen die Entschweflung beeinträchtigenden Sauerstoffverbindungen ist im Vergleich zu den in der Martinofenschlacke vorkommenden Mengen äußerst gering. Die Entschweflung geht nach folgendem Vorgang vor sich:

$$CaO + C + Fe(Mn)S = CaS + CO + Fe(Mn). \qquad (3)$$

Eisen- und Mangansulfid werden durch Kalk und Kohlenstoff in Kalziumsulfid umgesetzt, welches leicht in die Schlacke übergeht. Wieviel Kalziumsulfid die Schlacke aufnehmen kann, steht nicht fest, jedoch dürfte der Sättigungspunkt zwischen 4 und 5% CaS liegen, was einem Gehalt von ungefähr 2% Schwefel entspricht. Aus diesem Grunde ist auf niedrigen Schwefelgehalt der Schlackenbildner zu achten. Wenn, wie es vorkommen kann, der Kalk 0,5%, der Koks 1,0% und der Flußspat 0,5% Schwefel von vornherein enthält, so kann der Sättigungspunkt der Schlacke an Schwefel erreicht sein, bevor noch die Entschweflung des Bades beendet ist. Bei genügender Reinheit der Schlackenbildner ist es jedoch ohne weiteres möglich, etwa 0,050% Schwefel mit einer einmaligen weißen Kalkschlacke aus dem Bade abzuscheiden.

In manchen Stahlwerken wird der weißen Schlacke statt Kohlenstoff Ferrosilizium in fein gepulverter Form als Reduktionsmittel zugefügt. Die Zerstörung der Metalloxydule in der Schlacke und die Abscheidung des Schwefels aus dem Bade gehen in diesem Falle nach folgenden Gleichungen vor sich:

$$Si + 2\,Fe(Mn)O = SiO_2 + 2\,Fe(Mn), \qquad (4)$$

$$Si + 2\,CaO + 2\,Fe(Mn)S = SiO_2 + 2\,CaS + 2\,Fe(Mn). \qquad (5)$$

Besonders beliebt ist diese Arbeitsweise im Induktionsofen, weil die Wirkung des Siliziums nicht an so hohe Schlackentemperaturen gebunden ist wie die des Kohlenstoffs. Für die Lichtbogenofenschlacke jedoch ist der Gebrauch von Ferrosilizium im allgemeinen schon deshalb nicht zu empfehlen, weil Koks das billigere Reduktionsmittel ist; nur bei der Erzeugung ganz weicher Stähle mag der gänzliche oder teilweise Ersatz von Koks durch Ferrosilizium am Platze sein.

Die äußeren Kennzeichen der weißen Kalkschlacke.

Im Aussehen unterscheidet sich die weiße Kalkschlacke leicht von den andern Schlackenarten. Ihre Farbe im erkalteten Zustand ist weiß bis gelblichweiß; vom Schlackenlöffel läßt sie sich mühelos abschlagen, ist aber nicht spröde und fest wie eine Frischschlacke, sondern mürbe und flaumig. Noch während des Erkaltens zerrieselt sie zu einem kalkähnlichen, jedoch dichteren Pulver. Die Farbe dieses Pulvers gibt keinen genauen Anhaltspunkt über den Gehalt an Metalloxyden und kann bei einem Eisenoxydulgehalt von 1 % und einem ebensolchen Manganoxydulgehalt noch rein weiß sein. Auch Chrom- und Wolframoxydgehalte in der Höhe von einigen Prozent pflegen sich nur an der grünen Tönung der noch nicht zerfallenen Schlacke feststellen zu lassen; das zerrieselte Pulver selbst kann rein weiß sein.

Die allgemeinen Kennzeichen der Karbidschlacke.

Wie die weiße Kalkschlacke ist auch die Karbidschlacke stark basisch, da sie 60 bis 65% Kalk enthält. Als besonderes Kennzeichen weist sie daneben einen Kohlenstoffgehalt von 0,30 bis 2,00% auf, was einem Kalziumkarbidgehalt von 0,80 bis 5,30% entspricht. Ihre Farbe schwankt je nach der Menge des eingeschlossenen Kohlenstoffs, zwischen hellgrau und grauschwarz, ihr Aussehen ist dicht und stets matt, nie glänzend. Beim Abschlagen vom Probelöffel haftet sie sehr zäh, fast gummiartig fest. Nach dem Erkalten zerfällt sie ebenfalls zu einem weißen bis dunkelgrauen Pulver, doch tritt das Zerrieseln oft erst nach längerem Lagern ein. Beim Befeuchten mit Wasser und manchmal schon unter der Einwirkung der Luftfeuchtigkeit entwickelt sich ein starker Azetylengeruch; dieses Gas wird gemäß der Formel $CaC_2 + H_2O = CaO + C_2H_2$ in Freiheit gesetzt.

Die Karbidschlacke wirkt aufkohlend auf das Bad. Der Grad der Aufkohlung hängt von der Dauer der Einwirkung und dem Gehalt an freiem Kohlenstoff ab; im Durchschnitt kann mit einer Kohlenstoffaufnahme von 0,02% je Stunde gerechnet werden.

Die Kalziumkarbidschlacke als Desoxydationsschlacke.

Kalziumkarbid ist ein starkes Reduktionsmittel, welches in Berührung mit Metalloxyden diese gemäß der Gleichung:

$$CaC_2 + 2\,Fe(Mn)O = 2\,Fe(Mn) + CaO + 2\,CO \qquad (6)$$

zerstört. Im einzelnen kann man sich die Desoxydation des Stahlbades unter einer kalziumkarbidhaltigen Schlacke etwa folgendermaßen vorstellen. Nachdem die ungefähr aus 6 Teilen Kalk, 2 Teilen Koks und 1 Teil Flußspat bestehende Schlacke in den Ofen eingebracht worden ist, schmelzen zuerst Kalk und Flußspat zu einer gleichmäßigen, ziemlich gut flüssigen Schlacke zusammen, was etwa fünf bis zehn Minuten in Anspruch nimmt. Ein Teil des Kokses ist inzwischen mit der Ofenluft zu Kohlenoxyd verbrannt, der Rest verteilt sich emulsionsartig in der geschmolzenen Schlacke. Hier reduziert er zunächst die in den Schlackenbildnern selbst enthaltenen sowie die aus den Resten der vorhergehenden Frischschlacke stammenden Metalloxyde. Daneben wird unter der Einwirkung der Lichtbogenhitze gemäß der Gleichung

$$CaO + 3C = CaC_2 + CO \tag{7}$$

Kalziumkarbid gebildet. Diese unter nicht unerheblicher Wärmeaufnahme erfolgende Umsetzung führt in dem Temperaturgebiet zwischen 1500° und 1800° C zu einem von Temperatur, Kohlenoxydgehalt der Ofenatmosphäre und andern Umständen abhängigen Gleichgewicht, so daß neben Kalziumkarbid auch stets freier Kohlenstoff in der Schlacke erhalten bleibt. Wichtig ist ferner die Feststellung, daß neben einem Gesamtkohlenstoffgehalt von beispielsweise 0,50% (entsprechend etwa 1,30% CaC_2) auch ein Gehalt von 1% Eisen- und Manganoxydul in der Karbidschlacke beständig ist.

Wenn die Kalziumkarbidbildung eingesetzt hat, was in etwa einer halben bis dreiviertel Stunde nach Aufgabe des Schlackengemisches der Fall zu sein pflegt, liegen im Ofen folgende Verhältnisse vor: Das Stahlbad enthält je nach seinem Kohlenstoffgehalt und je nach dem Ausmaß der voraufgegangenen Frischwirkung bis zu 1,20% Eisenoxydul gelöst und darüber hinaus vielleicht noch weitere Mengen an Eisen-, Mangan- und gegebenenfalls andern Metallsauerstoffverbindungen als ausgeschiedene Schwebekörper in gleichmäßiger Verteilung oder örtlicher Anreicherung. Insbesondere an den Seitenwänden und an der Herdsohle halten sich mit dem Dolomit zusammengefrittete Oxyde oft recht hartnäckig bis spät in die Desoxydationsperiode hinein. Über dem Stahlbad liegt eine kohlenstoff- und karbidhaltige Schlackenschicht mit ebenfalls etwa 1% Schwermetalloxydulgehalt. Entnimmt man nun während der Einwirkung dieser Schlacke fortlaufend Stahlproben und prüft dieselben auf Sauerstoff, so kann man eine stetige Sauerstoffabnahme feststellen. Würde diese Verringerung lediglich durch das allmähliche Aufsteigen der Eisensauerstoffverbindungen zur Schlackendecke infolge des geringern spezifischen Gewichts bedingt sein, so müßte ein einfaches Abstehenlassen auch unter nicht reduzierender, weißer Kalkschlacke die gleiche Desoxydationswirkung haben. Erfahrungsgemäß ist dies aber nicht der Fall.

Sucht man nach einer widerspruchsfreieren Deutung des Desoxydationsvorganges, so kommt man zu der Annahme, daß hier die Gesetze der Verteilung eines gelösten Stoffs zwischen zwei Lösungsmitteln entscheidend mitwirken. Von den zwei Lösungsmitteln Bad und Schlacke besitzt augenscheinlich die Schlacke das höhere Lösungsvermögen für Eisenoxydul. Das Bad gibt so lange Sauerstoff an die Schlacke ab, bis das durch die Löslichkeiten bedingte Konzentrationsverhältnis erreicht ist. Nun wird aber durch das in der Schlacke enthaltene Kalziumkarbid der übergegangene Sauerstoffanteil immer wieder zerstört und auf diese Weise die Konzentration der Schlacke an Metalloxydulen niedriggehalten. Bei genügend langer Einwirkung bleibt im Bade schließlich nur so viel FeO gelöst, als mit einem FeO-Gehalt von etwa 1% in der Schlacke im Gleichgewicht ist.

Die Reduktion der in die Schlacke übergegangenen Sauerstoffverbindungen braucht allmählich den Kohlenstoff- und Karbidgehalt der Schlacke auf. Er muß daher durch wiederholte Zugabe von Koks immer wieder erneuert werden, um so mehr, als bei dem unvermeidlichen Öffnen der Türen der eindringende Luftsauerstoff gleichfalls den Kohlenstoffgehalt der Schlacke herabsetzt.

Die Rolle der Diffusion beim Desoxydationsvorgang.

Die Betrachtung des Desoxydationsvorganges als Ausgleich verschiedener Löslichkeiten weist der Diffusion im Stahlbade eine wichtige Rolle zu. Die endgültige Einstellung des Lösungsgleichgewichtes wird natürlich erschwert, wenn die mit der Schlackendecke in Berührung stehende Grenzschicht viel sauerstoffärmer ist als beispielsweise die an das Ofenfutter angrenzende Schicht. Von diesem Gesichtspunkt aus bedeutet daher jede Durchwirbelung des Bades einen Vorteil, ob sie nun durch Rühren mittels

Rührstangen und Krätzern oder selbsttätig durch Einflüsse elektrischer Art erfolgt. Im Lichtbogenofen ist im allgemeinen die durch Wirbelströme bewirkte Bewegung des Bades gering und beschränkt sich auf einen langsamen wagerechten Kreislauf um die von den Elektroden ausgehende senkrechte Achse. Lediglich bei den Lichtbogenöfen mit leitendem Herd kommt infolge der Herdbeheizung eine senkrechte Bewegung — Aufstieg der heißeren, Absinken der kälteren Schichten — hinzu. Beim Induktionsofen hingegen weist, wie früher dargelegt worden ist, das Bad eine starke schraubenartige Durchwirbelung auf, die durch das Zusammenwirken einer fortschreitenden mit einer rollenden Eigenbewegung zustande kommt. Diese Eigentümlichkeit des Induktionsofens kommt jedoch im Desoxydationsvorgang wohl deshalb nicht zur vollen Geltung, weil die niedrige Schlackentemperatur die Schnelligkeit der Umsetzungen beeinträchtigt und die Einstellung des erzielbaren Gleichgewichtszustandes verzögert.

Die Bedeutung der Diffusion macht zwei Tatsachen verständlich: erstens die verhältnismäßig lange Dauer dieser Art von Desoxydation, nämlich 2 bis $2^1/_2$ Stunden, und zweitens die unbestreitbare Beobachtung, daß bei kleineren Öfen, also geringeren Diffusionswegen, die Güte des desoxydierten Stahles diejenige des Stahles aus größeren Öfen zu übertreffen pflegt.

Die hier vertretene Auffassung vom Nutzen einer Baddurchwirbelung während der „Diffusionsdesoxydation" ist nicht unbestritten; namentlich hält man ihr den günstigen Einfluß des unbewegten Abstehens im Tiegel entgegen. Wie später ausführlicher dargelegt werden soll, liegen jedoch im Tiegel anders geartete Verhältnisse vor.

Die Vollendung der Desoxydation durch Silizium- und Aluminiumzusatz.

Die eben erörterte Einwirkung der Karbidschlacke vermag die Desoxydation bis zu einem bestimmten Gleichgewichtszustand zu treiben, der zahlenmäßig noch nicht festgelegt, jedoch durch äußerliche Merkmale ziemlich genau gekennzeichnet ist. Dem Ofen entnommene Stahlproben sprühen beim Vergießen nur schwach und treiben beim Erstarren nur unwesentlich; ferner erweisen sie sich beim Schmieden, selbst bei Mangangehalten unter 0,10%, vollkommen rotbruchfrei. Der dann noch im Stahlbade verbliebene Eisensauerstoffrest kann nur durch stärkere Reduktionsmittel als Kohlenstoff weiter herabgesetzt werden. Von diesen sind Silizium und Aluminium die gebräuchlichsten. Ein Siliziumzusatz zum Stahl führt weitere Mengen Eisenoxydul gemäß der Umsetzung $Si + 2FeO = 2Fe + SiO_2$ in metallisches Eisen über. Vielfältige Beobachtungen haben gezeigt, daß bei einem zwischen 0,10 und 0,15% liegenden Siliziumgehalt des Stahles die Konzentration des verbliebenen Eisenoxyduls so gering geworden ist, daß beim Erstarren keine merkbare Kohlenoxydentwicklung durch Wechselwirkung zwischen Kohlenstoff und gelöstem Oxyd mehr stattfindet. Der vergossene Stahl sprüht nicht mehr und lunkert vollkommen gleichmäßig ohne die geringsten Zeichen einer Gasabgabe. Es ist vielfach üblich, durch einen Aluminiumzusatz von 0,02 bis 0,05% die Eisenoxydulkonzentration des Stahles noch weiter herabzusetzen.

Da Silizium und Aluminium kräftigere Desoxydationsmittel als Kohlenstoff sind, läge es nahe, die zeitraubende Desoxydation unter kohlenstoffhaltiger Schlacke durch frühzeitigen Zusatz von Silizium oder Aluminium zum Stahl abzukürzen. In der Tat wird dieser Weg auf manchen Stahlwerken eingeschlagen. Unmittelbar nach dem Abziehen der Frischschlacke oder kurze Zeit später wird ein Siliziumzusatz in solche Höhe gegeben, daß das Bad „beruhigt" wird. Was ist aber die Folge dieses Vorgehens? Ein Siliziumzusatz von beispielsweise 0,25% ist nach wenigen Minuten vollständig im Stahlbade aufgelöst. Es tritt nun an allen Stellen gleichzeitig die Umsetzung von Eisenoxydul zu Kieselsäure ein, und die ganze Badmasse ist plötzlich von einer dichten Trübe fein verteilter fester Kieselsäure (Schmelzpunkt etwa 1700°!) erfüllt. Da Kieselsäure im Stahl unlöslich ist, kann eine „Klärung" des Bades lediglich dadurch erfolgen, daß der „Niederschlag" infolge seines geringeren spezifischen Gewichtes zur Schlackendecke emporsteigt und sich in ihr auflöst. Damit ist aber die Desoxydation auf ein Gebiet verlegt, auf welchem der Stahlwerker noch völlig im Dunkeln tappt.

Ein von Professor P. Goerens gelegentlich gebrauchter Vergleich veranschaulicht in außerordentlich klarer Weise die hier obwaltenden Verhältnisse. Abb. 115 zeigt drei Reagenzgläser, in welchen der gleiche Niederschlag, in diesem Falle Bariumsulfat mit dem spezifischen Gewicht 4,5, erzeugt wurde. Im Glase *a* wurde staubfein gepulvertes Bariumsulfat in Wasser aufgeschüttelt und eine Stunde lang absitzen gelassen; wie aus dem Bilde zu ersehen ist, hat sich das ganze Kristallmehl am Boden gesammelt, während das überstehende Wasser vollkommen klar geworden ist. In den Gläsern *b* und *c* wurde die gleiche Menge Bariumsulfat durch Einwirkung von Schwefelsäure auf Chlorbariumlösung, jedoch beide Male unter etwas verschiedenen Arbeitsbedingungen, ausgefällt. Man sieht, daß im Glase *b* nach einstündigem, im Glase *c* nach mehrstündigem Abstehen erst eine schwache Flüssigkeitsschicht mehr oder weniger klar geworden ist, während der ganze Rest noch ein vollkommen trübes Wasser-Bariumsulfat-Gemisch geblieben ist. Trotzdem also in allen drei Fällen der Niederschlag das gleiche spezifische Gewicht besitzt, ist seine Abscheidungsgeschwindigkeit sehr verschieden.

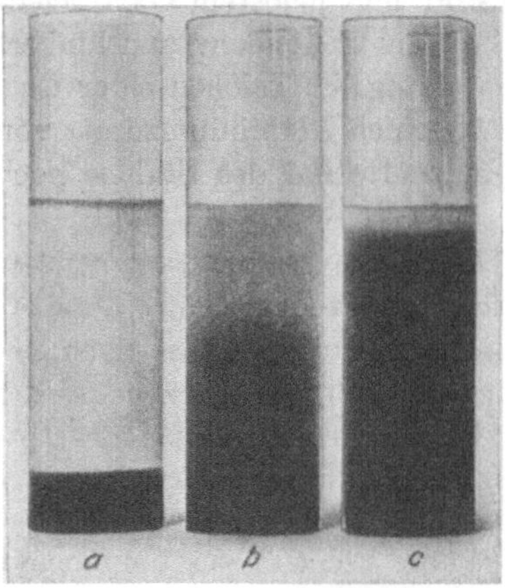

Abb. 115. Abscheidungsgeschwindigkeit eines Niederschlages unter verschiedenen Bedingungen (nach P. Goerens).

Der chemischen Praxis ist die Tatsache geläufig, daß die Bedingungen für die Erzeugung eines leicht absetzbaren Niederschlags sehr heikel einzuhalten sind. Zufällige Kleinigkeiten, wie Verschiedenheiten in der Temperatur, leichte Änderungen in den Konzentrationsverhältnissen, Gegenwart von „hemmenden" oder Fehlen von „fördernden" Beimischungen können die Absetzbarkeit entscheidend beeinflussen.

Wir müssen annehmen, daß ähnliche Verhältnisse auch im Stahlbade vorliegen (siehe Abb. 116 u. 117). Es ist nun denkbar, daß man mancherorts mit der erfahrungsgemäß durchgeführten Arbeitsweise die richtigen Bedingungen für rasche Abscheidung getroffen hat; es ist jedoch sehr unwahrscheinlich, daß man sie bewußt erkannt hat und damit die Möglichkeit besitzt, im Falle erzwungener, beabsichtigter oder unbemerkter Änderungen im Arbeitsgang regelnd einzugreifen.

Jedenfalls bewegt man sich auf viel sichererem Boden, wenn man in der eingangs geschilderten Weise den Hauptanteil des

×20

Abb. 116. Stahl mit sehr wenigen Einschlüssen (nach P. Goerens).

×20

Abb. 117. Stahl mit vielen Einschlüssen (nach P. Goerens).

Eisenoxyduls in die Karbidschlacke übergehen und sich dort zu Kohlenoxyd umsetzen läßt, dann erst den geringen im Bade ver bliebenen Rest mit Silizium als Kieselsäure ausfällt.

Die Kalziumkarbidschlacke als Entschweflungsschlacke.

Die Kalziumkarbidschlacke ist das wirksamste Entschwef lungsmittel, das wir kennen. Die Umsetzung

$$CaC_2 + 2\,CaO + 2\,Fe(Mn)S = 3\,CaS + 2\,CO + 3\,Fe(Mn) \qquad (8)$$

bringt einen Schwefelgehalt des Bades von 0,150% rasch und zuverlässig auf 0,010% herunter. Gehalte von 0,005%, wie manchmal im Schrifttum veröffentlicht, sind unwahrscheinlich und beruhen wohl auf Bestimmungsfehlern. Jedenfalls vermochte bei einem eigens angestellten Versuch die vielstündige Einwirkung einer dreimal erneuerten Karbidschlacke den Schwefelgehalt des Bades nur auf 0,008% herabzusetzen. Die untergeordnete Bedeutung eines Mehrs oder Wenigers von 0,005% bei diesen geringen Schwefelgehalten wird übrigens sofort klar, wenn man bedenkt, daß der gleichzeitig vorhandene Sauerstoffgehalt leicht das Doppelte oder Vielfache dieses Betrages ausmachen kann.

Der Grund, weshalb die Kalziumkarbidschlacke stärker entschwefelnd wirkt als die weiße Kalkschlacke, ist ihr durchschnittlich geringerer Gehalt an Schwermetalloxydulen und infolgedessen ihre erhöhte Lösungsfähigkeit für Kalziumsulfid CaS.

Störungen der Schlackenarbeit während der Feinung.

Der Elektroofenschmelzer wird rasch durch die Erfahrung belehrt, daß die letzte halbe Stunde vor dem Abstich eine kritische Spanne für die Erschmelzung hochwertigen Stahles ist. Während dieser Zeit wirken mancherlei Einflüsse auf die Verschlechterung der Schlackenzusammensetzung und damit auch der Stahlbeschaffenheit ein; nicht selten kommt es vor, daß eine fast zweistündige Desoxydationsarbeit zum Schluß zunichte wird und mit zweifelhaftem Erfolg von neuem durchgeführt werden muß. Deshalb seien nachstehend die drei häufigsten Störungsursachen: der übermäßige Zutritt von atmosphärischer Luft in den Ofen, das Hochkommen von Herdbrocken und das Abschmelzen des Gewölbes, kurz erörtert.

Der Zusatz von Legierungselementen zum Bade, deren Auftragen auf die Türschwelle zwecks Vorwärmung, die Entnahme von Stahl- und Schlackenproben und andere Umstände bedingen gegen Schluß der Schmelzung ein häufigeres Öffnen der Arbeitstüren. Die dabei in den Ofenraum eindringende Luft entzieht der Schlacke allmählich ihren Kohlenstoffgehalt und schränkt infolgedessen ihre Reduktionskraft ein. Eine leicht anwendbare Gegenmaßnahme besteht darin, bei häufigerem Türöffnen von Zeit zu Zeit eine dünne Schicht feinen Koksmehls über die Schlacke zu streuen. Ferner sollen die Türen dicht sein und sich beim Schließen ohne Spalt an die Türrahmen und die Türschwelle anlegen. Schließlich ist zur Einschränkung der Essenwirkung der Elektrodenöffnungen auf möglichst engen Spielraum zwischen Elektrode und Elektrodenkühlring sowie auf gute Elektrodenabdichtung zu achten.

Eine weitere Störungsquelle für die Desoxydationswirkung der Karbidschlacke liegt in den Dolomit- oder Magnesitbrocken, die sich vom Herde loslösen. Sie bestehen meist aus Flickmasse, die vor Beginn der Schmelzung eingebracht wurde und sich während des Einsetzens, Einschmelzens und Frischens mit oxydulreicher Schlacke oder oxydulreichem Stahl vollsaugen konnte. Derartige Brocken zerstören natürlich beim Übergang in die Fertigschlacke deren Kohlenstoffgehalt mehr oder minder vollständig;

außerdem wird die Schlacke durch die erhebliche Magnesiaanreicherung so dickflüssig, daß sie sich zu halb erstarrten Klumpen zusammenballt und in diesem Zustand erklärlicherweise ihre Reaktionsfähigkeit einbüßt. Das Hochkommen des Bodens während der Feinungsperiode erfolgt meist in Stücken von beträchtlicher Größe und ist hauptsächlich auf das Erweichen der Herdsohle unter der dauernden Einwirkung hoher Hitze zurückzuführen. Infolgedessen sind besonders solche Schmelzungen bedroht, die aus irgendeinem Grunde über die übliche Dauer hinaus im Ofen gehalten werden müssen. Weiterhin ist es verständlich, daß Öfen mit leitendem Herd dieser Störung in erhöhtem Maße ausgesetzt sind; das bei bodenbeheizten Öfen vielfach ausgeübte gänzliche Abschalten des Bodenstroms zum Schluß der Schmelzung ist deshalb eine ganz zweckmäßige Maßnahme.

Der Schmelzer soll, sobald er die Anwesenheit größerer Mengen von Ofenfutter in der Fertigschlacke festgestellt hat, dieselbe ganz oder teilweise erneuern; beim Übertritt geringerer Mengen genügt oft ein reichlicher Flußspat- und Kokszusatz zur Wiederherstellung einer einwandfreien Schlackenbeschaffenheit.

Außer den eben beschriebenen Störungsquellen kann auch das Abschmelzen des Ofengewölbes und der Türpfeiler zu einer durchgreifenden Änderung des Schlackencharakters führen. Die herabtropfende Silikamasse zerstört nämlich merkwürdig rasch den Karbidgehalt der Schlacke. Ob dieser Vorgang auf einer Verminderung der Beständigkeit des Kalziumkarbids oder auf dessen Zerstörung durch Metalloxydule beruht, ist nicht mit Bestimmtheit zu sagen. Darauf, daß Kalziumsilikat das Gleichgewicht der Umsetzung $CaO + 3C = CaC_2 + CO$ nach links verschiebt, deutet der Umstand hin, daß man häufig nach der Verunreinigung der Karbidschlacke durch abschmelzende Gewölbemasse eine sprunghafte Steigerung des Kohlenstoffgehaltes im Bade feststellen kann. Andererseits steigt beim Abschmelzen des Gewölbes der Eisen- und Manganoxydulgehalt der Schlacke manchmal innerhalb weniger Minuten um mehrere Prozent, was wiederum für eine Zerstörung des Kalziumkarbids durch Metalloxydule spricht. Die dem Schmelzbad zugewendete Ziegeloberfläche pflegt nämlich stets, wie auch schon ihre dunkle Färbung beweist, merkbare Mengen Eisenoxydul zu enthalten, die wohl von zerstäubter oder emporgeschleuderter Frischschlacke herrühren.

Ein übermäßig starkes Anschmelzen des Gewölbes kann, die Verwendung besterhältlicher Silikasteine vorausgesetzt, durch bauliche Fehler, wie beispielsweise einen zu knapp bemessenen Abstand zwischen Lichtbogen und Gewölbe, bedingt sein. Meist jedoch ist die Schuld einer unvernünftigen Schmelzungsführung zuzuschreiben. Der nachteilige Einfluß von zerfallenem, staubigem Kalk wurde bereits öfter erwähnt. Eine weitere Unachtsamkeit betrifft die Beschaffenheit der Schlacke: eine zu „wässerige", dünnflüssige und spiegelnde Schlacke bewirkt starke Rückstrahlung der Lichtbogenhitze zum Gewölbe und sollte sofort durch Kalk- und Kokszusatz matter, schmieriger und flaumiger gemacht werden. Der häufigste Fehler schließlich besteht in einer ungeeigneten Temperaturführung; zu diesem Punkte läßt sich wenig sagen, da eben in der zeitgerechten Steigerung oder Verminderung der Stromzufuhr zum Ofen sich die Kunst des Schmelzers zeigt. Ist das Mißgeschick einmal geschehen und das Gewölbe stark angeschmolzen, so bleibt nichts übrig als durch Abschalten des Stromes oder Öffnen der Türen für die notwendige Kühlung zu sorgen, die herabhängenden Schmelzzapfen abzustoßen und die verdorbene Schlacke ganz oder teilweise zu erneuern.

Das „Frischen" fertiger Schmelzungen.

Das unbemerkte Abbrechen von Elektrodenstücken, ein Mißgriff beim Verwiegen des Einsatzes oder der Zusätze, ein Irrtum bei deren Berechnung, ein Bestimmungsfehler im Vorprobenlaboratorium und andere Umstände können den Kohlenstoffgehalt des Bades beim Fertigmachen über die zulässige Höhe hinaus steigern. In diesem Falle sieht sich der Schmelzer einer unangenehmen Sachlage gegenüber.

Ist der zu berichtigende Überschuß nur gering, so gelingt es manchmal, die notwendige Verdünnung des Kohlenstoffgehalts ohne Beeinträchtigung der Stahl- und Schlackenbeschaffenheit durch einen Zusatz von unverrostetem Weicheisen zu erzielen. Voraussetzung ist allerdings, daß die Fassung des Ofens und der Gießpfanne eine solche Erhöhung des Schmelzungsgewichtes noch zuläßt.

Da sich jedoch eine wesentliche Steigerung des Badgewichtes meist von selbst verbietet, versucht der sich selbst überlassene Schmelzer mit unbeirrbarer Zähigkeit immer wieder den folgenden Ausweg: Er weiß, daß im 6 t-Ofen bei heißem Stahl 100 Pfund Sinter in 10 Minuten etwa 0,10% Kohlenstoff entfernen. Also zieht er die Fertigschlacke ab und setzt die berechnete Menge von Erz oder Sinter zu. Sobald er den Kohlenstoffgehalt auf die gewünschte Höhe heruntergebracht hat, rührt er um, zieht die Frischschlacke ab und bildet eine neue Fertigschlacke, deren Kokszusatz er äußerst knapp bemißt, um nicht ein zweites Mal dem gleichen Mißgeschick ausgesetzt zu sein. Um die verlorene Zeit wieder einzuholen, sticht er die Schmelzung ab, sobald er am beginnenden Zerfall der neugebildeten Schlacke die Desoxydation genügend weit vorgeschritten glaubt.

Ein solches Vorgehen kann aber nichts anders als einen minderwertigen Stahl zur Folge haben. Das nachträgliche Herunterfrischen bedeutet nämlich eine Schmelzungsverlängerung um mindestens zwei, gewöhnlich jedoch zweieinhalb bis drei Stunden, eine dementsprechend starke zusätzliche Beanspruchung des Herdes und Gewölbes und eine ungenügende Zeitspanne für die restlose Abscheidung der Oxyde oder Desoxydationsprodukte. Das Ergebnis ist in den weitaus meisten Fällen ein kümmerlicher Stahl und ein verschandelter Ofen.

Die eben geschilderten Schwierigkeiten verstärken sich bei legierten Stählen noch erheblich. Der Kohlenstoffgehalt geht nur sehr langsam zurück, da Mangan, Chrom und die übrigen Legierungselemente in einem von der Hitze des Bades abhängigen Maße gleichzeitig mitverschlacken. Der zurückgebliebene Anteil dieser Elemente muß neu bestimmt werden, die nachträgliche Desoxydation des Bades ist schwieriger und ihr Erfolg noch ungewisser als bei unlegiertem Stahl.

Legt man sich über alle diese Umstände Rechenschaft ab, so kommt man zu dem Ergebnis, daß das sofortige Abgießen einer im Kohlenstoff zu hoch geratenen Schmelzung der beste und billigste Ausweg ist, selbst wenn der mißlungene Stahl nur wieder als Einwage verwertet werden kann.

Die Rolle des Flußspats in der Fertigschlacke.

Flußspat dient bei der Bildung der hochbasischen Desoxydations- und Entschweflungsschlacke als Verflüssigungsmittel. Als billigerer Ersatz für Flußspat wird auf vielen Werken auch Sand gebraucht, der durch Bildung niedrigschmelzender Kalksilikate gleichfalls eine genügend dünnflüssige und umsetzungsfähige Schlacke ergibt. Gegen die Verwendung von Sand als Schlackenbildner sprechen aber verschiedene Gegengründe. Einer davon, die mögliche Beeinträchtigung der Kalziumkarbidbildung, wurde bereits bei der Besprechung des Einflusses von abschmelzender Gewölbemasse auf die Schlacke erörtert. Ein anderer Nachteil ist die starke Erniedrigung der Schlackenbasizität, die bestimmt die Schwefelabscheidung beeinträchtigen kann. Der Einwand, daß auch solche Schlacken, die nur aus Flußspat, Kalk und Koks erschmolzen werden, sich im Laufe der Feinung mit Kieselsäure anreichern, und daß man also ebensogut von vornherein Sand statt Flußspat benutzen könne, ist nicht ganz stichhaltig. Wie die in Zahlentafel 12, S. 214, angeführten Beispiele zeigen, haben ohne Sand gebildete Fertigschlacken einen Kieselsäuregehalt von 12 bis 15, höchstens bis 20%, während die Kalk-Koks-Sandschlacken stets über 20 und meist über 25% aufweisen.

Die eben erwähnte Anreicherung reiner Kalk-Koks-Flußspatschlacken an Kieselsäure im Verlauf der Desoxydationsperiode läßt sich an Hand der nachstehenden Zahlentafel 11, welche die Veränderungen in der Zusammensetzung einer Karbidschlacke während des Schmelzungsganges in einem 6 t-Ofen wiedergibt, leicht verfolgen.

Die rechnerische Nachprüfung dieses Beispieles ergibt, daß während der Feinung die Schlacke etwa 70 kg Kieselsäure aus der feuerfesten Zustellung des Ofens (Gewölbe und obere Seitenwände bestanden aus Silikasteinen!) aufgenommen hat, während etwa 25 kg Fluor in irgendeiner Form den Ofen verlassen haben. Die einfachste Erklärung für diese stets zu beobachtende Anreicherung an Kieselsäure und Verarmung an Fluor ist wohl die, daß durch die Wirkung des im Lichtbogen zerstäubten Kalks an der Oberfläche der Silikasteine leicht schmelzbare Kalksilikate entstehen und in die Schlacke tropfen. Hier wirken sie auf Flußspat allmählich gemäß der Gleichung

$$2\,CaF_2 + SiO_2 = 2\,CaO + SiF_4 \qquad (9)$$

ein. Das nach Gleichung (9) gebildete Fluorsilizium entweicht gasförmig, womit sich die allmähliche Abnahme des Fluorgehaltes in der Schlacke erklärt.

Zahlentafel 11. Beispiel für die Veränderung einer Karbidschlacke während des Feinens.

Zeit	Zusatz zur Schlacke	kg	SiO_2 %	FeO %	MnO %	Al_2O_3 %	CaO %	CaF_2 %	MgO %	CaS %	CaC_2 %	freier C %	Beschaffenheit der Schlacke
0,00	Kalk . . . . Flußspat	270 45											leicht grünlichbraun, dick, zähflüssig, kalt
0,30	Schlackenprobe .		6,05	4,31	1,25	2,65	61,47	13,62	10,13	0,23	0	0	
0,35	Koks . . . . Flußspat	30 25											hellbraun, dünn, „wässerig“, wärmer
1,00	Schlackenprobe .		9,78	1,55	0,63	2,51	49,72	23,48	10,37	1,06	0	0,30	
1,05	Koks	25											grauweiß, dünn, heiß
1,38	Schlackenprobe .		16,91	0,60	0,13	2,94	48,51	18,40	9,75	1,44	0,45	0,68	
1,55	Kalk	70											weiß, flaumig, heiß, nicht karbidisch
2,00	Schlackenprobe .		17,08	0,85	0,12	3,01	54,71	11,83	9,81	1,93	Spur	0,31	
2,05	Koks . . . . Flußspat	20 15											grauweiß, flaumig, heiß, karbidisch
2,30	Schlackenprobe .		18,27	0,41	Spur	2,96	50,17	15,13	9,45	2,27	0,88	0,57	
3,00	Schlackenprobe .		18,31	0,27	0,06	3,06	55,16	10,17	10,21	2,37	0,27	0,31	fast weiß, leicht karbidisch
3,05	Kalk . . . . Koks . . . . Flußspat	20 15 10											dunkelgrau, heiß, stark karbidisch
3,30	Schlackenprobe .		18,90	0,31	Spur	2,90	51,47	11,58	10,58	2,85	1,08	0,47	
4,00	Schlackenprobe vor dem Abstich .		19,17	0,25	Spur	3,28	56,17	6,32	10,81	2,88	0,65	0,31	grau, karbidisch

Zahlentafel 12. Kennzeichnende Zusammensetzungen von Feinungsschlacken.

Nr.	Bezeichnung der Schlacke	CaO	SiO_2	FeO	MnO	Al_2O_3	MgO	CaF_2	CaS	CaC_2	C frei
		Zusammensetzung in %									
1	Aus Kalk, Flußspat und Koks gebildete Karbidschlacke bei vollendeter Desoxydation .	45,02	17,48	0,87	0,13	3,20	12,86	17,56	1,69	1,03	0,22
2	Weiße Kalkschlacke zu Beginn der Schlackenarbeit nach reichlichem Flußspatzusatz. .	38,64	5,50	3,63	0,38	1,13	12,43	36,83	1,07	0,00	0,33
3	Die gleiche Schlacke wie Nr. 2, eine Stunde später	50,86	12,70	1,62	0,13	1,31	11,62	19,13	1,71	0,00	0,15
4	Die gleiche Schlacke wie Nr. 2 und Nr. 3, nach einer weiteren Stunde, durch Herdbrocken verunreinigt und verschlechtert .	51,63	19,54	2,35	0,35	1,72	14,62	8,61	1,05	0,00	0,00
5	Aus Kalk und Sand gebildete Fertigschlacke ohne Flußspatzusatz	63,87	22,58	1,26	0,37	2,06	8,65	n. b.	1,43	n. b.	n. b.

Kennzeichnende Zusammensetzung von Feinungsschlacken. Zur besseren Veranschaulichung der in den vorhergehenden Abschnitten erörterten Verhältnisse seien in der nebenstehenden Zahlentafel 12 einige Beispiele für die Zusammensetzung von Lichtbogenofen-Feinungsschlacken gegeben.

Das „Abstehenlassen" des Stahlbades. Auf einigen Werken ist es üblich, unmittelbar vor dem Gießen das Bad bei abgestelltem Strom im dicht verschlossenen Ofen 10 bis 20 Minuten abstehen zu lassen. Man beabsichtigt mit dieser Maßnahme, den nach vollendeter Desoxydation im Bade noch vorhandenen fein verteilten nichtmetallischen Einschlüssen Gelegenheit zum Zusammenballen und zum Aufsteigen zur Schlackendecke zu geben. Um die Möglichkeit einer solchen Wirkung abschätzen zu können, vergegenwärtige man sich die Beschaffenheit des Bades vor dem Abstich. Es stellt eine flüssige Lösung dar mit Eisen als Lösungsmittel, Kohlenstoff,

Mangan, Chrom, Nickel oder anderen Elementen als gelösten Bestandteilen, Mangansulfid und Kieselsäure als ausgeschiedenen, fein verteilten Schwebekörpern. Oxydverbindungen von Eisen, Mangan und ähnlichen Schwermetallen sind in ausgeschiedener Form nicht mehr vorhanden, da sie bei der hier empfohlenen Art der Desoxydation durch Kohlenstoff in Kohlenoxyd übergeführt worden sind und als solches das Bad verlassen haben. Durch den Schlußzusatz an Silizium ist lediglich von dem noch gelösten Sauerstoff ein der Gleichgewichtskonzentration entsprechender Anteil in Kieselsäure umgewandelt worden. Bei vorher durch Kohlenstoff gut desoxydiertem Stahl beträgt die Menge der zum Schluß ausgefällten Kieselsäure wahrscheinlich weniger als 0,01%.

In einem flüssigen 6 t-Bade sind also vor dem Abstich noch etwa $2^1/_2$ kg nichtmetallische Einschlüsse[1] aufgeschwemmt, wovon auf Mangansulfid etwa 2 kg und auf Kieselsäure etwa 0,5 kg entfallen. Es ist nun ziemlich aussichtslos, durch ein viertelstündiges Abstehen einen merkbaren Anteil dieser Schwebekörper in die Schlacke überzuführen. Bei Kieselsäure ist die Zeit viel zu knapp, um die Teilchen durch Zusammenballen zu solcher Größe anwachsen zu lassen, daß der Auftrieb wirksam würde. Mangansulfid ist zwar in größeren Tröpfchen im Bade verteilt, doch scheint bei diesem Stoff eine eigentümliche Zähflüssigkeit oder eine starke Adhäsionskraft das Aufsteigen zu verhindern.

Wenn nun auch ein Abstehenlassen im Ofen kaum geeignet ist, eine merkbare Verbesserung der Stahlgüte herbeizuführen, so liegen für ein Abstehenlassen in der Gießpfanne nach erfolgtem Abstich die Verhältnisse günstiger. Sehr wahrscheinlich genügen hier zehn Minuten vollauf, um die beim Sturz in die Pfanne aufgewirbelte Ofenschlacke und die von der Gießrinne usw. losgerissenen Verunreinigungen zur Schlackendecke aufsteigen zu lassen. Die im Vergleich zu den Desoxydationsprodukten erhebliche Größe dieser Teilchen läßt den Auftrieb unbehindert in Erscheinung treten.

---

[1] Für die im erstarrten Eisen in fester Form abgeschiedenen nichtmetallischen Einschlüsse scheint sich im internationalen Schrifttum der allgemeine Ausdruck „Sonims" einzubürgern, eine Zusammenziehung von „solid non metallical impurities" (im Gegensatz zu Gaseinschlüssen).

XIII. Die Abarten des Einschmelzens.

Allgemeines.

In den voraufgegangenen Abschnitten ist zuerst ein allgemeiner Überblick über die Schmelzungsführung beim basischen Elektrostahlverfahren und daran anschließend eine Erörterung der chemischen Vorgänge beim Frischen und Feinen gegeben worden. Die folgenden Ausführungen sollen nun den verschiedenen Arbeitsweisen beim Einschmelzen von festem Einsatz gewidmet sein; sie mögen dartun, in welcher Weise die bereits kurz gestreifte Verschiedenheit des Einschmelzens — Schmelzen mit vollständiger, mit beschränkter und mit fehlender Oxydation — den Arbeitsgang verändert und die Güte des Erzeugnisses beeinflußt. Denn wenn auch die Wirkungsweise der Desoxydationsschlacke in allen drei Fällen die gleiche ist, so kann doch der Desoxydationsgrad des fertigen Stahles verschieden sein, da der Gehalt des eingeschmolzenen Bades an Sauerstoffverbindungen eine nicht zu unterschätzende Rolle spielt.

Das Schmelzen mit vollständiger Oxydation.

Das Einschmelzen. Das Schmelzen mit vollständiger Oxydation ist das einfachste und billigste Verfahren und ist deshalb lange Zeit von den Elektrostahlwerkern bevorzugt worden. Wegen der Schwierigkeiten bei der Desoxydation ist man jedoch von dieser Arbeitsweise vielfach abgegangen und wendet sie heute hauptsächlich nur noch bei der Herstellung ganz weicher Stähle, und selbst hier nicht ohne einige Abänderungen, an.

Beim Schmelzen mit vollständiger Oxydation wird Kalkstein und Erz oder Sinter auf den Ofenherd aufgegeben und darüber der Schrott eingefüllt. Die Erzzugabe soll nicht höher bemessen werden als zur Verbrennung der zu entfernenden Eisenbegleiter unbedingt notwendig ist; sie kann demgemäß bei Verwendung stark verrosteten Schrottes teilweise oder ganz unterbleiben. Die Erfahrung lehrt bald die richtige Abschätzung des notwendigen Betrages. Vielfach ist es Brauch, nur etwa 10 bis 20 kg Erz miteinzusetzen und die benötigte Restmenge erst nach beendetem Einschmelzen hinzuzufügen.

Als Einsatz kann der billigste Schrott genommen werden, wobei es jedoch wünschenswert, wenn auch nicht unumgänglich notwendig ist, den Phosphorgehalt auf höchstens 0,080% zu begrenzen. Denn wenn auch ein Phosphorgehalt bis zu 0,120% meist ohne Schwierigkeit mit einer einzigen Frischschlacke entfernt werden kann, so kommt es doch bisweilen vor, daß ohne recht erkennbare Ursache 0,030% und mehr im geschmolzenen Bade zurückbleiben. Die erste Schlacke muß in diesem Falle abgezogen und durch eine neue ersetzt werden, was einen zusätzlichen Zeitaufwand von einer halben bis dreiviertel Stunde bedeutet. Es empfiehlt sich daher, bei Verwendung eines Schrottes mit über 0,100% Phosphor so viel phosphorarmen Schrott hinzuzufügen, daß der Phosphorgehalt des Einsatzes 0,070 bis 0,080% nicht übersteigt. Der hierdurch bedingte Mehrbetrag an Einsatzkosten wird durch die Zeitersparnis beim Frischen und durch die Vermeidung von Fehlschmelzungen wieder ausgeglichen. Ein in vorerwähnter Art zusammengestellter Einsatz weist nach dem Einschmelzen mit Sicherheit weniger als 0,015 bis 0,020% Phosphor auf, so daß der Schmelzer nicht mit dem Abschlacken zu warten braucht, bis er vom Laboratorium das Phosphorergebnis der Einschmelzprobe erhalten hat.

Nachstehende Zusammenstellung (S. 218) veranschaulicht den Verlauf einer Schmelzung von Steinbohrstahl, die mit vollständiger Oxydation erschmolzen wurde.

Wie ersichtlich, sind durch die Wirkung der Frischschlacke beim Einschmelzen Silizium ganz, Kohlenstoff und Mangan bis unter 0,10% und Phosphor bis unter 0,020% entfernt worden.

Das Abschlacken und Aufkohlen. Das Abziehen der Frischschlacke muß sehr sorgfältig vorgenommen werden. Insbesondere muß darauf geachtet werden, daß die an den Seitenwänden manchmal anhaftenden Schlackenansätze vollständig entfernt werden. Es ist leicht einzusehen, daß etwa zurückbleibende Frischschlackenreste ihren Phosphorgehalt unter der reduzierenden Wirkung der Fertigschlacke restlos wieder an das Bad abgeben. Die Phosphoraufnahme einer mit vollständiger Oxydation erschmolzenen Kohlenstoffstahl-Schmelzung vom Zeitpunkt des Abschlackens bis zum Abstich beträgt bei sorgfältigem Arbeiten durchschnittlich drei bis fünf Punkte, das heißt 0,003 bis 0,005%. Davon pflegen zwei bis drei Punkte aus dem Phosphorgehalt der zugesetzten Ferrolegierungen zu stammen, die weiteren ein bis zwei Punkte aus der Reduktion von zurückgebliebenen Frisch-

Beispiel für den Schmelzungsgang einer Schmelzung mit vollständiger Oxydation.

Vorgeschriebene Zusammensetzung: 0,65—0,75% C
0,15—0,25% Si
0,30—0,40% Mn
< 0,020% P
< 0,020% S.

Zeit	
0,00	Abstich der vorhergehenden Schmelzung.
0,10	Beginn des Einsetzens. Einsatz: 300 kg Kalkstein, 20 kg Eisenerz, 5000 kg gewöhnlicher Schrott, 1000 kg phosphorarmer Schrott, 2000 kg Stanzschrott und Drehspäne. Mittlere Zusammensetzung des Einsatzes: 0,30% C, 0,30% Mn, 0,055% S, 0,075% P.
0,55	Fertig eingesetzt. Gesamteinsatz: 8000 kg Schrott. Strom eingeschaltet.
3,30	Ganz eingeschmolzen. Entnahme der Einschmelzprobe. Zusammensetzung: 0,07% C, 0,03% Mn, 0,046% S, 0,015% P.
3,50	Frischschlacke völlig abgezogen.
3,55	Zusatz von 65 kg Elektrodenmehl zur Aufkohlung und 10 kg Ferromangan (80% Mn).
4,05	Aufgabe der Fertigschlacke: 250 kg gebrannter Kalk, 75 kg Koks, 50 kg Flußspat.
4,35	Schlacke leicht braun, etwas dick. Zusatz von 10 kg Koks und 10 kg Flußspat.
4,55	Schlacke weiß. Entnahme einer Zwischenprobe: 0,57% C, 0,13% Mn, 0,035% S, 0,016% P. Zugabe von 30 kg Kalk und 20 kg Koks.
5,30	Schlacke karbidisch. Stahlzusammensetzung: 0,59% C, 0,14% Mn, 0,028% S, 0,017% P. Zugabe von 25 kg Ferromangan (80% Mn), 25 kg Kalk, 15 kg Koks.
6,05	Schlacke karbidisch, Stahlzusammensetzung: 0,64% C, 0,38% Mn, 0,014% S, 0,018% P. Zugabe von 32 kg Ferrosilizium (50% Si), 10 kg Kalk, 10 kg Koks.
5,20	Fertig zum Abgießen. Schlacke karbidisch, Stahl heiß und ruhig. Stahlzusammensetzung: 0,67% C, 0,21% Si, 0,38% Mn, 0,011 S, 0,019% P.
6,30	Strom ausgeschaltet und abgestochen. Pfannenprobe: 0,69% C, übrige Zusammensetzung wie vor.

Schlackenzusammensetzung[1].

	CaO	SiO_2	FeO	MnO	Al_2O_3	MgO	CaS	CaC_2	P_2O_5
Frischschlacke beim Abschlacken	40,3	18,4	19,20	7,10	3,2	9,4	0,1	—	2,7
Fertigschlacke leicht braun (4,35 Uhr)	57,4	15,7	3,10	0,17	2,2	11,3	1,8	—	—
Fertigschlacke weiß (4,05 Uhr)	61,4	16,3	0,81	0,10	2,0	10,8	2,3	—	—
Fertigschlacke karbidisch (6,05 Uhr)	57,3	20,2	0,08	0,03	2,0	13,4	3,6	1,58	—

[1] Bei der chemischen Untersuchung der Fertigschlacken wurde auf den Flußspatgehalt keine Rücksicht genommen. Die dadurch bedingte Beeinträchtigung des Analysenganges läßt den SiO_2-Gehalt zu niedrig erscheinen.

schlackenresten. Bei unsorgfältigem Abschlacken phosphorreichen Einsatzes läuft der Schmelzer leicht Gefahr, die ihm zubemessene Phosphor-Höchstgrenze erheblich zu überschreiten.

Das Aufkohlen weist keine Besonderheiten auf; den früheren Erörterungen über diesen Vorgang ist daher nichts hinzuzufügen.

Das Desoxydieren. Wenn der Stahl mit vollständiger Oxydation eingeschmolzen worden ist, ist die Führung einer stark karbidischen Schlacke eine unbedingte Notwendigkeit. Es ist einleuchtend, daß der Zeit- und Müheaufwand bei der Desoxydation mit dem ursprünglichen Gehalt des Bades an Sauerstoffverbindungen wächst. Nach allem, was wir über die Wirksamkeit der Karbidschlacke wissen, muß sie mindestens eine bis anderthalb Stunden mit einem oxydierten Bad in Berührung stehen, um dessen Sauerstoffgehalt weitestmöglich zu zerstören. „Weitestmögliche Zerstörung" der Oxyde ist dann erzielt, wenn nach der Einwirkung der Karbidschlacke auf das siliziumfreie Bad ein Siliziumzusatz so vollständig in den Stahl übergeht, daß die Siliziumbestimmung keinen Verlust durch Umsetzung in Kieselsäure mehr erkennen läßt. Es muß freilich berücksichtigt werden, daß das im Stahl gelöste und das in Form von aufgeschwemmter Kieselsäure vorhandene Silizium bei der üblichen Siliziumbestimmung nicht getrennt in Erscheinung treten. Die in jüngster Zeit ausgearbeiteten Verfahren zur Bestimmung von Kieselsäure im Stahl scheinen jedoch geeignet zu sein, über den günstigsten Zeitpunkt der Siliziumzugabe zum Bade zahlenmäßige Klarheit zu schaffen.

Bei der Herstellung ganz niedriggekohlter Stähle (0,12 % C und weniger) ist die Desoxydationsarbeit, sofern hohe Güte verlangt wird, sehr schwierig. Das Einschmelzen muß mit vollständiger Oxydation geschehen, um auf den niedrigstmöglichen Kohlenstoffgehalt, das heißt 0,05 bis 0,07 %, herunter zu kommen. Wird diese Grenze beim Frischen unterschritten, so ist das Bad als überoxydiert zu betrachten, und es gelingt nur sehr schwer, wenigstens bei den im Stahlwerksbetrieb üblichen Ofenfassungen, den Stahl in der erforderlichen Weise zu desoxydieren. Warum die Desoxydationsmöglichkeit bei kleineren Öfen, etwa unter 500 kg Fassungsvermögen besser gewahrt bleibt, ist bereits mehrfach erörtert worden.

Bei weichen Stählen ist die Führung einer ausgesprochen karbidischen Endschlacke nicht angängig. Wie früher erwähnt, nimmt aus einer Kalziumkarbid oder freien Kohlenstoff enthaltenden Schlacke das Bad durchschnittlich 0,01 bis 0,02% Kohlenstoff je Stunde auf, und zwar um so leichter, je heißer es ist. Angesichts dieser Sachlage hat der Schmelzer scheinbar nur die Wahl zwischen zwei gleich unangenehmen Möglichkeiten. Entweder er muß unter 0,06% Kohlenstoff herunterfrischen, oder er muß als Fertigschlacke eine weiße Kalkschlacke ohne Kohlenstoff führen. Das Ergebnis ist in beiden Fällen nur zu leicht ein mangelhaft desoxydierter Stahl, der sich von Martinstahl in nichts — es sei denn in einem geringeren Schwefelgehalt — unterscheidet.

Die Möglichkeiten, die einen Ausweg aus dieser Zwickmühle eröffnen, sind bereits früher besprochen worden. Die eine Aushilfe besteht darin, der Schlacke anstatt Kohlenstoff ein anderes Reduktionsmittel, nämlich Ferrosilizium, zuzusetzen. Wird durch Einhaltung möglichster Staubfeinheit dafür Sorge getragen, daß kein Übertritt von Silizium in noch sauerstoffhaltiges Bad stattfindet, so läßt sich auf diese Weise die Desoxydation von Schlacke und Stahl mit gutem Erfolge durchführen. Ein zweiter Ausweg besteht in dem gleichfalls schon erwähnten Ersatz von Eisenerz durch Manganerz bei der Durchführung des Frischens. Auch wenn der Kohlenstoffgehalt auf 0,07% gesunken ist, bleiben bei dieser Arbeitsweise noch etwa 0,25% Mangan und mehr im Bade zurück. Der höhere Mangangehalt bildet eine Gewähr dafür, daß der gleichzeitige Eisenoxydulgehalt des Stahles nur einen Bruchteil desjenigen beträgt, der in einem Stahl von 0,07% Kohlenstoff mit nur 0,05% Mangan im Gleichgewicht steht. Als weitere günstige Folge des höheren Restgehaltes an Mangan ist die Verringerung des notwendigen Schlußzusatzes an Ferromangan und der Fortfall der damit verbundenen Aufkohlung anzusehen. Bewirkt man außerdem den Restzusatz in Form des niedriggekohlten, nicht viel teureren Ferromangansiliziums, so kann man die insgesamt eingesparten 0,03 bis 0,04% Kohlenstoff der Führung einer leicht karbidischen Schlacke opfern und gewinnt dabei den Vorteil einer wesentlich besseren Desoxydationsmöglichkeit.

Zusammenfassung. Zusammengefaßt läßt sich über das Schmelzen mit vollständiger Oxydation das folgende sagen: Die Schmelzungsführung ist denkbar einfach und stellt daher an die Kenntnisse und die Erfahrungen des Schmelzers die geringsten Anforderungen. Nach dem Einschmelzen weist das Bad stets die gleiche genau bekannte Zusammensetzung auf, so daß das Legieren auf die erforderlichen Endgehalte auch einer ungeübten Ofenmannschaft kaum Schwierigkeiten bereitet. Weiterhin spricht für diese Arbeitsweise der Umstand, daß sie mit einigen Abänderungen als das gegebene Verfahren zur Erzeugung ganz weicher Stähle anzusehen ist. Ein letzter Vorteil schließlich, und zwar derjenige, der ihre Ausbreitung wohl am nachhaltigsten gefördert hat, ist die Möglichkeit, ganz billigen Schrott zu verwenden.

Wenn nun auch ohne Zweifel das Schmelzen mit vollständiger Oxydation den billigsten Elektrostahl liefert, so steht ebenso fest, daß es im allgemeinen nicht den besten Stahl ergibt. Theoretisch sollten zwar die Folgen einer zu weit getriebenen Oxydation durch eine nachherige gründliche Desoxydation ganz unschädlich gemacht werden können; praktisch liegt aber bei dem heutigen Erfahrungsstande und den heutigen Hilfsmitteln der Desoxydation die Sachlage so, daß die Desoxydation um so unvollständiger zu bleiben pflegt, je vollständiger die Oxydation durchgeführt worden ist.

Das Schmelzen mit beschränkter Oxydation.

Das Einschmelzen. Beim Schmelzen mit beschränkter Oxydation sind die einzigen Sauerstoffquellen der am Einsatz anhaftende Rost oder Zunder und die während des Einschmelzens in den Herdraum eintretende Luft. Diese Sauerstoffzufuhr reicht lediglich zur vollständigen Abscheidung des Siliziums hin, während von Phosphor, Mangan, Kohlenstoff, Chrom und ähnlichen Elementen ein mehr oder minder beträchtlicher Anteil unverbrannt bleibt. Je stärker verrostet und dünnwandiger der Einsatz ist, um so ausgeprägter ist die Frischwirkung während des Einschmelzens. Über die Reihenfolge in der Oxydation der einzelnen Bestandteile wurde bereits das Notwendige gesagt.

Zur Schlackenbildung während des Einschmelzens werden etwa 4% des Einsatzgewichtes an Kalkstein auf den Ofenherd aufgegeben. Diese Schlacke vermag, wie die Erfahrung lehrt, einen Einsatz mit 0,040% Phosphor ohne Schwierigkeit auf 0,015% zu entphosphoren. Bei höherem Phosphorgehalt im Einsatz ist sie jedoch meist nicht sauerstoffreich genug, um die Entphosphorung bis unter 0,020% zu treiben. Man ist mithin beim Schmelzen ohne Erzzusatz nicht in der Lage, Schrott mit höherem Phosphorgehalt als etwa 0,040% in wesentlichem Ausmaße mitzuverwenden.

Ein Beispiel für die Schmelzungsführung bei beschränkter Oxydation ist in nachstehender Zusammenstellung wiedergegeben; gewählt wurde der Herstellungsgang eines Warmmatrizenstahles.

Beispiel für den Schmelzungsgang einer Schmelzung mit beschränkter Oxydation.

Vorgeschriebene Zusammensetzung: 0,45—0,55% C
0,15—0,25% Si
0,40—0,60% Mn
3,25—3,75% Ni
1,30—1,60% Cr
$<$ 0,025% S
$<$ 0,025% P.

Zeit	
0,00	Abstich der vorhergehenden Schmelzung.
0,10	Beginn des Einsetzens. Einsatz: 400 kg Kalkstein, 3700 kg eigene Chromnickelstahlabfälle, 2400 kg Chromnickelstahl-Kaufschrott, 2200 kg phosphorarmer Schrott und blanke Drehspäne. Mittlere Zusammensetzung des Einsatzes: 0,25% C, 0,45% Mn, 2,00% Ni, 0,60% Cr, 0,035% S, 0,035% P.
0,50	Fertig eingesetzt. Gesamteinsatz: 8300 kg Schrott. Strom eingeschaltet.
3,35	Eingeschmolzen. Einschmelzprobe: 0,15% C, 0,01% Si ,0,26% Mn, 2,07% Ni, 0,28% Cr, 0,030% S, 0,014% P.
3,55	Einschmelzschlacke abgezogen. Zugabe der Fertigschlacke: 275 kg Kalk, 75 kg Koks, 50 kg Flußspat.
4,25	Schlacke fast weiß. Zugabe von 105 kg Nickel, 25 kg Kalk, 25 kg Koks.
4,45	Schlacke weiß, teilweise karbidisch, etwas dick. Zusatz von 25 kg Ferromangan (80% Mn), 15 kg Koks, 15 kg Flußspat.
5,05	Schlacke karbidisch, Stahl heiß. Entnahme der Zwischenprobe: 0,19% C, 0,49% Mn, 3,29% Ni, 0,26% Cr, 0,016% S, 0,017% P. Zugabe von 145 kg Ferrochrom (6% C, 68% Cr).
5,25	Schlacke karbidisch. Bad durchgerührt. Probe: 0,30% C, 1,45% Cr. Zugabe von 300 kg Roheisen, 25 kg Koks, 25 kg Flußspat.
5,55	Schlacke karbidisch, Stahl heiß. Probe: 0,44% C. Zugabe der Ausgleichzusätze: 25 kg Nickel, 5 kg Ferromangan (80% Mn), sowie 45 kg Ferrosilizium (50% Si).
6,05	Schlußprobe ruhig, Hitze richtig: 0,47% C, 0,23% Si, 0,50% Mn, 3,44% Ni, 1,40% Cr, 0,010% S, 0,021% P.
6,15	Strom ausgeschaltet und abgestochen.

Schlackenzusammensetzung[1].

	CaO	SiO_2	FeO	MnO	Cr_2O_3	Al_2O_3	MgO	CaS	CaC_2	P_2O_5
Einschmelzschlacke (3,55 Uhr)	50,4	13,5	8,30	5,10	8,40	2,3	10,6	0,10	—	1,40
Fertigschlacke zu Beginn (4,25 Uhr) . .	56,4	14,1	2,26	1,08	0,43	2,0	14,6	1,63	—	—
Fertigschlacke vor dem Abstich (5,55 Uhr) .	54,0	20,2	0,14	0,05	—	1,9	14,4	2,17	0,76	—

[1] Vgl. die Fußnote S. 218.

Ein Vergleich der Zusammensetzungen von Einsatz und eingeschmolzenem Bad zeigt, daß das Silizium vollständig abgeschieden worden ist, während Kohlenstoff, Mangan, Phosphor und Chrom etwa zur Hälfte verbrannt sind. Der Nickelgehalt hat selbstverständlich keine Veränderung erfahren.

Das Abschlacken, Aufkohlen und Desoxydieren. Die Einschmelzschlacke wird abgezogen. Da sie verhältnismäßig wenig Eisen- und Manganoxydul enthält, ist sie meist ziemlich dickflüssig und muß vor dem Abziehen durch Flußspatzusatz verdünnt werden. Die Zähflüssigkeit ist noch ausgeprägter, wenn der Einsatz viel Chrom enthält und demgemäß größere Mengen von Chromoxyd Cr_2O_3 in die Schlacke übergegangen sind. Beim Abschlacken braucht die Entfernung der letzten Schlackenspuren meist nicht so sorgfältig wie beim Schmelzen mit vollständiger Oxydation vorgenommen zu werden. Infolge des vergleichsweise niedrigen Phosphorsäuregehaltes in der Schlacke ist nämlich die Gefahr einer unzulässig starken Rückphosphorung während des Feinens weniger erheblich. Aus Manganoxydul, Chromoxyd und ähnlichen Verbindungen im zurückgebliebenen Schlackenrest wird durch die Desoxydationswirkung der Karbidschlacke das entsprechende Metall freigemacht und ins Bad zurückgeführt.

Es ist selten notwendig, das Stahlbad nach dem Abziehen der Einschmelzschlacke aufzukohlen. Wenn nicht gerade sehr hochgekohlte Stähle herzustellen sind, genügt meist der Kohlenstoffgehalt der Legierungszusätze im Verein mit der leicht aufkohlenden Wirkung der Karbidschlacke, um den im Bad zurückgebliebenen Kohlenstoffgehalt auf die vorgeschriebene Höhe zu bringen; ein verbleibender Fehlbetrag kann durch eine Schlußaufkohlung mit Roheisen gedeckt werden. Die weiter oben beschriebene Schmelzung stellt für diese Arbeitsweise ein kennzeichnendes Beispiel dar. Eine andere Form der Aufkohlung, die manchmal in Notfällen zur Anwendung kommt, ist das Eintauchen der Elektroden. Bei ausgeschaltetem Strom werden die Elektroden etwa 15 cm tief in das Stahlbad hineingefahren; dabei wird im Durchschnitt etwa 0,01 % Kohlenstoff je Minute aufgenommen.

Die Desoxydation selbst weist über die bereits früher eingehend erörterten Fragen hinaus keine neuen Eigentümlichkeiten auf. Der Grundsatz: Je vollkommener die Oxydation, um so unvollkommener die Desoxydation, behält auch hier seine Geltung.

Zusammenfassung. Das Schmelzen mit beschränkter Oxydation stellt gegenüber der Arbeitsweise mit völliger Oxydation größere Anforderungen an die Geschicklichkeit und Erfahrung des Schmelzers und verlangt außerdem einen reineren und demgemäß teureren Einsatz. Dafür gewährleistet es einen gründlicher desoxydierten Stahl und gibt fernerhin die Möglichkeit, durch Fortfall des Frischens etwa eine halbe Stunde Schmelzungsdauer einzusparen. Als letzter Vorteil schließlich kann bei Verwendung legierten Einsatzes die Ersparnis an Zusätzen gebucht werden, da von den im Einsatz vorhandenen Legierungselementen ein bis drei Viertel im eingeschmolzenen Bade zurückbleiben.

Der Anwendungsbereich erstreckt sich auf die Erzeugung fast aller Stahlsorten. Ausgenommen sind lediglich die ganz weichen sowie die besonders hochlegierten Stähle. Die weichgekohlten Stähle müssen, wie bereits besprochen, mit vollständiger Oxydation erschmolzen werden; bei der Herstellung hochlegierter Stähle aus legierten Abfällen ist hingegen das gleich zu erörternde Schmelzen ohne Oxydation zu empfehlen, da nur bei dieser Arbeitsart die wertvollen Legierungsbestandteile des Einsatzes ohne jeden Verlust in den fertigen Stahl übergeführt werden.

Das Schmelzen ohne Oxydation.

Allgemeines. Das Schmelzen ohne Oxydation besteht im Einschmelzen reinen, rostfreien Einsatzes unter reduzierenden Bedingungen mit nachfolgender Desoxydation der Einschmelzschlacke und des flüssigen Bades. Da bei dieser Arbeitsweise die Frischperiode wegfällt, treten naturgemäß auch die ausgiebig erörterten nachteiligen Wirkungen der Oxydationsschlacke nicht in Erscheinung.

Der Verfahren ist weniger verbreitet als das Schmelzen mit beschränkter Oxydation, dessen höhere Stufe es darstellt. Insbesondere steht der Mangel an geeignetem Schrott und dessen höherer Preis der ausschließlichen Anwendung im Wege; weiterhin ist aber auch bei der Erzeugung ganz weicher Stähle die Kochbewegung des Bades, wie Seite 193 erörtert, nicht ganz zu entbehren.

Das Einschmelzen. Zur Schlackenbildung wird ein geringer Kalkzusatz, etwa 1 %, mit dem Einsatz aufgegeben. Da beim

Arbeiten ohne Oxydation selbstverständlich keine Entphosphorung stattfindet, ja sogar manchmal eine leichte Erhöhung durch den Phosphorgehalt der Legierungselemente eintreten kann, so muß der Phosphorgehalt des Einsatzes 0,005% unter der zulässigen Höchstgrenze im fertigen Stahl liegen. Der für dieses Verfahren hauptsächlich in Betracht kommende Einsatz, nämlich der werkseigene Entfall an Elektrostahlabfällen, pflegt nun bereits 0,015 bis 0,020% Phosphor zu enthalten; infolgedessen ist ein Phosphorhöchstgehalt von 0,020% im Elektrostahl bei dieser Arbeitsweise nicht immer einzuhalten. Nichtsdestoweniger wird man sich wohl nirgends der Einsicht verschließen, daß ein 0,020 bis 0,025% Phosphor enthaltender, aber vorzüglich desoxydierter Stahl einem weniger gut desoxydierten mit höchstens 0,015% Phosphor vorzuziehen ist.

Als Einsatz dient, wie gesagt, vornehmlich der werkseigene Entfall: die Restblöcke und Gießabfälle des Stahlwerkes, die Späne der Blockdreherei, die im Walzwerk oder Hammerwerk abgesetzten Blockköpfe, die beim Zurichten und bei der Kontrolle entfallenden Knüppel- und Stabenden sowie schließlich die Abfälle aus etwaigen Weiterverarbeitungsbetrieben. Im Edelstahlwerk beträgt das Ausbringen vom Rohblock auf fertigen Stabstahl 60 bis 75%, so daß etwa ein Drittel der Erzeugung für das Wiedereinschmelzen zur Verfügung steht. Man kann nun so vorgehen, daß man sämtliche Schmelzungen einer Stahlsorte aus einem Drittel der betreffenden Abfälle und zwei Dritteln reinen Schrottes ohne Oxydation erschmilzt, aufkohlt und den Fehlbetrag an Legierungselementen zusetzt. Da jedoch der erforderliche reine Zusatz, sehr reine Roheisen- oder Weicheisensorten, nicht immer leicht zu beschaffen ist, ist es empfehlenswerter, eine reinliche Scheidung der Einsätze durchzuführen. Soweit Abfälle der betreffenden Stahlsorte verfügbar sind, werden ganze Schmelzungen daraus zusammengestellt und lediglich durch so viel Weicheisenzusatz verdünnt, daß die Führung einer karbidischen Desoxydationsschlacke ohne Überschreitung des vorgeschriebenen Kohlenstoffgehaltes möglich ist. Die übrigen Schmelzungen, also der Zahl nach die Hälfte bis zwei Drittel, werden ganz aus üblichem Schrott mit beschränkter Oxydation hergestellt, wobei nach dem Abschlacken und Desoxydieren der volle Legierungszusatz in Form von Ferrolegierungen zugeführt wird.

Nachstehend sei als Beispiel für das Arbeiten ohne Oxydation der Herstellungsgang einer Schmelzung von Kugellagerstahl aus Kugellagerstahlabfällen wiedergegeben.

Beispiel für den Schmelzungsgang einer Schmelzung ohne Oxydation.

Vorgeschriebene Zusammensetzung: 1,00—1,10% C
0,15—0,30% Si
0,25—0,40% Mn
1,35—1,65% Cr
< 0,025% S
< 0,025% P.

Zeit	
0,00	Abstich der vorhergehenden Schmelzung.
0,15	Ofen geflickt. Beginn des Einsetzens. Einsatz: 30 kg gebrannter Kalk, 6000 kg Kugellagerstahlabfälle, 750 kg Kohlenstoffstahlabfälle mit 0,65% C. Mittlere Zusammensetzung des Einsatzes: 1,00% C, 0,20% Si, 0,35% Mn, 1,30% Cr, 0,015% S, 0,015% P.
1,00	Fertig eingesetzt. Gesamteinsatz: 6750 kg Schrott. Strom eingeschaltet.
3,10	Fast geschmolzen. Der Einschmelzschlacke 10 kg Koks zugesetzt.
3,25	Ganz eingeschmolzen. Einschmelzprobe: 0,92% C. Zusatz von 200 kg Kalk, 50 kg Koks, 35 kg Flußspat.
3,55	Schlacke weiß, teilweise karbidisch.
4,10	Schlacke karbidisch, Probe: 0,92% C, 0,36% Mn, 1,22% Cr. 25 kg Kalk, 10 kg Flußspat zugesetzt.
4,25	Schlacke karbidisch, Bad heiß. 30 kg Ferrochrom (4% C, 67% Cr) und 75 kg Roheisen (3,8% C) zugesetzt.
4,40	Durchgerührt. 10 kg Koks gestreut.
4,55	Schlußprobe entnommen: 1,03% C, 0,36% Mn, 1,49% Cr. 15 kg Kalk, 15 kg Koks, 15 kg Flußspat zugesetzt.
5,10	Schlacke karbidisch, Hitze gut. 38 kg Ferrosilizium (50% Si) zugesetzt und gerührt.
5,15	Strom abgeschaltet, da Bad heiß.
5,25	Stahlprobe ruhig, einwandfrei: 1,05% C.
5,35	Abgestochen. Pfannenprobe: 1,06% C, 0,21% Si, 0,36% Mn, 1,49% Cr, 0,010% S, 0,020% P.

Schlackenzusammensetzung[1].

	CaO	SiO_2	FeO	MnO	Cr_2O_3	Al_2O_3	MgO	CaS	CaC_2
Schlacke beim Einschmelzen, teilweise weiß	59,5	13,7	2,07	0,97	0,95	1,7	14,4	1,08	0,27
Schlacke karbidisch vor dem Abstechen	57,6	20,7	0,16	Sp.	Sp.	1,8	14,2	1,57	1,03

Wie ersichtlich, hat man Kohlenstoffgehalt des Einsatzes durch Beimischung niedriggekohlter Stahlabfälle etwas heruntergesetzt,

[1] Für beide Schlacken gilt das in der Fußnote S. 218 Gesagte.

um für die Aufkohlung durch die Karbidschlacke genügend Spielraum zu gewinnen. Eine weitere leichte Herabminderung des Kohlenstoffgehaltes findet während des Einschmelzens selbsttätig statt, da oxydierende Einflüsse nicht restlos ferngehalten werden können.

Aus dem gleichen Grunde kann eine geringe vorübergehende Verschlackung von Mangan, Chrom, Wolfram, Molybdän oder Vanadin eintreten. Silizium, als der leichtest verbrennliche Bestandteil im basischen Schmelzverfahren, wird auch hier restlos zu Kieselsäure verbrannt und geht als solche für dauernd in die Schlacke über.

Das Desoxydieren. Sobald der Einsatz in der Ofenmitte verflüssigt und mit Schlacke bedeckt ist, wird zur Desoxydation der Einschmelzschlacke, die also in diesem Fall nicht abgezogen wird, geschritten. Durch Zugabe von Kalk oder Flußspat wird der richtige Flüssigkeitsgrad hergestellt, sodann durch wiederholtes Aufstreuen von Koksmehl die Zerstörung der Oxyde und daran anschließend die zur völligen Desoxydation des Bades notwendige Kalziumkarbidbildung bewirkt. Im übrigen weist die Durchführung der Feinung keine besonderen Merkmale auf.

Leitsätze für die Schmelzungsführung beim Arbeiten mit festem Einsatz.

Es mag erwünscht sein, am Schluß dieses Abschnittes die Richtlinien für die empfehlenswerteste Schmelzungsführung beim Arbeiten mit festem Einsatz in Form von Leitsätzen herausgeschält zu sehen.

1. Der Einsatz soll phosphorarm ($< 0{,}040\%$ P) und möglichst rostfrei sein.

2. Beim Einschmelzen soll jeder überflüssige Zusatz an Eisenerz oder Sinter unterbleiben. Läßt sich vollständige Oxydation nicht vermeiden, so ist die Mitverwendung von Manganerz angezeigt.

3. Die Einschmelzschlacke wird abgezogen, wenn sie keine wertvollen Legierungsbestandteile enthält oder wenn eine gewisse Entphosphorung des Einsatzes notwendig ist. Zur Begünstigung der Phosphorverschlackung wird die Badtemperatur beim Einschmelzen niedriggehalten.

4. Bei hochlegiertem, phosphorarmem Einsatz wird die Einschmelzschlacke nicht abgezogen, sondern bereits während des Einschmelzens durch Kokszusatz reduzierend behandelt.

5. Der Einsatz wird so zusammengestellt, daß der Kohlenstoffgehalt des eingeschmolzenen Bades einerseits genügend Spielraum für die Aufkohlung durch Karbidschlacke und Legierungszusätze läßt, andererseits aber keine umständliche und zeitraubende Aufkohlung notwendig macht.

6. Nach dem Einschmelzen wird die Einschmelzprobe entnommen, die Aufschluß über Zusammensetzung, Hitze und Schmiedbarkeit des Stahles gibt.

7. Die Menge der Fertigschlacke sei nicht zu gering und betrage mindestens 4, besser 6% des Einsatzgewichtes. Sie ist mit so viel Koks zu versetzen, daß sie dauernd etwa 1% Kalziumkarbid führt.

8. Sobald die Fertigschlacke dauernd karbidisch bleibt, wird die Zwischenprobe entnommen. Ihre Zusammensetzung dient als Grundlage für die Regelung der chemischen Zusammensetzung.

9. Die Zugabe von Legierungselementen (außer Nickel) darf erst erfolgen, wenn die Schlacke karbidisch und der Stahl gut schmiedbar und rotbruchfrei ist. Die Legierungen sollen — mit den besprochenen Ausnahmen — auf Rotglut vorgewärmt sein. Nach jedem Zusatz ist das Bad gut durchzurühren und die Schlacke durch aufgestreuten Koks in guter Beschaffenheit zu halten.

10. Der Siliziumzusatz soll erst eine Viertelstunde bis eine halbe Stunde vor dem Abstechen vorgenommen werden, um eine möglichst weitgehende Desoxydation durch Kohlenstoff allein zu ermöglichen. Bei dieser Arbeitsweise ist zur Entstehung und Zurückhaltung erheblicher Mengen von Kieselsäure im Bade kaum Gelegenheit gegeben.

11. Während der Desoxydation und Legierung ist das Bad so heiß zu halten als ohne Abschmelzen des Gewölbes angängig ist. Nach vollzogenem Abstich ist ein kurzes Abstehenlassen in der Pfanne recht empfehlenswert.

XIV. Der Betrieb bei flüssigem Einsatz.

Allgemeines.

Beim Arbeiten mit flüssigem Einsatz übernimmt der Elektroofen einen bereits anderweitig, meist im Martinofen, vorgeschmolzenen und entphosphorten Stahl zur Entschweflung und Desoxydation. Diese Arbeitsweise, auch Duplexverfahren beim Zusammenarbeiten von Martinofen und Elektroofen, und Triplexverfahren beim Zusammenspiel von Birne, Martinofen und Elektroofen genannt, findet ihre stärkste Stütze in den geringeren Einschmelzkosten des Vorschmelzofens im Vergleich mit denen des Elektroofens. Zwar tritt diese Verbilligung bei den Gestehungskosten nicht voll in Erscheinung, da die Einsatzkosten des Martinofens infolge des teilweisen Ersatzes von Schrott durch Stahleisen höher zu sein pflegen als die des Elektroofens. Immerhin ist fast stets im Endergebnis der mit Gas verflüssigte Einsatz billiger als der elektrisch erschmolzene. Zur Verdeutlichung des Unterschiedes seien zwei für deutsche Verhältnisse kennzeichnende Zahlenwerte einander gegenübergestellt. Für die Verflüssigung von 1 t Einsatz im Elektroofen sind mindestens 500 kWh erforderlich, was bei einem Kilowattstundenpreis von 4 Pfennig 20 RM ausmacht; bei Beheizung mit Braunkohlenbrikettgas benötigt ein 10 t-Martinofen zum Schmelzen von 1 t Einsatz höchstens 400 kg Briketts, was bei einem Preis von 18 RM je t vergaste Briketts nur 7,20 RM Brennstoffaufwand bedeutet.

Die vorstehenden Erörterungen gelten uneingeschränkt freilich nur für die Erzeugung unlegierter Stähle und für ununterbrochene Betriebsweise. Sobald größere Mengen legierter Abfälle einzuschmelzen sind, kann der Verschlackungsverlust der Legierungsbestandteile im Martinofen die Erparnisse durch das verbilligte Einschmelzen weit übertreffen. Desgleichen können bei unterbrochenem Betrieb die Warmhaltekosten des Martinofens gegenüber dem vergleichsweise geringen Wärmebedarf des Elektroofens zum Wiederaufheizen auf Betriebstemperatur erheblich ins Gewicht fallen.

Dem weiter oben gekennzeichneten Anreiz zum Vorschmelzen im Martinofen steht die Tatsache entgegen, daß in einigen Ländern, besonders in Amerika, der aus flüssiger Einwage erzeugte Elektrostahl vielfach einen weniger guten Ruf genießt als der aus festem Einsatz erschmolzene. Dieses Mißtrauen mag nicht immer und nicht überall ganz unberechtigt sein. Das Duplexverfahren wird nämlich in Amerika meist in großen, etwa 10 bis 30 t fassenden Elektroöfen durchgeführt, die mit entsprechend bemessenen Martinöfen in einer Halle vereinigt sind. Nun vollzieht sich die Desoxydation in einem 30 t-

Ofen unstreitig schwieriger als in einem 5 t-Ofen. Die wirksame Berührungsfläche zwischen Bad und Schlacke ist im Verhältnis zum Einsatzgewicht bedeutend geringer; außerdem ist die Schlacke, besonders in den vom Lichtbogen weniger wirksam bestrahlten Randzonen, schwieriger in gleichmäßig karbidischer Beschaffenheit zu halten. Dazu kommt noch, daß der im Martinofen vorgeschmolzene Stahl meist vollständig oxydiert ist, was ja gleichfalls das Durchgreifen der Desoxydation erschwert. Und schließlich ist in den Anlagen in der erwähnten Art natürlicherweise die Bedienung des Elektroofens meist früheren Martinofenschmelzern anvertraut gewesen, die erst im Laufe der Jahre alle Eigenheiten des neuen Verfahrens beherrschen gelernt haben.

Das Einfüllen.

Bei der Herstellung von Elektrostahl aus flüssiger Einwage ist es wichtig, daß jeweils nach dem Abstich einer Schmelzung die Flickarbeiten an der Herdsohle und den Seitenwänden rasch durchgeführt werden. Der als Flickmasse eingelegte Dolomit oder Magnesit hat nämlich nicht, wie beim Arbeiten mit festem Einsatz, während des Einschmelzens reichlich Zeit zum Festsintern; das Flickgut, das nicht unmittelbar beim Eintragen festbrennt, wird beim Einfüllen des flüssigen Einsatzes wieder hochgeschwemmt. Aus diesem Grunde ist es auch empfehlenswert, nach größeren Ausbesserungen am Herd eine Schmelzung mit festem Einsatz einzuschalten und den im Martinofen bereitstehenden vorgeschmolzenen Einsatz als Martinstahl zu vergießen.

Nach Beendigung der Flickarbeiten am Elektroofen wird eine etwa 3 bis 4 m lange und etwa 30 cm breite, mit Schamottesteinen ausgekleidete und gut getrocknete Rinne in eine der Türöffnungen des Elektroofens eingeführt. Die den vorgeschmolzenen Einsatz enthaltende Gießpfanne wird mittels Kran herangefahren, rasch mitsamt dem Inhalt abgewogen (Abb. 118) und durch Bodenausguß in die Füllrinne entleert (vgl. auch Abb. 45). Der Ausguß der Stopfenpfanne soll groß (etwa 50 bis 60 mm Durchmesser) gewählt werden, um das Abfließen zu beschleunigen. Der die Pfanne verlassende Strahl wird genau beobachtet; sobald der spiegelnde Glanz des Metalls aufhört und der stumpfere Farbton der Schlacke erscheint, wird der Pfannenstopfen geschlossen und die Pfanne zurückgewogen.

Bei der Herstellung unlegierter Stähle kann man sich das Abwiegen des flüssigen Einsatzes ersparen, da das im Martinofen eingesetzte Gewicht nach rechnerischem Abzug des 7 bis 10% betragenden Abbrandes einen genügend genauen Anhaltspunkt für die Berechnung der Zusätze gibt. Werden dagegen mittel- oder hochlegierte Stähle erzeugt, so kann das Unterlassen des Abwiegens zu erheblichen Fehlern in der Endzusammensetzung führen. Nachstehend seien einige Umstände aufgezählt, welche die

Abb. 118. Abwiegen des zum Umfüllen bestimmten flüssigen Einsatzes.

Unsicherheit der bloßen Gewichtsschätzung darlegen mögen. Der Abbrand im Martinofen schwankt je nach der Beschaffenheit des eingesetzten Schrottes, Löcher in der Herdsohle können leicht erhebliche Mengen Stahl zurückhalten, ein etwas hoch liegendes Abstichloch kann das restlose Auslaufen des Martinofeninhaltes verhindern, und schließlich kann bei stark heruntergefrischtem Stahl während des Einlaufens in die Gießpfanne die heftige Gasentwicklung wechselnde Mengen Stahl gemeinsam mit der Schlacke zum Überkochen bringen.

Beim Umfüllen aus dem Vorschmelzofen in den Elektroofen können Störungen eintreten, wenn der vorgeschmolzene Einsatz matt ist, oder wenn die Pfanne ungenügend vorgewärmt war, oder wenn infolge unvorhergesehener Verzögerung die bereits gefüllte Pfanne auf das Entleeren warten muß. Unter diesen Umständen friert der Stahl am Pfannenboden leicht ein und verklebt Ausguß und Stopfenende. Der Versuch, den Stopfen trotzdem zu öffnen, endet meist mit einem Abreißen des Stopfenendes, so daß ein Entleeren durch den Bodenausguß unmöglich wird. In diesem Falle muß der Stahl über die „Schnauze“ oder den „Schnabel“ der Pfanne in den Ofen entleert werden. Das Eingußende der Füllrinne muß daher stets etwas verbreitert sein, um den beim Schnabelgießen flacheren Gießstrahl ohne zu starkes Verspritzen aufnehmen zu können. Daß für diesen Notfall auch die Pfannenschnauze stets glatt und sauber sein muß, ist nach dem Vorausgesagten selbstverständlich. Zum Schluß sei noch darauf hingewiesen, daß vor dem Ausgießen über die Schnauze die Schlacke durch Kalkzusatz zu versteifen und während des Entleerens mit langen Krätzern so gut wie möglich zurückzuhalten ist. Trotzdem miteingelaufene Schlacke muß, sobald das Bad durch die Lichtbogenhitze warm geworden ist, sauber abgezogen werden, um die Gefahr einer erheblichen Rückphosphorung beim Aufgeben der Fertigschlacke auszuschalten.

Die Beschaffenheit des flüssigen Einsatzes.

Der im Martinofen vorgeschmolzene Stahl weist gewöhnlich die gleiche Beschaffenheit auf wie das im Elektroofen aus festem Einsatz mit vollständiger Oxydation erschmolzene Bad nach dem Abziehen der Frischschlacke. Das heißt, er pflegt etwa 0,10% Kohlenstoff, 0,10 bis 0,20% Mangan, Spuren Silizium, weniger als 0,020% Phosphor sowie wechselnde Mengen an Schwefel, 0,030% und darüber, zu enthalten. Wie weit die Oxydation im Martinofen zu treiben ist, hängt von der Art des verwendeten Schrottes und von den Anforderungen an das Fertigerzeugnis ab. Ein sehr phosphorreicher Einsatz benötigt zur Entphosphorung bis auf 0,015% eine so starke Frischwirkung, daß dabei Kohlenstoff und Mangan bis unter 0,10% entfernt werden und der Stahl überoxydiert und rotbrüchig wird. Wenn hohe Ansprüche an die Güte des Elektrostahles gestellt werden, ist nach allem Vorausgesagten diese Arbeitsweise zu vermeiden. Durch Verwendung phosphorärmeren und manganreicheren Einsatzes im Martinofen hat man es in der Hand, einen genügend niedrigen Phosphorgehalt zu erzielen, ohne den Stahl bis zum Rotbruch oxydieren zu müssen.

Legierter Schrott wird, wie bereits öfter betont, im Martinofen selten vorgeschmolzen, da die damit verknüpfte weitgehende Verschlackung fast aller Legierungselemente eine unwirtschaftliche Vergeudung bedeutet. Außerdem wird die Martinofenschlacke durch die Aufnahme beträchtlicher Mengen hochschmelzender Oxyde, insbesondere des Chromoxydes, dickflüssig und steif; der Wärmeübergang an das Bad wird dadurch beeinträchtigt und der Fortgang der chemischen Umsetzungen gehemmt. Lediglich Nickel- und Chromnickelstahlschrott wird in großen Mengen im Martinofen eingeschmolzen, da Nickel nicht verschlackt und die vergleichsweise geringen Chromgehalte von weniger ausschlaggebender Bedeutung sind.

Das Frischen und Abschlacken.

Wenn auch der im Martinofen vorgeschmolzene Einsatz einer weiteren Frischbehandlung im Elektroofen gewöhnlich nicht mehr bedarf, so kann doch unter Umständen die Notwendigkeit dazu sich einstellen. Beispielsweise kann der Martinofeninhalt, besonders wenn als Vorschmelzöfen kontinuierlich arbeitende Kippöfen benützt werden, bei der Entnahme des Elektroofeneinsatzes noch zuviel Kohlenstoff, Mangan oder Phosphor aufweisen. Weiterhin kann eine Störung im Martinofenbetrieb es mit sich bringen, daß der leerstehende Elektroofen den Martinofeneinsatz sofort nach dessen Verflüssigung zu übernehmen hat, da in diesem Fall das vorzeitige Umfüllen einen Zeitgewinn bedeutet und einer allzu starken Abkühlung des Elektroofens vorbeugt. In diesen Fällen erfolgt der Zusatz des für die Frischschlacke benötigten Kalksteins und Erzes bereits während des Einlaufens, vorausgesetzt, daß der Einsatz heiß genug ist, um die mit dieser Zugabe verbundene Abkühlung zu ertragen. Ein matter Einsatz friert, besonders wenn nach einer längeren Zwischenpause der Elektroofen merklich abgekühlt ist, an der Herdsohle und an den Seitenwänden leicht ein. Werden dabei größere Kalksteine und Erzbrocken umschlossen, so ist ein nachträgliches Losschmelzen dieser Ansätze schwierig und zieht fast stets ein Abschmelzen des Gewölbes nach sich; wenn die Ansätze sich erst während der Feinung loslösen, verderben sie unweigerlich die Fertigschlacke. Deshalb ist unmittelbar beim Einfüllen eines matten Einsatzes jeglicher Kalk-

und Erzzusatz zu unterlassen; man streue lediglich einige Schaufeln Koksmehl auf den Herd, um den Schmelzpunkt des weichen Bades etwas zu erniedrigen und damit der Bildung von Bodenansätzen entgegenzuarbeiten. Erst wenn durch starke Stromzufuhr bei geschlossenen Türen der Stahl genügend aufgeheizt ist, werden die Schlackenbildner zugegeben, die dann rasch schmelzen und zu wirken beginnen. Das Abziehen der Frischschlacke erfolgt in gleicher Weise wie beim Einschmelzen festen Einsatzes mit vollständiger Oxydation.

Das Aufkohlen, Entschwefeln und Desoxydieren.

Das Aufkohlen des schlackenfrei eingefüllten oder im Elektroofen gefrischten und dann abgeschlackten Bades weist keine Besonderheiten auf.

Nach dem Aufkohlen erfolgt in üblicher Weise die Zugabe der Fertigschlacke. Bei den großen Öfen, wie sie ja für das Arbeiten mit flüssigem Einsatz meist in Betracht kommen, ist es nicht empfehlenswert, die Bestandteile der Feinungsschlacke fertig gemischt zuzusetzen; man läßt vielmehr zuerst Kalk und Flußspat zu einer gut flüssigen Schlacke zusammenschmelzen und streut dann erst Koksmehl, und zwar vorzugsweise in die Ofenmitte. Da die Wirkung der Lichtbögen sich im Randbereich der großen Badoberfläche weniger durchgreifend und erst zu einem späteren Zeitpunkt geltend macht, ist es oft schwierig, die Schlacke an diesen Stellen in karbidische Beschaffenheit zu bringen. Die Schlackenproben zur Beurteilung des Desoxydationsfortschrittes sind deshalb sowohl aus der Mitte wie auch aus den Randzonen zu entnehmen; die Beschränkung auf eine einzige Probe aus dem Lichtbogenbereich, ein bei kleineren Öfen unbedenkliches Verfahren, würde hier eine weiter vorgeschrittene Desoxydation vortäuschen als tatsächlich eingetreten ist. Um einen Ausgleich innerhalb der Schlackendecke herbeizuführen, ist ein wiederholtes wagerechtes Durchrühren unerläßlich. Die damit verknüpfte stärkere Aufkohlung des Bades muß mit in Kauf genommen und in Rechnung gestellt werden. Auch wenn die Schlacke gleichmäßig karbidisch geworden ist, neigt sie leichter als bei kleineren Öfen zum „Umschlagen", zum Verlust ihrer reduzierenden Beschaffenheit. Durch reichliches, an allen Türen öfter wiederholtes Aufstreuen von Koksmehl ist diesem Umschlag entgegenzuwirken.

Beachtung verdient ferner ein gleichfalls mit der größeren Badmasse zusammenhängender Punkt, nämlich die etwas schwierigere Verteilung der zugesetzten Legierungselemente. Soll man sich also auf die Legierungsbestimmungen einer dem Ofen entnommenen Vorprobe verlassen können, so muß man vorerst das Bad so stark durchrühren, daß ein Ausgleich vorhandener Verschiedenheiten gewährleistet ist.

Die Entschweflung gibt keinen Anlaß zu besonderer Erwähnung; sie geht, wenn die Desoxydation richtig durchgeführt wird, selbsttätig nebenher vor sich.

Das Feinen von Bessemerstahl im Elektroofen.

Stahlformgießereien mit Kleinbessemereibetrieb sehen sich bisweilen vor die Aufgabe gestellt, laufend höherwertigen Elektrostahlformguß zu liefern. In diesem Falle ist die gegebene Arbeitsweise ein Verblasen des Roheisens in der Birne mit nachfolgender Entphosphorung, Entschweflung und Desoxydation im Elektroofen. Für Blockgießereien kommt die Aufstellung von Kupolöfen und Bessemerbirnen als Vorschmelzöfen an Stelle von Martinöfen nicht in Betracht, da bei einem Stillstande des Elektroofens wohl für Martinstahlblöcke wirtschaftliche Verwendungsmöglichkeiten zu bestehen pflegen, nicht aber für Bessemerstahlblöcke. In Deutschland wenigstens schließt entweder der hohe Preis der sehr reinen Roheisensorten oder, bei Verwendung des üblichen Roheisens, die ungenügende Reinheit des Bessemerstahles die Wettbewerbsfähigkeit mit Martinstahlblöcken meist aus.

Beim Zusammenarbeiten von Kleinbirne und Elektroofen wird das Verblasen des Birneninhaltes unterbrochen, sobald die Oxydation des Siliziums beendet ist, weil dann das Bad die größte Überhitzung aufweist. Das zum Umfüllen kommende Metall enthält neben 0,30 bis 0,70% Kohlenstoff und 0,10% Mangan selbstverständlich noch den gesamten Phosphor- und Schwefelgehalt des Roheisens. Das Ausgießen in den Elektroofen geschieht zweckmäßig durch eine Pfanne mit Bodenausguß, um die saure Bessemerschlacke gut zurückhalten zu können. Im Elektroofen wird die Entphosphorung durch die übliche Oxydationsschlacke vollzogen. Die Entschweflung und Desoxydation wird nach dem Abziehen der Frischschlacke durch eine weiße Kalkschlacke bewerkstelligt. Die den Schmelzungsgang verteuernde Führung einer karbidischen Schlacke, wie bei der Herstellung der hochwertigen Werkzeug- und Baustähle, ist für Stahlformguß nicht notwendig, da dieses Erzeugnis nicht wie jene mit Tiegelstahl in Wettbewerb zu treten hat, sondern nur seine Überlegenheit über Konverter- und Martinstahl beweisen soll.

XV. Besonderheiten bei der Herstellung einzelner Stahlsorten.

Allgemeines.

In den voraufgehenden Abschnitten ist die allgemeine Schmelzungsführung des basischen Verfahrens bei festem und bei flüssigem Einsatz eingehend besprochen worden. Bevor nun das saure Schmelzverfahren zur Erörterung kommt, mögen vorerst noch einige Besonderheiten bei der Erzeugung einzelner Stahlsorten Erwähnung finden. Manche Stähle erfordern nämlich im Hinblick auf ihren Legierungsaufbau oder auf das Auftreten kennzeichnender Gefügefehler die besondere Aufmerksamkeit des Elektrostahlwerkers; die bei ihrer Erschmelzung zu berücksichtigenden Umstände seien, soweit sie in den voraufgegangenen Abschnitten noch nicht behandelt worden sind, an Hand einiger kennzeichnender Beispiele erörtert.

Die Kohlenstoffwerkzeugstähle.

Die Kohlenstoffwerkzeugstähle bilden auch heute noch einen sehr bedeutenden Anteil der Elektrostahlerzeugung. Wenn auch die legierten Stähle allmählich immer mehr an Boden gewinnen, so verringert diese Entwicklung keineswegs die Wichtigkeit der unlegierten Stähle. Die Güte, in welcher ein Werk die reinen Kohlenstoffstähle zu erzeugen vermag, bildet meist auch einen untrüglichen Maßstab für den Wert seiner legierten Stahlsorten. Bei den letzteren vermag manchmal der leistungssteigernde Einfluß des Zusatzes Fehler bei der Erzeugung zu verdecken, während die Bewährung der reinen Kohlenstoffstähle zum weitaus überwiegenden Teil auf der Sorgfalt bei der Herstellung beruht.

Die Kohlenstoffwerkzeugstähle, deren Kohlenstoffgehalt sich meist zwischen 0,55 und 1,50% bewegt, wurden früher fast ausschließlich im Tiegelofen und allenfalls noch in kleinen sauren Martinöfen erzeugt. Der Hauptbedarf fällt in den Bereich von 0,80 bis 1,20% C, während die weicheren und härteren Sorten weniger verbreitet sind.

Der erste Gesichtspunkt bei der Erschmelzung dieser Stähle ist die Reinheit des Einsatzes. Unbeabsichtigte kleine Beimengungen an Chrom, Wolfram, Nickel können manchmal in merkbarem Maß die Wärmebehandlung oder die Leistung beeinflussen; in jedem Fall beeinträchtigen sie die über alles zu stellende Gleichmäßigkeit der erzeugten Stahlmarke. Ein Umstand, der leicht zu solcher Verunreinigung Anlaß gibt, ist die unmittelbare Aufeinanderfolge hochlegierter und unlegierter Schmelzungen im gleichen Ofen. In den Unebenheiten des Magnesit- und noch mehr des Dolomitherdes bleiben Stahl- oder Legierungsreste zurück, die sich in der nächsten Schmelzung auflösen und dieselbe unbrauchbar oder minderwertig machen können. Allmählicher Übergang von hochlegierten auf unlegierte Schmelzungen durch Einschaltung schwach legierter oder unempfindlicher Stahlsorten ist deshalb stets anzustreben. Außerdem muß durch besonders eingehende Erprobung derartiger Schmelzungen die Erfassung auch der geringfügigsten unbeabsichtigten Beimengungen sichergestellt werden; die einfache Bruchkontrolle vermag nur selten ihr Vorhandensein aufzudecken, die chemische Prüfung nur dann, wenn sie auf alle in Betracht kommenden Stoffe ausgedehnt wird.

Ein weiterer Umstand, welcher der Reinheit der Kohlenstoffstähle Abbruch tun kann, ist der stets wachsende Gehalt des Stahlschrottes an Nickel. Die gesteigerte Verwendung von Nickel- und Chromnickelstählen für Bauzwecke im allgemeinen, und im letzten Jahrzehnt für den Geschoß-, Geschütz- und Panzerbau im besonderen, hat eine Verseuchung des gewöhnlichen Kernschrottes mit nickellegierten Abfällen zur Folge gehabt. Diese Beimischung ist teilweise auf natürlichem Wege vor sich gegangen, teilweise aber wohl auch — als Folge wechselnder Marktlage auf dem Schrottmarkt — in bedenkenloser Weise bewußt herbeigeführt worden. Da Nickel ja im Gegensatz zu Chrom durch keinerlei oxydierende Behandlung beim Einschmelzen vom Eisen zu trennen ist, reichert sich unweigerlich der Stahlschrott im Laufe der Jahre allmählich an Nickel an. Man kann als höchstzulässigen Nickelgehalt in

Kohlenstoffwerkzeugstählen im allgemeinen einen solchen von 0,20% bezeichnen; bei 0,25% macht sich in manchen Fällen schon die störende Einwirkung des Nickels beim Härten deutlich bemerkbar. Die eben angegebene Höchstgrenze kann als Fingerzeig für die Bemessung des Anteils an „altem" Schrott im Einsatz dienen; für den Rest müssen „jungfräuliche" Rohstoffe genommen werden, d. h. solche, die auf unmittelbarem Wege aus nickelfreien Erzen gewonnen sind. Dazu gehören schwedisches und steirisches Roheisen, steirischer Herdfrischstahl, Weicheisensorten aus dem Roheisen-Erzverfahren und andere mehr.

Der Schmelzungsgang für Kohlenstoffstähle soll, soweit wie nur angängig, auf völlige Oxydation beim Einschmelzen verzichten. Voraussetzung dafür ist allerdings genügende Phosphorfreiheit des Einsatzes (höchstens 0,020% !), weiterhin selbstverständlich Fehlen von Chrom und ähnlichen Elementen, die nur bei vollständiger Oxydation in die Schlacke gehen, und schließlich genügend niedriger Mangangehalt des Einsatzes, da der Höchstgehalt an Mangan bei manchen der hier erörterten Stahlsorten nur 0,20% beträgt.

Aus den obigen Darlegungen ergibt sich, daß man bei Berücksichtigung aller Umstände für die Erschmelzung erstklassiger Kohlenstoffstähle im Elektroofen zu einem Einsatz kommt, der dem im Tiegelschmelzverfahren gebräuchlichen ähnelt, wo reinster Frischstahl aus Holzkohlenroheisen, Puddelstahl, schwedisches und steirisches Roheisen, schwedisches Wallon- und Lancashire-Eisen, roh und zementiert, Verwendung finden. Die Kosten eines solchen reinen Einsatzes sind freilich sehr hoch. Ein geringer Ausgleich findet dadurch statt, daß die Dauer der Schmelzung und damit die Höhe der Schmelzkosten geringer ist als bei der Verwendung unreinen Einsatzes, der nach dem Einschmelzen erst völlig oxydiert werden muß und beim Fertigmachen eine entsprechend langwierigere und sorgfältigere Desoxydationsarbeit erheischt.

Kohlenstoffstähle mit über 0,90% C und über 0,40% Mn (Stähle für Prägestanzen) neigen, im basischen Elektroofen erzeugt, öfter zu dem als „Flocken" bekannten Fehler, der bei den Chromnickelstählen zu erörtern sein wird.

Kohlenstoffstähle mit 2,00 bis 3,00% C (Zieheisenstähle), die mancherorts ebenfalls im Elektroofen erzeugt werden, geben zu besonderen Bemerkungen keinen Anlaß.

Die Schnelldrehstähle.

Bei der Erzeugung der Schnelldrehstähle im Elektroofen treten metallurgische Schwierigkeiten kaum mehr auf. Man erschmilzt sie meist aus einem Einsatz, der zu etwa zwei Dritteln aus weichem, phosphorarmem Schrott und den entsprechenden Legierungszusätzen und zu einem Drittel aus Schnelldrehstahlabfällen besteht. Dieses Verhältnis erklärt sich aus der Notwendigkeit, den werkseigenen Entfall an Spänen, verlorenen Blockköpfen, Knüppel- und Stabstahlenden laufend mitzuverwerten. Das Einschmelzen erfolgt reduzierend, um die in die Schlacke übergegangenen Legierungsbestandteile dem Bade wieder zuzuführen.

Da manche Verbraucher eine Gewähr für die Güte ihres Schnelldrehstahlbezuges in der Vorschrift genauer, oft unnütz und unvernünftig eng gezogener Analysengrenzen sehen, erwächst dem Stahlwerker für diesen Teil seiner Erzeugung eine schwierige Aufgabe. Er muß unter Umständen gleichzeitig den Kohlenstoff-, Chrom-, Wolfram-, Vanadin- und manchmal Molybdängehalt in engbemessenen Grenzen halten; dabei besteht für ihn die Notwendigkeit, eine reduzierende, also kalziumkarbidhaltige und schwach aufkohlende Schlacke zu führen. Wenn ihm nun beispielsweise im Kohlenstoffgehalt nur eine Abweichung von $\pm$ 0,02% zugestanden wird und er keine Möglichkeit besitzt, die ausfallenden Schmelzungen anderweitig zu verwenden, so besteht die Gefahr, daß er unwillkürlich zum Schluß der Schmelzung die Schlacke kohlenstofffrei werden läßt; er verzichtet also lieber auf die mit der Führung einer karbidischen Schlacke verbundene Gütegewähr als eine Unsicherheit in die Kohlenstoffbemessung hineinzutragen.

An dieser Stelle sei der Vollständigkeit halber noch ein Beispiel für die Bemessung des Legierungszusatzes zu einer Schnelldrehstahlschmelzung gebracht, wenn auch an und für sich die Berechnungsart selbstverständlich ist.

Herzustellen sei eine Schmelzung von 5000 kg Schnelldrehstahl mit folgender Zusammensetzung: 0,65 bis 0,75% C, 0,20% Si, 0,20% Mn, 18 bis 19% W, 4,0 bis 4,5% Cr, 1,5 bis 1,8% V. Zur Verfügung stehen:

Ferrowolfram . . .	0,6% C,	84% W,
Ferrochrom . . .	4,0% C,	65% Cr,
Ferrovanadin . . .	0,1% C,	82% V,
Ferromangan . . .	8,0% C,	80% Mn.

Auf 5000 kg Einsatz werden an Wolfram benötigt $\frac{18{,}5 \times 5000}{100}$ $= 925$ kg Reinwolfram; dies ergibt $\frac{925}{84} \cong 1100$ kg Ferrowolfram.

In gleicher Weise errechnen sich:

Ferrochromzusatz:	$\frac{4{,}25 \times 5000}{100 \times 65} \cong 330$ kg Ferrochrom;
Ferrovanadinzusatz:	$\frac{1{,}65 \times 5000}{100 \times 82} \cong 95$ kg Ferrovanadin;
Ferromanganzusatz:	$\frac{0{,}10 \times 5000}{100 \times 80} \cong 6$ kg Ferromangan;
Ferrosiliziumzusatz:	etwa 10 kg Ferrosilizium mit 50% Si.

Die Summe der Legierungszusätze beträgt demnach: $1100 + 330 + 95 + 6 + 10 = 1541$ kg; an Schrott müssen also $5000 - 1541 = 3459$ kg eingesetzt werden.

Diese Zahl gilt nur bei der Verwendung von reinem, phosphorarmem Schrott. Wird gewöhnlicher Schrott benutzt, der vor dem Legierungszusatz einer Frischschlacke bedarf, so sind die ebengenannten 3459 kg um den beim Oxydieren und Abschlacken entstehenden Gewichtsverlust, also je nach der Art des Schrottes um 4 bis 8% zu erhöhen.

Der von obigem Einsatz eingebrachte Kohlenstoffgehalt errechnet sich wie folgt. Es bringen ein:

der unlegierte Schrott. .	$34{,}59 \times 0{,}1 \cong 3{,}5$ kg C,
das Ferrowolfram . . .	$11{,}00 \times 0{,}6 \cong 6{,}6$ kg C,
das Ferrochrom	$3{,}30 \times 4{,}0 \cong 13{,}2$ kg C,
das Ferrovanadin. . . .	$0{,}95 \times 0{,}1 \cong 0{,}1$ kg C,
das Ferromangan . . .	$0{,}06 \times 8{,}0 \cong 0{,}5$ kg C.

Also werden insgesamt 23,9 kg C auf 5000 kg eingebracht, was 0,48% C entspricht. Für das Schlackenmachen und Aufkohlen verbleibt demgemäß der genügend große Spielraum von etwa 0,20% C.

Werden dem Einsatz 2000 kg Abfälle der gleichen Stahlmarke zugesetzt, so ist für die übrigbleibenden 3000 kg der Legierungsaufbau in der vorstehend beschriebenen Art zu errechnen. Wird nach Fertigstellung der Feinungsschlacke eine Nachprüfung durch Schnellproben auf Wolfram, Chrom oder Vanadin für nötig erachtet, so ist der endgültige Ausgleich an Hand der Vorprobenergebnisse leicht zu bewerkstelligen.

Bei den höchstlegierten Schnelldrehstahlsorten kann der Einsatz bis zu 40% aus schwer schmelzenden und schwer löslichen Legierungen bestehen. Sie lassen sich besonders leicht in Öfen mit leitendem Herd erschmelzen, weil die durch die Bodenbeheizung bewirkte Wärmezufuhr von unten die Auflösung der Zusätze beschleunigt und ihre gleichmäßige Verteilung im Bade sichern hilft.

Die rostsicheren Stähle.

Die rostsicheren Stähle mit etwa 13 bis 14% Chrom werden in verschiedenen Härteabstufungen erzeugt. Unter diesen gibt insbesondere die weichste Abart mit höchstens 0,15% C zu einigen Bemerkungen Anlaß. Die niedrige Kohlenstoffgrenze dieser Stahlmarke zwingt zur Verwendung eines Ferrochroms mit einem Kohlenstoffgehalt von höchstens 0,15%. Da jedoch bis vor kurzem der Preis der Chromeinheit in niedrig gekohltem Ferrochrom mit sinkendem Kohlenstoffgehalt weit stärker anstieg als es nach der Meinung der Stahlwerker gerechtfertigt war, entstand eine Reihe — übrigens geschützter — Verfahren, die auf eine Verbilligung der Gestehungskosten durch Benutzung von Chromerz an Stelle von Ferrochrom hinzielen. Das Legieren wird dabei meist in der Art durchgeführt, daß auf die Schlacke ein Gemisch von möglichst reichem Chromerz mit einem Reduktionsmittel (Silizium, Aluminium oder dergl.) aufgegeben wird. Die Menge des Reduktionsmittels ist in der Regel so bemessen, daß sie nicht nur zur vollständigen Reduktion der im Erz enthaltenen Oxyde ausreicht, sondern daß darüber hinaus ein kleiner Überschuß bestehen bleibt. Die in diesem Buch vertretenen Anschauungen lassen einen solchen Oxydzusatz im Elektroofen, auch wenn er durch eine gleichzeitige oder nachträgliche Reduktion ausgeglichen wird, nur als Notbehelf und als nach Möglichkeit zu vermeidenden Umweg gelten. Es ist auch nicht einzusehen, warum es den Legierungsmetallerzeugern auf die Dauer nicht gelingen soll, in eigens durchgebildeten Öfen das weiche Ferrochrom billiger herzustellen als es bei den eben erwähnten Verfahren der zu anderen Zwecken bestimmte Elektrostahlofen in aufgezwungener Nebenarbeit durchführen soll.

Die Chromnickelbaustähle.

Die Nickel- und Chromnickelbaustähle werden in zwei Reihen erzeugt. Neben Nickelgehalten bis zu 4,5% und Chromgehalten bis zu etwa 1% weist die eine, die Einsatzstähle umfassend, 0,10 bis 0,16% C, die zweite, aus den Vergütungsstählen bestehend, 0,25 bis 0,40% C auf.

Der Einsatz für beide Arten setzt sich aus gewöhnlichem Stahlschrott und einem mehr oder minder großen Anteil an nickellegierten Abfällen zusammen. Bei den härteren Vergütungsstählen kann das Einschmelzen mit vollständiger oder mit teilweiser Oxydation vorgenommen werden; in letzterem Falle bleibt, wenn der Einsatz chromhaltig war, das Chrom zum Teil im eingeschmolzenen Bade erhalten. Die Feinung wird mit der üblichen Karbidschlacke durchgeführt.

Bei den Einsatzstählen erfordert die niedrige Kohlenstoffgrenze in allen Fällen ein Einschmelzen mit vollständiger Oxydation, wobei von den Legierungselementen des Einsatzes nur das Nickel erhalten bleibt, während das Chrom praktisch vollständig verschlackt wird. Das Bad muß nämlich auf 0,06 bis 0,10% C heruntergefrischt werden, damit es nicht durch das nachträglich zugesetzte Ferromangan und Ferrochrom sowie durch die unvermeidliche Aufnahme geringfügiger Kohlenstoffmengen bei der Schlackendesoxydation über die zulässige Grenze hinaus aufgekohlt wird. Die Hilfsmittel, die dem Stahlwerker bei dieser schwierigen Arbeit zu Gebote stehen, sind aus den früheren Darlegungen bekannt. Beispielsweise wird beim Frischen das Eisenerz ganz oder teilweise durch Manganerz ersetzt; durch diese Maßnahme sichert man sich einen höheren Endgehalt an Mangan im gefrischten Bade, macht einen Teil des Schlußzusatzes an Mangan entbehrlich und erleichtert und beschleunigt außerdem die Desoxydationsarbeit, weil ja die Eisenoxydulaufnahme des Bades eingeschränkt wird. Die Verwendung von niedriggekohltem Ferromangansilizium an Stelle von gewöhnlichem Ferromangan sowie von weichem Ferrochrom ist ein weiteres, fast selbstverständliches Hilfsmittel. Schließlich bleibt anzuführen, daß beim Aufbau der Feinungsschlacke als Reduktionsmittel zweckmäßig nicht Koks allein, sondern ein Gemisch aus feingemahlenem Ferrosilizium und etwas Koks verwendet wird.

Bei der Herstellung der Chromnickelbaustähle sieht sich der Stahlwerker oft zwei besonderen Fragebereichen gegenübergestellt, deren Behandlung ihm viel Kopfzerbrechen bereiten kann: der eine ist die willkürliche Erzeugung „sehnigen“ Stahles, der andere die zuverlässige Vermeidung des als „Flocken“ bekannten Stahlfehlers. Da beide Schwierigkeiten auch bei der Erschmelzung anderer Stähle auftreten können, seien sie etwas ausführlicher erörtert.

Sehniger Stahl.

Wenn ein Stück Stahl entzweigeschlagen wird, kann der Bruch auf zweierlei Weise vor sich gehen. Entweder er erfolgt

$\times \frac{3}{4}$

Abb. 119. Sehniger Bruch (oben) und körniger Bruch (unten) eines Einsatzstahles (nach Rapatz).

leicht, es wird wenig Arbeit verbraucht, die Formänderung der Probe ist gering, die Bruchfläche ist eben und sieht körnig aus; diese Bruchart wird als Trennungsbruch bezeichnet. Im Gegensatz dazu ist bei dem Verformungsbruch die aufzuwendende Arbeit groß, die Formänderung erheblich und die Bruchfläche faserig-sehnig (Abb. 119). Der Übergang von einer Bruchart zur anderen erfolgt nicht stetig, sondern, wie Abb. 120 zeigt, innerhalb eines bestimmten Streugebietes ziemlich sprunghaft. Innerhalb dieses Streugebietes vermögen ganz geringfügige, oft kaum erkennbare Änderungen irgendeines Umstandes ganz ausgeprägt entweder körnigen Trennungsbruch oder sehnigen Verformungsbruch hervorzurufen. Einflüsse, welche die Neigung zum sehnigen Bruch verstärken, also die Kerbzähigkeit erhöhen, sind u. a. steigende Temperatur, feinkörnige Gefügeausbildung, hoher Verschmiedungsgrad. Umgekehrt wird der körnige Bruch begünstigt und die Kerbzähigkeit verringert durch zunehmende Härte, Querschnittsbreite, Schlaggeschwindigkeit und Kerbschärfe. Nun kommt es manchmal vor, daß von zwei Schmelzungen gleicher Zusammensetzung und gleicher Nachbehandlung bei gleichen Prüfbedingungen regelmäßig die eine höhere Kerbschlagwerte und vorzugsweise sehnigen Bruch, die andere dagegen niedrigere Kerbzähigkeit und körnigen Bruch aufweist. In solchen Fällen liegt der Unterschied offenkundig bereits in Verschiedenheiten des Schmelzungsganges begründet, und es ist Sache des Stahlwerkers, sich über die Ursache Rechenschaft abzulegen.

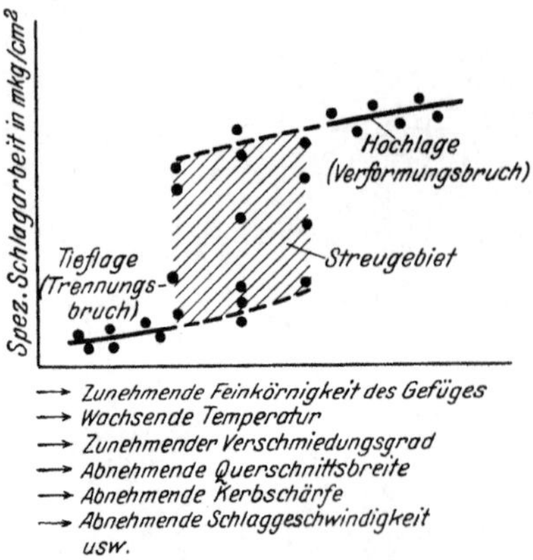

Abb. 120. Schematische Darstellung des Streugebietes beim Übergang von körnigem zu sehnigem Bruch (nach Fettweis).

Er vermag dies sofort, wenn er den Aufbau und die Eigenschaften des Schweißstahles in Betracht zieht. Der Schweißstahl wird oder wurde bekanntlich im teigigen Zustand in Form schlackendurchsetzter Klumpen gewonnen, die durch Hämmern, Pressen oder Walzen ausgestreckt wurden. Ein Teil der eingeschlossenen Schlacke wurde zwar dabei herausgequetscht, der überwiegende Anteil blieb jedoch in zahlreichen, langgestreckten Zeilen zwischen den eigentlichen Eisenfasern eingeschlossen. Dadurch wurde ein Gefüge hervorgerufen, das in hohem Maße an den Aufbau eines Drahtseiles erinnert und auch dessen Eigenschaften aufweist. Ein durch irgendwelche äußere Ursache erfolgter Anriß pflanzt sich nicht gradlinig fort, sondern wird an der nächsten Schlackenzeile abgelenkt und findet gleichsam eine neue, unverletzte Oberfläche vor.

Der Weg, auch Flußstahl, Elektrostahl, sehniger zu machen als es Zusammensetzung, Verschmiedungsgrad und Wärmebehandlung allein vermöchten, ist damit klar vorgezeichnet. Es gilt, im warmverformten Stahl langgestreckte Schlackenfasern zu haben. Kleine, punkt- oder kugelförmige, in Walzhitze nicht knetbare Einschlüsse im Gußblock, beispielsweise Kalk, Kieselsäure, Tonerde nutzen dabei nichts; knetbar sind im wesentlichen nur die Eisen- und Mangansilikate. Einen mit derartigen Einschlüssen durchsetzten Stahl kann der Elektrostahlwerker erzeugen, indem er sein Bad stark oxydiert, sofort nach dem Frischen Silizium zusetzt und den dabei massenhaft entstehenden Silikaten möglichst wenig Zeit zur Abscheidung läßt.

Diese Arbeitsweise ist von der bei der Herstellung eines reinen, gleichförmigen Stahles üblichen so grundverschieden, daß sie eigentlich dem metallurgischen Gewissen des Stahlwerkers zuwiderläuft. Wendet er sie trotzdem notgedrungen im Einzelfalle an, so muß er sich auch über ihre Schattenseiten klar sein und Rechenschaft ablegen können. Ein schlackendurchsetzter Stahlblock reißt bei der Erstarrung und beim Erkalten leichter an als ein reiner, da im Gußzustand die Einschlüsse noch nestförmig zwischen den verhältnismäßig grobkörnigen Eisenkörnern sitzen und deren Zusammenhalt lockern. Bei der Warmverformung wird schlackendurchsetzter Stahl mehr als reiner zu Kantenrissen und zu narbiger Oberfläche neigen. Beim Verbraucher wird ein durch Schlackenzeilen stärker sehnig gemachter Stahl ähnlich wie Schweißstahl zwar hohe Kerbzähigkeit bei Beanspruchungen in der Faserrichtung aufweisen; quer zur Faser wird er jedoch nicht beansprucht werden dürfen, da in dieser Richtung die Kerbzähigkeit auf ein Mindestmaß herabgesetzt ist.

Noch ein weiteres Kennzeichen verdient in diesem Zusammenhange Erwähnung. Beim Härten oder Einsatzhärten neigt sehniger Stahl ganz ausgesprochen zu der sogenannten „Weichfleckigkeit"; in der gehärteten Randschicht bleiben ganz regellos verteilte Stellen weich. Die Erklärung für diese Erscheinung — die übrigens durch Anwendung schrofferer Abschreckmittel meist unschwer behoben werden kann — ergibt sich zwangläufig aus dem Wesen der Faserung. Die zwischen den Eisenkörnern eingeschlossenen Schlackenteile verbrauchen beim Einsatzhärten den eindringenden Kohlenstoff teilweise zur Reduktion; die Kohlenstoffaufnahme schlackenhaltiger Stellen bleibt also gegenüber schlackenfreien Gebieten zurück, was sich in verschiedenartiger Härteannahme ausprägen kann. Weiterhin können beim Abschrecken die Schlackenreste an den Korngrenzen gewissermaßen wie Isolierschichten wirken; der Wärmeabfluß an das Abschreckmittel wird dadurch so verzögert daß die Härtung teilweise oder ganz unterbleibt[1].

Die wahllos verallgemeinerte Wertschätzung, die früher in Verbraucherkreisen dem sehnigen Stahl entgegengebracht wurde, hat denn auch mehr und mehr der Erkenntnis Platz gemacht, daß seine Überlegenheit sich auf verhältnismäßig seltene Fälle beschränkt. Nur dort, wo alle andern Beanspruchungen als die in der Faserrichtung ausgeschaltet sind, beispielsweise bei Kettengliedern, Federblättern usw., hat sich seine Bevorzugung als gerechtfertigt erwiesen.

„Flockiger" Stahl.

Bei schwach oder mittelstark legierten Stählen treten im Längsbruch warmverformter, ungehärteter oder gehärteter Stücke bisweilen Fehlstellen auf, die als Flocken (engl. flakes), Stipsen, Stupfen oder ähnlich bezeichnet werden. Die Abb. 121 vermittelt eine Anschauung ihres Aussehens. Sie äußern sich entweder als Flecke, deren Bruchaussehen von dem der Umgebung abweicht, oder als flache Risse, deren Ebene stets in der Richtung der Warmverformung liegt. In den mildesten Fällen sind die Flocken so klein, daß sie eben noch mit freiem Auge erkennbar sind; meist jedoch sind sie etwa fingernagelgroß und können in besonders schweren Fällen sogar Talergröße erreichen. Ein tiefgeätzter Querschliff (Abb. 122) eines flockigen Stabes zeigt, daß in allen Fällen die Flocken feine Innenrisse sind, also auch dann, wenn sie sich im Längsbruch nur als Flecke andersartiger Körnung zeigen.

Der unheilvolle Einfluß der Flocken äußert sich vor allem beim Härten; sie wirken als Kerbe und erhöhen die Härtungsspannungen örtlich so stark, daß das gehärtete Stück fast stets zerspringt.

Über die Schuld an diesem Fehler ist seit über einem Jahrzehnt ein auch heute noch nicht gänzlich beigelegter Streit zwischen den Stahlwerkern und den warm weiterverarbeitenden Betrieben im Gange. Besonders heftig wurde diese Auseinandersetzung während des Weltkrieges, wo zeitweise in sämtlichen krieg-

---

[1] Diesen einleuchtenden, bisher meines Wissens noch nicht beachteten Hinweis verdanke ich Herrn Prof. Dr. Wražej (Techn. Hochschule Lemberg).

führenden Ländern die Erzeugung der Chromnickelstahl-Kanonenrohre in Frage gestellt war, da die Flocken wie eine Epidemie auftraten und ein Zerspringen der Rohre beim Probebeschuß herbeiführten.

Die Stahlwerker wiesen darauf hin, daß in ihren Gußblöcken trotz eifrigsten Suchens keine Gasblasen und Risse zu finden

×3

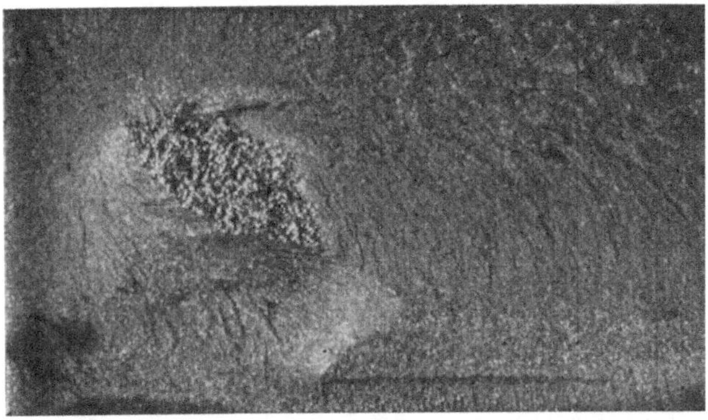

×3

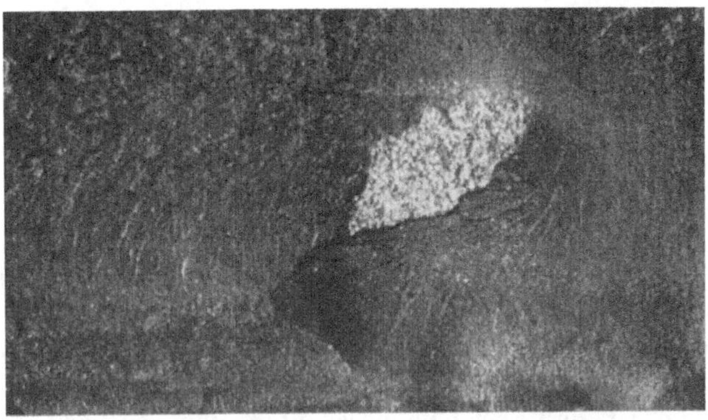

Abb. 121. Flocken in warmverformtem Chrom-Kugellagerstahl (nach Oertel).

waren, die man nach Aussehen, Art und Größe als Ursprungsstellen für die Flocken im warmverformten Stab hätte deuten können. Sie konnten weiterhin geltend machen, daß in vielen Fällen aus dem gleichen Block geschmiedete Stäbe bei rascher Erkaltung mit zahlreichen Flocken behaftet waren, bei ganz langsamer Abkühlung hingegen flockenfrei blieben. Die Walzwerker und Hammerwerker führten als Gegengründe an, daß bei gleicher Zusammensetzung Tiegelstahl nie, Elektrostahl öfter und Martinstahl, wenigstens basischer, am häufigsten zur Flockenbildung neigt; ferner, daß bei mikroskopischer Untersuchung der Flocken manchmal, wenn auch nicht immer, an den Rißwänden Schlackeneinschlüsse festgestellt werden konnten. Der Umstand, daß bei Stabware aus kleinen Blöcken der Fehler meist seltener war als bei solcher aus großen Blöcken, konnte gleicherweise beiden Parteien zur Last gelegt werden; desgleichen sprach gegen die Alleinschuld des Stahlwerkers die Beobachtung, daß flockige Stäbe,

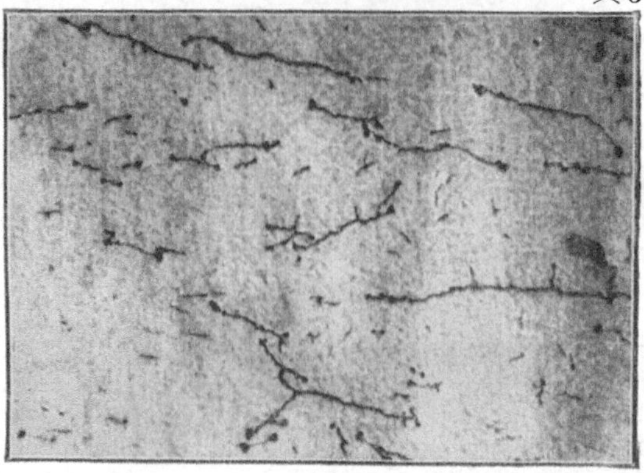

Abb. 122. Risse im tiefgeätzten Querschliff eines flockigen Stahles (nach Aichholzer).

die auf kleinere Abmessungen warm weiterverformt wurden, nachher flockenfrei sein und höchstens eine Art Faserung im Längsbruch aufweisen konnten.

Die heutige Auffassung über das Auftreten der Flocken geht wohl überwiegend dahin, daß der Fehlerkeim bereits im Gußblock vorhanden ist, daß aber eine zweckentsprechende Wärmebehandlung bei der Warmverformung erheblich zu seiner Eindämmung beitragen kann.

Die zu dieser Anschauung führenden Gedankengänge und Tatsachen seien etwas ausführlicher erörtert. Zur Flockenbildung neigen jene Stähle, die bei rascher Abkühlung an der Luft selbsthärtend, also martensitisch sein können, während sie bei langsamer Erkaltung weich, perlitisch bleiben; dazu gehören beispielsweise

Nickel- und Chromnickelbaustähle, Kugel- und Kugellagerstähle, wolfram- und chromlegierte Magnetstähle, schwach wolframlegierte Spiralbohrerstähle und andere Stähle mit ähnlich wirkendem Legierungsaufbau. Bei der Erstarrung dieser Stähle kann es vorkommen, daß innerhalb eines einzelnen Kristallkornes die Außenhülle eine andere Zusammensetzung als der Kristallitkern aufweist. Diesen Vorgang bezeichnet man als Kristallitseigerung in Anlehnung an die Blockseigerung. Beide Erscheinungen, die Kristallitseigerung im Einzelkorn, die Blockseigerung im ganzen Gußblock ergeben sich aus dem gleichen Erstarrungsgesetz, gemäß welchem die zuletzt erstarrende Schmelze an Fremdbestandteilen stärker angereichert ist als der zuerst auskristallierende Teil, sei es der Kristallitkern oder sei es die Randzone des Blockes. In den oben aufgezählten Stahlgruppen kann nun die Kristallitseigerung so weit gehen, daß bei gleicher Abkühlungsgeschwindigkeit das Innere eines Kristalliten perlitisch erstarrt, also bei etwa 700° die mit Längenänderungen verbundene Umwandlung erfährt, während der Rand martensitisch wird und erst bei etwa 300° die damit verknüpfte Volumänderung aufweist. Die Spannungen, die infolge dieser verschiedenartigen, teilweise einander entgegengesetzten Änderungsbestrebungen entstehen, sind letzten Endes die Ursache der Rißbildung, der Flockenbildung.

Zu der Verantwortung des Stahlwerkers für diese Erscheinung übergehend muß man sich zunächst fragen, warum in manchen Fällen die Kristallitseigerung wenig ausgeprägt auftritt, in anderen hingegen erheblich ist und weder während noch unmittelbar nach der Erstarrung sich vollkommen auszugleichen vermag. Im Schrifttum fehlt leider jede Andeutung einer Antwort; jedoch ist der Zusammenhang mit der Desoxydation und mit der Blockseigerung unverkennbar. Deshalb haben jene Werke, die über umfassende Erfahrungen in der Tiegelstahlerzeugung verfügen und sie auf die Elektrostahlerzeugung übertragen konnten, die Flocken auch im Elektrostahl am erfolgreichsten zu bekämpfen vermocht, während anderwärts eine noch so sorgfältige Desoxydation unter stark karbidischer Schlacke das Übel nicht mit Sicherheit bei allen in Betracht kommenden Stählen verhindern hat können. Es ist jedenfalls noch ein beträchtliches Maß an metallurgischer Arbeit notwendig, um die dabei obwaltenden Verhältnisse so zu klären und sicherzustellen, daß eine genauere Darlegung auch im Rahmen dieses Buches tunlich erscheint.

Stahl für Transformatorenbleche.

Die Erzeugung des Transformatorenblechstahles, der neben 3,80 bis 4,20% Silizium höchstens 0,08% Kohlenstoff, 0,10% Mangan, 0,025% Phosphor und 0,025% Schwefel enthalten darf, stellt den Stahlwerker in mancher Hinsicht vor besondere Aufgaben. Er muß zur Erzielung eines genügend niedrigen Kohlenstoffgehaltes das Stahlbad durchgreifend oxydieren, ohne dabei das bei anderen weichen Stahlsorten zulässige Schutzmittel gegen Überoxydation, nämlich Zurückbehaltung eines Mangangehaltes von 0,15% und mehr im Stahl, anwenden zu können. Weiterhin ist er gezwungen, die auf die Frischbehandlung folgende Desoxydation und Entschweflung gleichfalls ohne Zuhilfenahme des sonst üblichen Anfangsreduktionsmittels, nämlich Kohlenstoff, durchzuführen. Um trotzdem einen gasfrei erstarrenden und gut desoxydierten Stahl, der die Warmverformungsvorgänge einwandfrei verträgt, zu erzielen, hat man die nachfolgend beschriebene Schmelzungsführung ausgebildet.

Der Einsatz wird so zusammengestellt, daß er nach dem Einschmelzen noch etwa 0,30 bis 0,40% Kohlenstoff neben 0,20 bis 0,30% Mangan aufweist. Das Bad wird mit einer aus Kalk und Eisenerz bestehenden Frischschlacke so lange oxydiert, bis der Kohlenstoffgehalt auf 0,04 bis 0,05%, der Mangangehalt unter 0,08% gesunken ist. Ist bei beendetem Herausfrischen des Kohlenstoffs noch ein höherer Mangangehalt zurückgeblieben, so wird die Schlacke abgezogen, das Bad auf etwa 0,20% Kohlenstoff aufgekohlt und eine neue Frischschlacke aufgegeben. Umgekehrt wird in dem Falle, wo bei höheren Kohlenstoffgehalten der Mangangehalt bereits unter 0,10% gesunken ist, dem Bade etwas Ferromangan zugeführt. Die Rechtfertigung dieser Maßnahmen liegt in der eingangs erwähnten und in früheren Abschnitten ausgiebig erörterten Schutzwirkung des Mangans gegen übermäßige Sauerstoffaufnahme des Stahlbades begründet.

Ein stark siliziumhaltiger, beispielsweise aus Abfällen von Transformatorblechstahl bestehender Einsatz wird vermieden. Solange nämlich beim Frischen Silizium zu Kieselsäure oxydiert wird, geht die Verbrennung des Kohlenstoffs zu Kohlenoxyd nicht vor sich; wenn aber weicher Stahl nicht „kocht", ist nach den Ausführungen von Seite 193 über die Entgasung beim Frischen zu befürchten, daß er beim Gießen nicht gasfrei erstarrt. Tatsächlich wird auch berichtet, daß Schmelzungen, die mit erheblichem Zusatz von Siliziumstahlabfällen erzeugt sind, höheren Ausschuß durch „Treiben" beim Vergießen ergeben. Die Gasblasen der getriebenen Blöcke erweisen sich bei der Untersuchung als zum großen Teil aus Wasserstoff bestehend.

Daß die Entphosphorung des Einsatzes keine Schwierigkeiten bereitet, ist bei der Einwirkung einer mehrmals wiederholten Frischschlacke ohne weiteres verständlich.

Nachdem die letzte Erzschlacke sehr sorgfältig abgezogen worden ist, um eine nachträgliche Manganreduktion aus zurückgebliebenen Resten auszuschalten, wird die Desoxydationsschlacke aus Kalk oder besser noch aus Kalkstein und Flußspat gebildet. Bei der Verwendung von Kalkstein läuft man weniger Gefahr, größere Feuchtigkeitsmengen einzubringen, wie dies beispielsweise beim Gebrauch von verwittertem gebranntem Kalk der Fall sein kann. Welche Bedeutung aber gerade bei dem in Rede stehenden Stahl die Umsetzung $H_2O + Fe = FeO + H_2$ besitzt, erhellt aus dem bereits Gesagten zur Genüge. Sobald das aufgegebene Schlackengemisch gleichmäßig verflüssigt ist, wird als Reduktionsmittel fein gemahlenes Ferrosilizium aufgegeben. Das Auftreten einer nach dem Erkalten vollkommen weiß zerrieselnden Schlacke zeigt an, daß die Entschweflung des Bades und die Reduktion des Eisenoxyduls in der Schlacke zu einem gewissen Abschluß gekommen ist. Das Bad enthält zu diesem Zeitpunkt etwa 0,06% Kohlenstoff und etwa 0,08% Mangan. Wenn die oben gekennzeichneten Bedingungen beim Frischen eingehalten worden sind, läßt sich eine dem Ofen entnommene Stahlprobe rotbruchfrei schmieden.

Man geht dann dazu über, den benötigten Siliziumzusatz einzutragen. Das dazu verwendete Ferrosilizium muß selbstverständlich die durch die Zusammensetzung des Stahles bedingte Reinheit, insbesondere in bezug auf den Kohlenstoff-, Mangan- und Phosphorgehalt, aufweisen. Beim Gebrauch der 50proz. Legierung muß außerdem auf Gasfreiheit geachtet werden; das 75proz. Ferrosilizium ist, wie in dem Abschnitt über die Einsatzstoffe dargelegt worden ist, in dieser Hinsicht ungefährlich. Gleichzeitig mit dem ersten Ferrosiliziumzusatz wird oft eine Aluminiumzugabe in Höhe von etwa 0,07% vorgenommen; um die Auflösung des spezifisch leichten Aluminiums im Bade zu erzwingen, wird es an Rührstangen befestigt und unter die Schlackendecke eingerührt.

Die Schmelzung wird abgestochen, nachdem die ganze Ferrosiliziumzugabe vorgenommen und nach erfolgter Auflösung das Bad wiederholt kräftig durchgerührt worden ist. Diese letztere Maßnahme ist unerläßlich, um eine halbwegs gleichmäßige Verteilung des Siliziums zu sichern. In unbeweglich liegenden Bädern gleicht sich der Siliziumgehalt merkwürdig langsam aus; unter einer spezifisch leichteren, hochsiliziumhaltigen Oberflächenschicht bleibt die übrige Badmasse so siliziumarm, daß oft sogar der Sturz in die Pfanne beim Abgießen der Schmelzung keinen vollkommenen Ausgleich der verschiedenen Konzentrationen herbeizuführen vermag.

Der Schlußzusatz an Aluminium wird in der Regel so bemessen, daß er den Anfangszusatz auf 0,15% ergänzt.

XVI. Saurer Elektrostahl.

Allgemeines.

In den letzten Jahren hat die Erzeugung an saurem Elektrostahl stark zugenommen. In den Vereinigten Staaten z. B. wird bereits die Hälfte des Elektrostahlformgusses, darunter fast der gesamte Kleinguß, in sauer zugestellten Öfen erschmolzen. Die wachsende Beliebtheit des sauren Verfahrens in den amerikanischen Stahlformgießereien — bei der Blockerzeugung liegen die Verhältnisse teilweise anders — beruht hauptsächlich auf seiner Billigkeit. Die Zustellungskosten sind niedriger und die Schlackenbildner kosten weniger als beim basischen Betrieb; auch ist die Schmelzungsdauer kürzer und der Energieaufwand geringer als bei der Herstellung eines gleichwertigen Erzeugnisses im basischen Ofen. Diesen Vorteilen gegenüber tritt der etwas höhere Preis des im sauren Ofen benötigten reinen Einsatzes an Bedeutung zurück.

Bei dieser Sachlage ist es einigermaßen verwunderlich, daß in den deutschen Elektrostahlformgießereien die saure Schmelzart bisher noch sehr wenig Eingang gefunden hat. Zum Teil hängt die zögernde Entwicklung mit der schwierigen Beschaffung geeigneten Schrottes zusammen, wovon später noch die Rede sein wird. Der Hauptgrund dürfte jedoch darin zu suchen sein, daß den deutschen Elektrostahlwerkern die Erfahrung in der Betriebsführung saurer Elektroöfen noch fast vollkommen abgeht. In Amerika hingegen, wo während des Weltkrieges Magnesit und Dolomit kaum erhältlich und außerordentlich teuer waren, mußte ein großer Teil der damals neu aufgestellten Elektroöfen notgedrungen sauer zugestellt und betrieben werden; die Stahlwerker hatten also ausgiebig Gelegenheit, die Eigenheiten des sauren Ofens, der ebensowenig wie der basische „von selber" guten Stahl liefert, kennen und beherrschen zu lernen. Es ist nicht daran zu zweifeln, daß das saure Verfahren angesichts seiner mannigfaltigen Vorzüge auch in den deutschen Elektrostahlwerken allmählich die ihm zustehende Verbreitung finden wird; die dazu nötigen Voraussetzungen sind bereits vorhanden oder können ohne allzu große Schwierigkeiten in vielen Fällen geschaffen werden.

Wie erwähnt, ist der saure Elektroofen hauptsächlich in den Stahlformgießereien für Kleinguß zu finden. Demgemäß bewegt sich die Ofenfassung meist um etwa 3 t, im Gegensatz zu den Blockgießereien, wo der basische 6 t-Ofen sich als Einheitsform herauszubilden scheint. Saure Elektroöfen mit einer über 5 t hinausgehenden Fassung ergeben leicht Schwierigkeiten bei der Instandhaltung des Ofenfutters; bei derartig großen Öfen reicht oft zum Schluß der Flickzeit die Abstichhitze der vorhergehenden Schmelzung nicht mehr für ein einwandfreies Festsintern des Flickgutes aus. Als Bauart für die saure Zustellung kommt lediglich der Ofen ohne Bodenbeheizung in Betracht; Öfen mit leitendem Herd sind, wenigstens beim Stahlschmelzen, bisher nicht zur Anwendung gekommen, da auch bei hohen Temperaturen die Leitfähigkeit der Kieselsäure noch sehr gering ist.

Die Zustellung.

Das Gewölbe der sauren Öfen besteht, wie bei den basischen, aus Silikasteinen. Da beim sauren Verfahren die zerstörende Wirkung des Kalkstaubes fortfällt, steigt die Deckelhaltbarkeit um ein Vielfaches. Während bei basischen Öfen das Gewölbe 30 bis

80 Schmelzungen auszuhalten pflegt, sind bei sauren Öfen Haltbarkeitszahlen von 200 bis 300 keine Seltenheit. Dieser Vorteil kommt natürlich nur bei ununterbrochenem Betriebe voll zur Geltung; wird, wie es vielfach in den Stahlgießereien üblich ist, nur auf Tag- oder nur auf Nachtschicht geschmolzen, so setzen natürlich die Temperaturschwankungen beim Abstellen und Wiederanheizen die Lebensdauer des Gewölbes merklich herab.

Die Herdmulde, die bei den größeren basischen Öfen meist flach und schalenförmig ausgebildet ist, hat bei den kleineren sauren Öfen vorzugsweise eine tiefe Becherform; infolgedessen liegt fast der gesamte Schrott im unmittelbaren Lichtbogenbereich und schmilzt außerordentlich rasch. Bei basischer Zustellung wäre in metallurgischer Beziehung diese Herdform ungünstig zu bewerten, da sie die wirksame Berührungsfläche zwischen Stahlbad und Schlacke verringert. Bei sauren Öfen ist dieser Umstand bedeutungslos, da außer der Schlacke auch die gesamte Herdfläche an den metallurgischen Umsetzungen teilnimmt. In Abb. 123 sind der größeren Anschaulichkeit halber die reagierenden Flächen je kg Stahlgewicht bei basischen und bei sauren Öfen im Vergleich zum Tiegel mit 35 kg Fassung dargestellt.

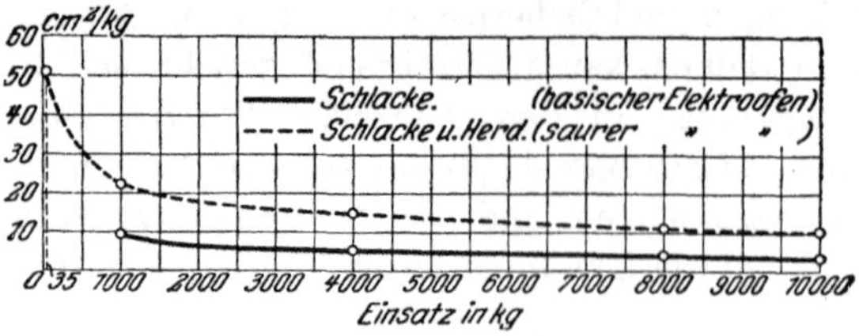

Abb. 123. Wirksame Reaktionsflächen beim Tiegel- und beim Elektrostahlschmelzen (nach Sommer).

Beim Aufbau des Herdes werden zunächst auf das Bodenblech zwei Flach- oder Läuferschichten aus Silika- oder Schamottesteinen aufgemauert; bei diesen Lagen brauchen, da sie höheren Temperaturen nicht ausgesetzt sind, keine Dehnfugen vorgesehen zu werden. Auf die Bodenlagen wird alsdann die Seitenwand in einer Dicke von 300 bis 400 mm aus Silikasteinen aufgesetzt. Zwischen Blechmantel und Seitenwand bleibt ein Raum von 10 bis 20 mm frei, der nach beendetem Mauern mit losem Silbersand oder Asbest ausgefüllt wird und als Puffer beim Wachsen des Mauerwerks dient.

Die eigentliche Herdsohle wird auf die gemauerte Bodenlage in einer Stärke von etwa 300 bis 400 mm aus Quarzsand aufgebrannt oder aufgestampft. Als Herdsand eignet sich vornehmlich der scharfkantige, etwa erbsengroße Quarzsand mit tonigem Bindemittel, der auch beim Herdbau saurer Martinöfen Verwendung findet. Desgleichen sind gemahlene, schlackenfreie Silikaziegel sowie natürliche Silikasande ohne Bindemittel als Herdmasse brauchbar, wenn sie zuvor mit 1 bis 5% hochfeuerfesten Tones innig gemischt worden sind.

Beim Einbrennen des Herdes verfährt man folgendermaßen: Eine dünne, etwa fingerstarke Lage des Gemisches wird auf die zuvor mit gelindem Holz- und Koksfeuer vorgetrocknete, gemauerte Bodenlage aufgetragen und mit grobstückigem Koks oder besser noch mit Elektrodenbruchstücken vorsichtig belegt. Darauf wird der Strom eingeschaltet und die Temperatur allmählich bis zur Weißglut gesteigert. Ist die erste Schicht überall zusammengesintert und festgebrannt, so zieht man die Elektrodenbruchstücke heraus, trägt neue Sandlagen auf und erhitzt jedesmal wiederum bis zum Festsintern. Das sorgfältige Einbrennen eines Herdes von etwa 400 mm Stärke auf die eben geschilderte Weise erfordert einen Zeitaufwand von mindestens 24 Stunden und einen Energieverbrauch von 5000 bis 10000 kWh.

Das Einstampfen eines Herdes ist einfacher und weniger zeitraubend. Auf die frischgemauerte Bodenlage wird das angefeuchtete Sand-Tongemisch, oder auch, ähnlich der Dolomitteermischung für basische Öfen, ein Sandteergemisch von solcher Bildsamkeit eingebracht, daß es mit Preßluftstampfern lagenweise festgerammt werden kann. Nach beendetem Stampfen wird der Herd mit Wasserglas zur Verhütung des Zerrieselns vor dem Brennen angestrichen. Sodann wird der Ofen durch ein gelindes Holzfeuer etwa 6 Stunden lang getrocknet. Nach Entfernung der Holzasche wird Koks oder Elektrodenbruch eingefüllt, der Strom eingeschaltet und die Hitze allmählich so weit gesteigert, daß die oberste Schicht vollkommen zusammensintert und hart brennt. Der Ofen ist dann betriebsfähig.

Die Meinungen darüber, ob gestampfte oder gebrannte Herde haltbarer sind, sind geteilt, so daß man, gleiche Sorgfalt und gleiche Erfahrung vorausgesetzt, wohl mit beiden Arbeitsweisen gleich gute Ergebnisse erzielen wird.

Das Ausflicken des Bodens und der Wände nach jeder Schmelzung geschieht durch Anlegen oder Anwerfen von angefeuchtetem Sand. Mit Stahl gefüllte Löcher im Herd müssen, wie beim basischen Herd, vor dem Ausflicken „trocken gepumpt“ werden. Nach beendeter Flickarbeit, die, um die Abstichhitze so weit wie möglich auszunutzen, aufs äußerste beschleunigt werden muß, läßt man den Ofen während einiger Minuten bei geschlossenen Türen leer stehen, um ein oberflächliches Festsintern des Flickgutes zu ermöglichen.

Die Haltbarkeit eines sorgfältig hergestellten und instandgehaltenen sauren Herdes ist fast unbegrenzt und erreicht tausend Schmelzungen ohne Schwierigkeit, wobei allerdings die Verwendung eines wenig verrosteten Einsatzes vorausgesetzt ist. Gelangen hingegen während des Einschmelzens erhebliche Mengen von Rost mit der Herdsohle in Berührung, so reichert sich die oberste Schicht des Ofenfutters allmählich mit Eisenoxydul an und verarmt an Kieselsäure. Durch diese Veränderung büßt die saure Zustellung die für den Schmelzungsgang erforderliche Wirksamkeit ein und muß vorzeitig erneuert werden.

Die gemauerten Seitenwände weisen etwa die gleiche Lebensdauer wie das Gewölbe auf und werden zweckmäßigerweise gleichzeitig mit diesem ersetzt.

Der Einsatz.

Die Frage des Einsatzes erheischt beim sauren Elektrostahlschmelzen ganz besondere Aufmerksamkeit, da weder der Phosphor- noch der Schwefelgehalt der Beschickung eine Verringerung erfahren. Der Einsatz muß deshalb so gewählt werden, daß die Gehalte an beiden Elementen etwas unter oder höchstens an der zugelassenen Höchstgrenze des zu erzeugenden Stahles liegen. Das bedeutet also, daß für gewöhnlichen Stahlformguß höchstens 0,040% Phosphor, höchstens 0,040% Schwefel, und als Summe beider höchstens 0,070% im Einsatz enthalten sein soll. Diesen Anforderungen entspricht ohne Schwierigkeit ein im basischen Martin- oder Elektroofen vorgeschmolzener und vorgefrischter Einsatz. Die Möglichkeit, einen Vorschmelzofen zu benutzen, bildet jedoch in Stahlformgießereien eine Ausnahme, so daß man im allgemeinen auf festen Einsatz angewiesen ist.

Wird der saure Elektroofen fest beschickt, so darf nur solcher Schrott verwendet werden, der nach Art und Herkunft wohl geordnet ist: Schrottentfall des eigenen Betriebes (Gießknochen und Trichter), schwere, blanke Drehspäne, Kesselblechabfälle, Federschrott, Schienenenden, Blockschrott, schwere Schmiede- oder Walzwerksabfälle und ähnlicher reiner Kernschrott. Die Beschaffung von solchem Kaufschrott mit gewährleisteten Phosphor- und Schwefelgrenzen stößt bisher in Deutschland, wie auch in den übrigen europäischen Ländern, auf erhebliche Schwierigkeiten; der Schrotthandel ist hier im allgemeinen noch nicht darauf eingestellt, gegen Gewährung eines geringen Aufpreises die Sortierung des Schrottes nach Art und Herkunft mit der gleichen Sorgfalt vorzunehmen wie es in den Vereinigten Staaten vielfach schon der Fall ist.

Eine zweite Forderung, die an den Einsatz für saure Elektroöfen gestellt werden muß, ist möglichste Rostfreiheit. Der Rost greift die saure Zustellung unter Bildung von Eisensilikaten an und verursacht einen starken Verschleiß des Ofenfutters. Die in amerikanischen Stahlwerken an Stelle der Schrottplätze manchmal anzutreffenden „Schrotthäuser" mit ihrer Ausschaltung der Witterungseinflüsse bringen also außer der Verbilligung der Ladearbeit auch für den Ofenbetrieb selbst nicht zu unterschätzende Vorteile mit sich.

Die Vorgänge beim Einschmelzen und Frischen.

Während des Einschmelzens vollzieht sich die Verbrennung des Siliziums, Kohlenstoffs und Mangans in ähnlicher Weise wie beim basischen Verfahren. Der mit dem Einsatz eingebrachte Rost und Zunder oxydiert Kohlenstoff zu Kohlenoxyd, Silizium zu Kieselsäure und Mangan zu Manganoxydul. Kohlenoxyd entweicht gasförmig, Manganoxydul und Kieselsäure bilden mit dem überschüssigen Eisenoxydul eine metalloxydulreiche, dünnflüssige Schlacke, die in Berührung mit dem Ofenfutter dieses auflöst und sich dabei an Kieselsäure anreichert. Die verschlackende Wirkung auf die Zustellung hört auf, sobald der Kieselsäuregehalt der Einschmelzschlacke 50 bis 60% erreicht hat.

Im wesentlichen ist also die Endschlacke beim Einschmelzen ein Gemisch aus Eisen- und Mangansilikaten, das durch folgende durchschnittliche Zusammensetzung gekennzeichnet ist:

50—60% Kieselsäure,
15—20% Eisenoxydul,
15—20% Manganoxydul.

Daneben treten bei chrom- und wolframhaltigem Einsatz Chrom- und Wolframoxyd auf; auch sind meist mehrere Prozent Tonerde vorhanden. Die Beschaffenheit der Schlacke im erkalteten Zustande ist glasig und spröde, die Farbe undurchsichtig schwarz. Die Schlackenmenge hängt von dem Verrostungsgrade des Einsatzes ab und schwankt zwischen 2 und 6% des Einsatzgewichtes. Ein besonderer Zusatz von Schlackenbildnern während des Einschmelzens ist beim sauren Verfahren angesichts der vorhin erwähnten selbsttätigen Schlackenbildung nicht üblich; ausgleichende Zuschläge sind nur dann angebracht, wenn der Schmelzungsverlauf Störungen durch unrichtige Schlackenbeschaffenheit erkennen läßt. Die Ursachen dieser Störungen und die Mittel zur Abhilfe sollen weiter unten im Zusammenhang besprochen werden.

Die Frischwirkung einer sauren Schlacke von der eben angeführten Zusammensetzung ist geringfügig und in keiner Weise mit derjenigen einer basischen Schlacke von etwa 60% Kalk und 40% Eisen- und Manganoxydul zu vergleichen. In der basischen Schlacke sind die Metalloxydule, wie wir annehmen müssen, fast ausschließlich im freien Zustande enthalten; in der sauren hingegen sind sie fest an Kieselsäure gebunden und nur in beschränktem Maße befähigt, auf den Kohlenstoffgehalt des Bades einzuwirken. Beim sauren Verfahren pflegt also der Kohlenstoffabbrand während des Einschmelzens gering zu sein; desgleichen benötigt man beim absichtlichen Entkohlen eines zu hart eingeschmolzenen Bades erheblich mehr Zeit als bei basischer Schlackenführung. Aus diesem Grunde wählt man den Einsatz zweckmäßigerweise von vornherein möglichst weich. Ist man trotzdem zum Frischen gezwungen, so fügt man das Erz in kleinen Mengen (5 bis 10 kg) zu und wartet mit jedem Zusatz, bis der vorhergehende ausreagiert hat. Bei der einmaligen Zugabe zu großer Erzmengen würde die Schlacke sich zu stark an Eisenoxydul anreichern und das Ofenfutter übermäßig angreifen.

Im Gegensatz zur Verbrennung des Kohlenstoffs ist die Verschlackung des Mangans während des Einschmelzens fast ebenso vollständig wie die des Siliziums. Der Abbrand an Mangan beträgt fast stets mehr als die Hälfte und sehr oft mehr als drei Viertel der mit dem Einsatz eingebrachten Menge. Vom Chrom- und Wolframgehalt des Einsatzes gehen etwa 10 bis 20% durch

Umsetzung mit Eisenoxydul in die Schlacke über. Diese Abbrandverhältnisse gelten für normale, d. h. annähernd neutrale, Einschmelzbedingungen; bei stark oxydierendem oder stark reduzierendem Einschmelzen verschieben sie sich grundlegend.

Die „Normalisierung“ des Einschmelzverlaufes.

Die Gleichmäßigkeit des Schmelzungsganges ist beim sauren Elektrostahlbetrieb von besonderer Bedeutung, da von den im Ofen herrschenden Bedingungen die Höhe des Siliziumgehaltes im fertigen Stahl wesentlich abhängt. Die erste Voraussetzung für gleichbleibenden Schmelzungsgang, die Gleichförmigkeit des Schmelzgutes, ist bereits kurz gestreift worden; die zweite besteht in der Einhaltung gleichmäßiger Einschmelzbedingungen. Die Erfüllung dieser Forderung ist für den Schmelzer nicht allzu schwierig, da er durch eine Reihe äußerer Anzeichen laufend über den Zustand des Ofeninnern unterrichtet wird. Besonders wichtig und aufschlußreich für die Regelung des Einschmelzverlaufes im Sinne der Gleichmäßigkeit ist die Beobachtung der aus den Türspalten und Elektrodenöffnungen entweichenden Flammengase.

Rötlichblaue, durchsichtige, rauchlose Flammen sind ein Zeichen übermäßiger Oxydation. Schwachgelbe Flammen sind für eine annähernd neutrale Ofenatmosphäre kennzeichnend, während stark reduzierende Einflüsse im Ofen durch leuchtende, tiefgelbe Flammen und starke Rauchentwicklung angezeigt werden. Bei übermäßig starker Reduktionswirkung „schneit“ sogar der Ofen, d. h., er wirft in großen Mengen dichte, wollige, grauweiße Flocken aus, die aus einem Gemisch von Kieselsäure und Siliziumkarbid bestehen. Sie stellen das Verbrennungserzeugnis des feinverteilten Siliziums und Siliziumkarbids dar, die sich bei stark reduzierenden Bedingungen im Lichtbogen bilden und durch die Ofenritzen nach außen gerissen werden.

Beide Grenzfälle, die überwiegende Oxydation und die überwiegende Reduktion, sind für den weiteren Fortgang der Schmelzung unerwünscht und müssen durch sofortige Gegenmaßnahmen abgeändert werden. Übermäßige Oxydation rührt meist von zu starker Verrostung des Einsatzes, manchmal auch von ungehemmtem Luftzutritt in den Herdraum her. Die Einschmelzschlacke ist in diesem Fall sehr reich an Eisenoxydul und übt demgemäß stark zerstörende Wirkungen auf die Ofenzustellung aus. Sofortiges Aufstreuen von Sand oder eines Gemisches von Sand und Koks vermindert das Übel; auch das Nachsetzen von Roheisen in den bereits eingeschmolzenen Sumpf trägt dazu bei, den Eisenoxydulgehalt der Schlacke allmählich zu verringern.

Überstarke Reduktion beim Einschmelzen ist meist die Folge einer „Brückenbildung" des Einsatzes. Die Elektroden schmelzen sich durch den zusammengesinterten, festgespreizten Schrott zu rasch abwärts und treffen infolgedessen an der Herdsohle nur wenig oder gar kein geschmolzenes Eisen an. Infolge der örtlichen Überhitzung lösen sich in diesem Falle Brocken aus der Ofenzustellung los und bilden im unmittelbaren Lichtbogenbereich eine hochkieselsäurehaltige Schlacke, aus welcher erhebliche Mengen von Silizium reduziert werden und in das Bad übergehen. Sofortiges Einstoßen der Brücken oder Nachfüllen frischen Schrottes in die Schmelzkrater schaffen gegen diesen Übelstand Abhilfe. Außer der Brückenbildung können auch die Verwendung stark sandigen Schrottes oder unsachgemäßes Ofenflicken Veranlassung zum Übertritt großer Kieselsäuremengen in die Einschmelzschlacke mit den oben gekennzeichneten unerwünschten Folgeerscheinungen geben.

Die Grundlagen der Desoxydation.

Beim sauren Schmelzverfahren besteht das Feinen einfach in einem allmählichen Aufheizen des Bades und der Schlacke, wobei die Desoxydation sich ohne äußeren Eingriff selbsttätig zu vollziehen pflegt. Eine Entschweflung findet, wie eingangs erwähnt, nicht statt, da nur eine basische, kalkreiche Schlacke dem Bade Sulfide zu entziehen und sie dauernd in Lösung zu halten vermag. Der eigenartige Verlauf der Desoxydation bei saurer Schlackenführung beruht vornehmlich auf zwei Tatsachen: erstens auf dem starken Lösungsvermögen der sauren Schlacke für Eisenoxydul und zweitens auf der Umsetzung des aus der Schlacke und dem Ofenfutter reduzierten Siliziums mit dem im Bade zurückgebliebenen Eisenoxydul.

Die starke Aufnahmefähigkeit saurer Schlacken für Eisenoxydul ist ein Vorgang, der zwar dem Wesen nach bekannt ist, doch leider noch keine seiner Bedeutung angemessene zahlenmäßige Durchforschung erfahren hat. Weiches Eisen vermag im flüssigen Zustand etwa 1,5% Eisenoxydul in Lösung zu halten.

Überschichtet man eine solche gesättigte Lösung einmal mit einer kieselsäurereichen, ein zweites Mal mit einer kalkreichen Schlacke, so verteilt sich in beiden Fällen das im Eisenbad gelöste Eisenoxydul in einem bestimmten Verhältnis zwischen Metall und Schlacke. Andererseits wandert aus eisenoxydulreichen Schlacken in sauerstoffarme Eisenbäder durch Diffusion so lange Eisenoxydul ein, bis sich das gleiche Konzentrationsverhältnis wie im umgekehrten Falle eingestellt hat. Der zahlenmäßige Wert dieses „Teilungsverhältnisses“, das im übrigen noch von der Temperatur abhängig, ist, wie erwähnt, weder für saure noch für basische Schlacken bekannt; jedoch steht außer allem Zweifel, daß die saure Schlacke ein viel wirksameres Extraktionsmittel für Eisenoxydul darstellt als die basische.

Beim basischen Verfahren verläuft die Desoxydation des Bades grundsätzlich in der Weise, daß das durch Diffusion in die Schlacke wandernde Eisenoxydul dort durch Reduktionsmittel — Kohlenstoff oder Silizium — zerstört wird. Durch Übertritt neuer Eisenoxydulmengen in die Schlacke zur Wiederherstellung des gestörten Gleichgewichtes setzt sich der geschilderte Vorgang fort. Der Kalziumkarbidgehalt der Schlacke spielt dabei wahrscheinlich nur die Rolle eines Indikators, der die Anwesenheit eines Überschusses von Reduktionsmitteln anzeigt. Erfahrungsgemäß kann in einer Schlacke mit etwa 75% Kalk und Magnesia, etwa 20% Kieselsäure und etwa 1,5% Kalziumkarbid der Eisenoxydulgehalt auf etwa 0,10% herabgedrückt werden. Der mit dieser Konzentration im Gleichgewicht stehende Eisenoxydulgehalt des Bades ist der Grenzwert, bis zu welchem die „Diffusions-Desoxydation“ fortschreiten kann; darüber hinaus ist, wie früher erörtert, eine weitere Zerstörung des Eisenoxyduls im Bade nur durch Zusatz von Silizium oder Aluminium möglich.

Bei saurer Schmelzungsführung ändern sich die Verhältnisse nicht unerheblich. Wohl geht ebenfalls durch Diffusion Eisenoxydul in die Schlacke über, und zwar ist die im Bade verbleibende Konzentration viel geringer als bei basischer Schlacke ohne Reduktionsmittel. Die Fortsetzung der Desoxydation durch unmittelbare Zerstörung des Eisenoxyduls in der Schlacke ist jedoch beim sauren Verfahren ein nur sehr beschränkt anwendbares Mittel, da mehrere Gründe einem solchen Beginnen entgegenstehen. Einmal würde ein Zusatz von Reduktionsmitteln zur

Schlacke neben Eisenoxydul auch erhebliche Mengen von Kieselsäure reduzieren; der Siliziumgehalt des Stahles würde infolgedessen unzulässig starken Schwankungen unterworfen sein und meist eine die Verwendungsfähigkeit ausschließende Höhe erreichen. Ein weiterer Grund, der gegen den uneingeschränkten Zusatz von Reduktionsmitteln zur sauren Schlacke spricht, ist die Rücksicht auf ihre elektrische Leitfähigkeit. Bei vollständiger Zerstörung der Schwermetalloxydule bliebe eine reine Kieselsäureschlacke übrig, die einen sehr hohen Schmelzpunkt hat und einen beträchtlichen elektrischen Widerstand aufweist. Die üblichen Ofenspannungen von 100 bis 160 V sind für die ungehinderte Lichtbogenausbildung auf einer solchen Schlacke zu schwach. Der Elektrodenregler treibt deshalb die Elektrodenspitze in die Schlackendecke hinein, bis plötzlich Berührung mit dem Stahlbade eintritt. Der auftretende Stromstoß bewirkt ein Hochregeln der Elektrode und das gleiche Spiel beginnt von neuem. Die Folgen sind eine unzulässige Aufkohlung und eine in ihrem Ausmaße nicht zu beherrschende Siliziumaufnahme des Bades.

Da aus den eben dargelegten Gründen die Führung einer lediglich aus Kieselsäure bestehenden Schlacke nicht angängig ist, kann man den weiteren Fortschritt der Desoxydation nicht auf dem unmittelbaren Wege erzwingen, nämlich durch Zusatz starker Reduktionsmittel die Schwermetalloxydule in der Schlacke möglichst weitgehend zu zerstören. Man muß sich vielmehr damit begnügen, das Ziel auf einem Umwege zu erreichen und benutzt dazu meist als Hilfsmittel die Zugabe von Kalk zur Schlacke. Die Wirkungsweise dieses Zuschlages soll weiter unten im Zusammenhange mit der Siliziumreduktion erörtert werden.

Die Siliziumreduktion aus der Schlacke ist neben dem starken Lösungsvermögen saurer Schlacken für Eisenoxydul die zweite Eigentümlichkeit, die dem sauren Schmelzverfahren sein kennzeichnendes Gepräge gibt. Durch die Einwirkung von Kohlenstoff auf Kieselsäure wird gemäß der Umsetzung $2\,C + SiO_2 = 2\,CO + Si$ metallisches Silizium in Freiheit gesetzt. Der Hauptumsatz vollzieht sich wahrscheinlich im unmittelbaren Lichtbogenbereich, wo der zerstäubte Kohlenstoff der Elektrode mit der hocherhitzten Schlacke zusammenprallt. Ein Teil des freigewordenen Siliziums wird in Nebelform infolge des Auftriebs der Ofengase durch die Elektrodenöffnungen ins Freie geschleudert, verbrennt auf dem Wege wiederum zu Kieselsäure und bildet die bereits erwähnten „Schneeflocken". Neben Kieselsäure findet man in diesen Gebilden regelmäßig auch erhebliche Mengen von Siliziumkarbid SiC, das entweder unmittelbar aus der Schlacke reduziert ($SiO_2 + 3\,C = 2\,CO + SiC$) oder mittelbar durch Verbindung von Silizium und Kohle entstanden sein kann.

Der Rest des im Lichtbogen gebildeten Siliziums und Siliziumkarbids sinkt durch die dünnflüssige Schlacke in das Bad hinein und wird von diesem aufgelöst. Dem „naszierenden", d. h. im Entstehungszustande aufgenommenen Silizium wird seit jeher von den Metallurgen eine besonders kräftige Desoxydationswirkung nachgerühmt. Die Grundlage für diese Wertschätzung bildet die bekannte Beobachtung, daß ein mit Ferrosilizium versetzter, sauerstoffhaltiger Stahl ein ungünstiges Verhalten bei der Warmformgebung und bei der Verwendung aufzuweisen pflegt, während der gleiche Stahl, beispielsweise im Tiegel der Einwirkung von Silizium im Entstehungszustande ausgesetzt, ausgezeichnete Eigenschaften besitzt.

Nun ist an und für sich die Möglichkeit nicht ausgeschlossen, daß ein Element im Augenblick des Entstehens, in welchem es in Form einzelner Atome auftritt, viel reaktionsfähiger ist als im Zustande des bereits vollzogenen Zusammentrittes der Atome zu Molekülen. Als Beispiel dafür kann der Wasserstoff angeführt werden, der im naszierenden, atomaren Zustand zu manchen Umsetzungen befähigt ist, die beim Einleiten von molekularem Wasserstoff in das Reaktionsgemisch nicht auftreten. Immerhin würde die Übertragung dieses Vergleiches auf das Silizium zur Voraussetzung haben, daß es innerhalb des Reaktionsgemisches, in unserem Falle also innerhalb des Stahlbades, entsteht, und nicht bereits fertiggebildet aus der Schlacke herabsinkt.

Eine ungezwungenere Deutung für die unbestreitbar hervorragende Wirksamkeit des Siliziums im Entstehungszustande läßt sich vielmehr in einem anderen Zusammenhange finden. Die dabei in Betracht kommenden Verhältnisse sind bereits S. 205 erörtert worden. Setzt man einem stark sauerstoffhaltigen Bade größere Mengen von Ferrosilizium zu, so löst sich dasselbe rasch auf und bildet gemäß der Umsetzung $Si + 2\,FeO = 2\,Fe + SiO_2$ überall einen Niederschlag von feinverteilter Kieselsäure. Diese „Trübe" trotzt der Zusammenballung hartnäckig und kann sich bis zum Vergießen schwebend erhalten; sie muß sich in diesem Falle als störender Fremdkörper an den Grenzflächen der Kristallkörner wiederfinden. Bei der Siliziumreduktion aus einer sauren Schlackendecke oder aus der Tiegelwand entsteht im Gegensatz dazu der Niederschlag von Kieselsäure nur an der Grenzfläche des Bades. Das nur langsam und allmählich entstehende Silizium wandert nämlich nur tropfenweise in das Bad ein und wird dort sofort durch Eisenoxydul zu Kieselsäure oxydiert. Die entstandene Kieselsäure hat infolgedessen nur einen äußerst geringfügigen Abscheidungsweg bis zur Schlackendecke zurückzulegen. Währenddessen gleicht sich der Eisenoxydulgehalt des Bades durch Diffusion aus den tieferen Badschichten in die verarmte Randzone hinein aus. Durch Einwanderung neuer Siliziummengen setzt sich der geschilderte Vorgang so lange fort, bis der Eisenoxydulgehalt des Bades auf einen den Gleichgewichtsverhältnissen entsprechenden Betrag gesunken ist. Das darüber hinaus in das Bad gelangende Silizium wird nicht mehr zur Zerstörung von Eisenoxydul verbraucht, sondern legiert sich mit dem Stahl.

Die Siliziumreduktion aus der Schlacke und die Siliziumaufnahme des Bades ist um so stärker, je höher die Temperatur, je reicher an Kieselsäure die Schlacke und je ausgeprägter der reduzierende Zustand im Ofeninnern ist. Diese Einflüsse sind sorgsam zu beachten, wenn man die Regelung des Siliziumgehaltes im fertigen Stahle in der Hand behalten will.

Die Temperaturführung während des Feinens erfolgt nach dem Vorausgesagten beim sauren Verfahren in etwas anderer Weise als beim basischen. Bei letzterem vollzieht sich die Desoxydation in einem heißen Bade; beim sauren Schmelzen hingegen vermeidet man, um die Siliziumreduktion in den gewünschten Grenzen zu halten, während des Feinens jede Hitzesteigerung und benutzt nötigenfalls zum Aufheizen erst die letzten Minuten vor dem Abstich.

Stärker als durch die Temperaturführung wird das Ausmaß der Siliziumreduktion durch den Säuregrad der Schlacke beeinflußt. Um den sauren Charakter der Schlacke etwas zu mildern, pflegt man ihr einen Kalkzuschlag von 10 bis 20%, im Mittel 15% zu geben und erzielt damit zugleich einige weitere Vorteile. Einmal wird die Siliziumreduktion so verlangsamt, daß man die zum Legieren und zum Einstellen der vorgeschriebenen Zusammensetzung benötigte Zeit gewinnt, ohne ein unzulässiges Ansteigen des Siliziumgehaltes im Bade befürchten zu müssen. Weiterhin wird die elektrische Leitfähigkeit im Vergleich zu einer reinen Kieselsäureschlacke so verbessert, daß Ofenspannungen von etwa 110 V zur ungehinderten Lichtbogenausbildung genügen. Schließlich wird durch die Einführung von Kalk in die Schlacke eine Lockerung der Bindung für die übrigen basischen Bestandteile, Eisenoxydul und Manganoxydul, erreicht, so daß sie einer Reduktion durch Silizium oder durch aufgestreuten Koksstaub leichter zugänglich werden.

Eine ähnliche Wirkung wie ein Kalkzusatz hat übrigens auch das Aufstreuen von feingepulvertem Ferromangan über die Schlacke. Durch Umsetzung von Mangan mit Eisenoxydul zu Manganoxydul und Eisen entsteht das beständigere Mangansilikat. Die Erniedrigung des Eisenoxydulgehaltes in der Schlacke wirkt infolge der Verknüpfung durch das Gleichgewichtsverhältnis zugleich auch verringernd auf den Eisenoxydulgehalt des Bades ein.

Neben der Temperaturführung und dem Säuregrad der Schlacke ist für die Höhe der Siliziumreduktion die Stärke der reduzierenden Einflüsse im Ofeninnern, beispielsweise die Zugabe von Koks zur Schlacke, maßgebend. Auch die Höhe des Kohlenstoffgehaltes im Bade spielt eine Rolle; je höher gekohlt der Stahl ist, um so schneller pflegt die Siliziumreduktion und Siliziumaufnahme vor sich zu gehen. Es erhellt aus dieser Tatsache, daß sich das saure Schmelzverfahren für Stähle mit einem höchstzulässigen Siliziumgehalt von etwa 0,20% um so weniger eignet, je höher der vorgeschriebene Kohlenstoff- und Legierungsgehalt ist. Letztere Einschränkung findet ihre Erklärung darin, daß mit der notwendigen Zeitspanne für den Zusatz und das Aufschmelzen der Legierungselemente naturgemäß auch die Dauer der Siliziumreduktion ansteigt.

Beispiel für den Schmelzungsgang.

In nachstehender Zusammenstellung sei (nach A. Müller-Hauff) ein Beispiel für den Schmelzungsgang beim sauren Verfahren wiedergegeben und in den Einzelheiten erörtert.

Beispiel für den Schmelzungsgang im sauren Elektroofen.

Vorgeschriebene Zusammensetzung:
0,35—0,45% C 0,40—0,60% Mn 0,80—1,00% Cr.
0,20—0,30% Si 2,80—3,20% Ni

Zeit	
0,00	Beginn des Einsetzens. Einsatz: 2000 kg Chromnickelstahlabfälle mit etwa 0,13% C, 0,25% Si, 0,55% Mn, 3,58%Ni, 0,82 Cr, 0,020% P, 0,010% S. 1800 kg Flußeisenschrott mit etwa 0,10% C, 0,00% Si, 0,35% Mn, 0,045% P, 0,039% S. 300 kg Hämatitroheisen mit etwa 4,00% C, 2,92% Si, 0,65% Mn, 0,066% P, 0,040% S. Durchschnittliche Zusammensetzung des Einsatzes: 0,40% C, 0,34% Si, 0,47% Mn, 1,75% Ni, 0,40% Cr, 0,034% P, 0,024% S.
0,20	Strom eingeschaltet.
4,40	Eingeschmolzen. Probenahme der Einschmelzprobe. Probe 1: 0,35% C, 0,09% Si, 0,17% Mn, 1,75% Ni, 0,34% Cr, 0,034% P, 0,021% S.
5,03	Zusatz von 55 kg Nickel.
5,09	Probenahme. Probe 2: 0,33% C, 0,07% Si, 0,14% Mn, 3,15% Ni, 0,31% Cr, 0,033% P, 0,020% S.
5,18	Einschmelzschlacke abgezogen. 29 kg Sand und 8 kg Kalk als neue Schlacke zugesetzt.
5,20	30 kg Ferromangan (80% Mn) zugesetzt.
5,27	Probenahme. Probe 3: 0,35% C, 0,07% Si, 0,65% Mn, 3,03% Ni, 0,30% Cr, 0,036% P, 0,022% S.
5,47	Zugabe von 10 kg Sand zur Schlacke.
6,00	Probenahme. Probe 4: 0,35% C, 0,20% Si, 0,43% Mn, 3,03% Ni, 0,31% Cr, 0,036% P, 0,023% S.
6,08	Zusatz von 50 kg Hämatit, 15 kg Ferromangan (80% Mn), 40 kg Ferrochrom (60% Cr), 10 kg Sand.
6,16	Probenahme der Schlußprobe. Probe 5: 0,42% C, 0,25% Si, 0,59% Mn, 2,96% Ni, 0,86% Cr, 0,037% P, 0,024% S.
6,20	Zusatz von 10 kg Kalk.
6,25	Abstich. Pfannenprobe 0,28% Si, sonst wie Probe 5.

Schlackenzusammensetzung.

Probe	SiO_2	FeO	MnO	Cr_2O_3	CaO	Al_2O_3	Fe_2O_3	P_2O_5	S
Einschmelzprobe 4,40 Uhr	55,30	17,60	15,42	3,64	3,04	4,61	0,16	0,05	0,04
Probe vor dem Abziehen der Einschmelzschlacke 5,18 Uhr	54,90	16,93	15,83	4,57	2,90	4,40	0,11	0,05	0,04
Probe der Desoxydationsschlacke 5,27 Uhr	61,75	10,70	7,54	1,04	15,74	2,02	0,17	0,01	0,04
Probe nach Sandzugabe 6,00 Uhr	61,40	9,58	17,95	0,25	8,77	1,79	0,08	0,01	0,02
Schlußprobe nach neuerlicher Sandzugabe 6,16 Uhr	74,53	5,45	12,75	1,62	4,2	1,95	0,03	0,01	0,01

Ein Vergleich der Zusammensetzung des Einsatzes vor und nach dem Einschmelzen zeigt, daß der Abbrand des Kohlenstoffs und Chroms etwa 15%, der des Mangans etwa 65% und der des Siliziums etwa 75% beträgt. Der Phosphorgehalt hat keine Verminderung erfahren; er beträgt nach wie vor 0,034% und steigt infolge des Phosphorgehaltes der Zusätze bis zum Schluß der Schmelzung auf 0,037%. Auch beim Schwefelgehalt kann von einer nennenswerten Verringerung nicht gesprochen werden; die Gehalte des Einsatzes und der fertigen Schmelzung sind einander gleich.

Sobald die Untersuchungsergebnisse der Einschmelzprobe vorliegen, wird die Einschmelzschlacke abgezogen. Sie besteht, wie aus der Tafel zu ersehen ist, aus etwa 55% Kieselsäure und etwa 35% Eisen- und Manganoxydul; trotz dieses hohen Oxydulgehaltes ist die Frischwirkung auf das Bad im Einklang mit den früheren Darlegungen sehr gering. Während der mehr als halbstündigen Einwirkung haben Kohlenstoff, Silizium, Mangan und Chrom im Bade lediglich eine Verringerung um 0,02 bis 0,03% erfahren.

Die Menge der abgezogenen Schlacke betrug etwa 100 kg, entsprechend 2,5% des Einsatzgewichtes. Das Abziehen empfiehlt sich aus dem Grunde, weil die Einschmelzschlacke mit Metalloxyden gesättigt ist und in diesem Zustand dem Bade keinen Sauerstoff mehr zu entziehen vermag. Eine reduzierende Behandlung der Schlacke wäre zeitraubend und unlohnend. Daher wird eine neue Schlacke aus etwa vier Teilen Sand und einem Teil Kalk in Höhe von 1 bis 2% des Einsatzgewichtes aufgegeben.

Die neue Schlacke enthält nach der Verflüssigung neben 60% Kieselsäure und 15% Kalk noch etwa 18% Eisen- und Manganoxydul, die sie dem Bade entzogen hat. Ihre Farbe schwankt je nach dem Gehalt an Metalloxydulen von tiefem Braungrün bis zu lichtem Gelbgrau. Durch weitere Zugabe von Sand, Aufnahme von Kieselsäure aus dem Ofenfutter und Temperatursteigerung wird ihre Reduktionskraft erhöht, so daß sie im Verlauf einer halben Stunde dem Bade etwa 0,13% Silizium zuführt. Sobald der Siliziumgehalt des Bades etwa 0,15% erreicht hat, fließt eine dem Ofen entnommene Stahlprobe ohne Funkensprühen aus dem Probelöffel aus und entwickelt auch beim Erstarren keine Gase mehr. Bei einem Kieselsäuregehalt der Schlacke von 60 bis 70% kann man damit rechnen, daß von diesem Zeitpunkt ab das Bad je halbe Stunde weitere 0,10% Silizium aufnimmt. Wünscht man die Siliziumerhöhung zu verlangsamen oder abzustoppen, so macht man durch weiteren Kalkzusatz die Schlacke basischer und reaktionsträger.

In diesem Zusammenhange mag noch eine kurze Bemerkung über die Gießpfannen Platz finden. Beim Vergießen von saurem Elektrostahl benutzen die Stahlformgießereien meist statt der sonst üblichen Pfannen mit Stopfen und Bodenauslauf solche mit seitlicher Ausgußschnauze. Beim basischen Verfahren verbietet sich der Gebrauch dieser bequemen Pfannenform, da sich die basische Schlacke infolge ihrer geringen Zähflüssigkeit leicht zerteilt, was beim Vergießen „über den Schnabel" nicht selten Anlaß zu Schlackeneinschlüssen im Abguß gibt. Im Gegensatz dazu kann bei dieser Gießart die saure, zähe Schlacke ohne Schwierigkeit restlos zurückgehalten werden, sodaß der Stahl vollkommen sauber abfließt.

Anwendungsgebiet des sauren Verfahrens.

Das saure Elektrostahlschmelzen setzt infolge der fehlenden Entphosphorung und Entschweflung stets einen reineren, also teureren Einsatz voraus als das basische. Verhältnismäßig am wenigsten streng braucht diese Forderung bei der Stahlgußerzeugung erfüllt zu werden. Der saure Stahlformguß besitzt in seiner gleichmäßig dichten, vorzüglichen Beschaffenheit einen kleinen Vorsprung, der zum Ausgleich etwas höhere Phosphor- und Schwefelgrenzen zuläßt. Es ist daher verständlich, daß die saure Schmelzart ihre Hauptverbreitung in den Stahlformgießereien gefunden hat.

Ungünstiger liegen die Verhältnisse in den Blockgießereien für Edelstahl. Die Edelstahlwerke können zwar im allgemeinen mit dem laufenden Eingang werkseigener, reiner Abfälle in Höhe von etwa einem Drittel ihrer Blockerzeugung rechnen; jedoch ist die Beschaffung des restlichen Schrottes in geeigneter Güte meist recht schwierig und mit erheblichen Mehrkosten verknüpft. Ein leicht zu beschreitender Ausweg ist nur dann gegeben, wenn ein Werk gleichzeitig mehrere Elektroöfen betreibt; man führt dann die Verarbeitungsabfälle der gesamten Erzeugung einem sauren Ofen zu und läßt die übrigen basisch zugestellt.

Eine solche Teilung ist auch aus einem andern Grunde empfehlenswert. Wie bereits erwähnt, ist der saure Elektroofen nicht für die Herstellung aller Stahlsorten gleich gut geeignet; insbesondere können sehr weiche Stähle und hochlegierte harte Stähle nur schwierig oder gar nicht erschmolzen werden. Die einen sind ausgeschlossen, weil im sauren Ofen keine starke Frischwirkung ausgeübt werden kann, die andern, weil die lange Dauer des Legierens und Einstellens der Zusammensetzung den Siliziumgehalt des Bades unzulässig hoch ansteigen ließe.

Steht als Vorschmelzofen ein Martinofen zur Verfügung, so verringern sich zwar die Schwierigkeiten durch die Möglichkeit, für den Martinofen einen höher phosphor- und schwefelhaltigen Schrott zu verwenden; jedoch besteht auch dann die Einschränkung ungeändert weiter, daß ein saurer Ofen nicht die ganze Stufenleiter der Stahlsorten herzustellen vermag und zu seiner Ergänzung eines basischen Ofens bedarf.

Der Nachteil der größeren Kostspieligkeit des Einsatzes wird beim sauren Verfahren mehr oder weniger vollständig durch einen andern Umstand ausgeglichen, nämlich die geringere Höhe der Schmelzkosten. Der niedrigere Preis des Silikasandes im Vergleich zu Dolomit oder gar zu Magnesit, ferner die bessere Gewölbehaltbarkeit bringen es mit sich, daß die Zustellungs- und Ausbesserungskosten des sauren Ofens weniger als die Hälfte derjenigen des basischen Ofens betragen. Ferner ist die Feinungsdauer kürzer als bei der Herstellung eines gleichwertigen Erzeugnisses mit basischer Schmelzungsführung, und zwar kann man die Verkürzung überschlägig auf etwa eine Stunde je Schmelzung beziffern. In dem gleichen Verhältnis verringern sich denn auch die Aufwendungen für die elektrische Energie, die Elektroden, die Löhne und den Ofenverschleiß.

An Hand dieser Angaben wird es möglich sein, für den Einzelfall die Wirtschaftlichkeit des sauer und des basisch erschmolzenen Erzeugnisses gegeneinander abzuwägen.

XVII. Das Selbstkostenwesen im Elektrostahlbetriebe.

Allgemeines.

Die Güte der Erzeugnisse bildet den ersten, die Wirtschaftlichkeit der Betriebsgebarung den zweiten Leitpol für die Tätigkeit des Elektrostahlwerkers. Wenn auch bei den bisherigen Erörterungen neben den Qualitätsfragen nirgends die Rücksicht auf die Kosten außer acht gelassen worden ist, so sei doch an dieser Stelle eine zusammenfassende Betrachtung der Selbstkostenelemente im Elektrostahlbetrieb angefügt.

Da eine rasche und zuverlässige Gestehungskostenermittlung das Rückgrat eines jeden Geschäftsbetriebes bildet, findet der verantwortliche Betriebsleiter wohl stets eine solche vor, wenn er die Kosten seiner Erzeugnisse prüfen und vergleichen will; jedoch weichen seine Anforderungen an den Aufbau der Selbstkostenberechnung etwas von denen des Buchhalters ab. Diesem kommt es vor allem auf die Sichtbarmachung des wirtschaftlichen Endergebnisses an, also auf eine klare Gegenüberstellung von Gesamtausgaben und Gesamterlös; an welcher Stelle und zu welchem Zwecke die Einzelausgaben erfolgt sind und wie sie gebucht werden, ist ihm zunächst gleichgültig, wenn er nur sämtliche Ein- und Ausgänge von Geld und Geldwert genau erfaßt. Der Betriebsleiter jedoch muß von der Selbstkostenaufstellung mehr verlangen; er muß in ihr eine übersichtliche Gliederung der Kostenarten und Kostenstellen vorfinden, das heißt, er muß Aufschluß darüber erhalten, zu welchem Zweck und an welcher Stelle seines Betriebes die aufgelaufenen Kosten entstanden sind.

Das Erzeugnis, auf welches die Kosten bezogen werden, buchhalterisch der „Kostenträger", pflegt in Blockstahlwerken die Tonne guter Rohblöcke, in Stahlformgußwerken die Tonne flüssig ausgebrachten Stahls in der Gießpfanne zu sein. Im ersteren Falle sind also die Kosten für den Gießgrubenbetrieb und den beim Gießen entstehenden Abfall mit einbegriffen, ein Umstand, der bei Kostenvergleichen nicht übersehen werden darf.

Die gegebene Zeitspanne für die Gestehungskostenermittlung in Stahlwerken ist der Kalendermonat. Berechnungen in längeren Zwischenräumen schließen die Gefahr unliebsamer Überraschungen in sich.

Die Gestehungskosten des Elektrostahls setzen sich zusammen aus den Einsatzkosten, den Verarbeitungskosten und den Kosten für Verwaltung und Kapitaldienst. Der Umfang und die Bedeutung dieser Begriffe seien nachstehend näher erläutert.

Die Einsatzkosten.

Unter Einsatzkosten werden die Kosten für den metallischen Einsatz zusammengefaßt. Es sind dies, falls der Ofen mit festem

Einsatz betrieben wird, die Kosten für den Kaufschrott, die werkseigenen Abfälle und die Legierungsbestandteile (Ferromangan, Ferrochrom, Ferrosilizium usw.). Bei flüssigem Einsatz sind es die Kosten, die für den flüssigen Einsatz bis zum Eingießen in den Elektroofen entstanden sind. Als Preis werden bei Kaufgut die Kosten eingesetzt, die bis zur Einlagerung im Werk aufgelaufen sind; also die Rechnungsbeträge zuzüglich der Kosten für Fracht, Probenahme, Analyse, gegebenenfalls Zerkleinerung usw. Bei werkseigenen Abfällen wird zweckmäßigerweise als Verrechnungspreis der Betrag eingesetzt, den man bei werksfremden Bezug anlegen müßte; er wird für längere Zeiträume im voraus festgelegt und nur dann neu berechnet, wenn erhebliche Preisänderungen am freien Markte aufgetreten sind.

In den Selbstkostenaufstellungen sind die Einsatzkosten zunächst für 1000 kg Einsatz zu ermitteln und dann auf 1000 kg Ausbringen zu beziehen. Der Wert des Übereinsatzes, das heißt des zur Erzeugung von 1000 kg Ausbringen über 1000 kg Einsatz hinaus notwendigen Einsatzgutes, wird als Lastschrift gleichfalls dem Einsatz zugerechnet. Dafür wird der Wert der Reststoffe: Gießabfälle, unbrauchbare Restblöcke, Pfannenbären usw. den Einsatzkosten gutgeschrieben.

Als Anhaltspunkt sei nachstehend die Einsatzkostenberechnung für eine Stahlformgießerei wiedergegeben (Zahlentafel 13, S. 272).

Die Kosten für die Schlackenbildner (Kalk, Koks, Erz usw.) sollen, einer Übereinkunft im Selbstkostenausschuß des Vereins deutscher Eisenhüttenleute folgend, nicht unter den Einsatzkosten, sondern unter den Verarbeitungskosten geführt werden. Der genannte Ausschuß, dessen wertvolle Arbeiten auch als Grundlage für den vorliegenden Abschnitt gedient haben, hat sich um die Vereinheitlichung und Vergleichbarkeit des Selbstkostenwesens in Hüttenwerken ein so unbestreitbares Verdienst erworben, daß man schon aus diesem Grunde die von ihm vorgenommene Festlegung und Abgrenzung der Begriffe allgemein einführen sollte.

Um von der buchhalterischen Abrechnung zur wirtschaftlichen Beurteilung der Einsatzkosten überzuleiten, sei auf die Erörterungen der Abschnitte über die Einsatzstoffe und über die Besonderheiten bei der Herstellung einzelner Stahlsorten ver-

Zahlentafel 13. Einsatzkostenberechnung.
Stahlformgießerei: **520** t Elektrostahl im Monat Juni 1928.

Kostenart	Preis je t in RM.	Insgesamt		Je t Ausbringen	
		Menge in kg	Wert in RM.	Menge in kg	Wert in RM.
A. Einsatz:					
Stahleisen	78,00	4700	366,60	9,04	0,70
Hämatit	83,00	2300	190,90	4,42	0,37
schwed. Roheisen . . .	150,00				
eig. Kokillenbruch . . .					
Walzenbruch					
Gußspäne					
Kaufschrott Sorte 1 . .	65,00	134500	8742,50	258,64	16,82
Kaufschrott Sorte 2 . .	60,00	142000	8520,00	273,08	16,38
Trichter u. Aufgüsse . .	63,00	191000	12033,00	367,31	23,14
Stahlspäne	48,00	43500	2088,00	83,65	4,02
Einsatz flüssig aus dem Martinofen	90,00	52000	4680,00	100,00	9,00
Ferromangan 80% . .	270,00	3800	1026,00	7,31	1,97
Ferrosilizium 50% . .	250,00	3300	825,00	6,35	1,59
Ferrochrom 4% C . . .	1000,00				
Aluminium	2100,00	100	210,00	0,20	0,40
Summe Einsatz. . . .		577200	38682,00	1110,00	74,39
B. Reststoffgutschrift und Verluste:					
Gießabfälle	65,00				
Restblöcke	65,00				
Schmelzausschuß . . .	65,00	11500	747,50	22,12	1,44
Abbrand		45700		87,88	
Summe Reststoffe . .		57200	747,50	110.00	1,44
Gesamt-Ausbringen . .		520000	37934,50	1000,00	**72,95**

wiesen. Zum Überfluß sei wiederholt, daß eine Erniedrigung der Einsatzkosten durch Verwendung eines billigeren Einsatzes keinesfalls eine Senkung der Gestehungskosten verbürgt. Vielmehr kann als Folge des Übergangs auf einen anderen Einsatz der Schmelzungsgang so verteuert werden, daß die Erhöhung der Verarbeitungskosten die Ersparnis im Einsatz ausgleicht oder sogar überwiegt. Die Verknüpfung von Ursache und Wirkung ist in solchen Fällen nicht immer leicht zu erkennen; es empfiehlt sich daher stets, eine eingehende Prüfung von dem eben dargelegten Gesichtspunkt aus vorzunehmen.

Die Wichtigkeit eines guten Ausbringens für die Niedrighaltung der Gestehungskosten bedarf keiner weiteren Erörterung. Jede Erhöhung des Ausschusses, Abbrandes, Gießverlustes usw. kommt in der Einsatzkostenaufstellung durch eine Vergrößerung des Übereinsatzwertes zur Auswirkung.

Die Verarbeitungskosten.

Die Kosten, welche durch die Umwandlung des Einsatzes in 1000 kg Ausbringen entstehen, also fallweise in gute Rohblöcke oder in flüssigen Stahl zur Verfügung der Gießerei, werden mit dem Ausdruck Verarbeitungskosten bezeichnet. Die außerdem noch gebräuchlichen Benennungen Schmelzkosten, Umwandlungskosten, Erzeugungskosten und ähnliche sollten aufgegeben werden, da sie von Werk zu Werk einen verschiedenen Inhalt zu haben pflegen, während die Kostenarten, die zu den Verarbeitungskosten zusammengefaßt werden, durch Übereinkunft genau festgelegt sind.

Die Verarbeitungskosten setzen sich zusammen aus den Ausgaben für:

1. Löhne und Gehälter,
2. Betriebshilfsmittel und Betriebserhaltung,
3. Energie und Brennstoffe,
4. Anteil an den gemeinsamen Werksbetrieben.

Diese verschiedenen Kostenarten seien nachstehend im einzelnen erörtert.

Löhne und Gehälter. Auf diesem Konto werden gesammelt die Gehälter des Elektrostahlwerks, die an die Betriebsbelegschaft (Ofenleute, Schrottfahrer, Kranführer, Gießgrubenarbeiter) unmittelbar verauslagten Löhne, ferner die Löhne für die im Elektrostahlwerk ständig tätigen Schlosser, Elektriker, Ofen- und Pfannenmaurer usw. und schließlich die gesetzlichen Soziallasten (Kranken- und Invalidenkassenbeiträge).

Der Lohnanteil je Tonne Ausbringen hängt in den Elektrostahlwerken in sehr hohem Maße von der Größe des Betriebes, dem Umfang des Erzeugungsprogramms und der Art der Betriebseinrichtungen ab. Er kann demgemäß unter den heutigen Verhältnissen von etwa 7 RM je Tonne flüssigen Stahls in den einfachsten Stahlformgußbetrieben bis zu etwa 30 RM je Tonne Rohblöcke in Edelstahlbetrieben mit vielfältiger Erzeugung schwanken.

Die laufenden betrieblichen Maßnahmen zur Beeinflussung dieses Ausgabepostens haben sich vor allem auf die Vermeidung von Stillständen und auf die Beschleunigung des Einsetzens und des Einschmelzens, letzteres durch volle Transformatorausnutzung, zu erstrecken.

Betriebshilfsmittel und Betriebserhaltung. In dieser Gruppe werden sämtliche Ausgaben zusammengefaßt, die für die Hilfsmittel zur Durchführung der Erzeugung und für die Aufrechterhaltung des Betriebszustandes notwendig sind. Es gehören also dazu die Ausgaben für die Schlackenbildner (Kalkstein, Kalk, Flußspat, Koksmehl, Eisenerz, Manganerz usw.), für die feuerfesten Ofenbaustoffe (Silika, Dolomit, Magnesit, Mörtel, Stahlwerksteer), für die Elektroden, für die Pfannen- und Gießsteine, für die Kokillen und Gespannplatten, für die sogenannten Magazinstoffe (Schmieröl, Putzöl, Handsäcke, Dichtungen, Schrauben usw.), für die Ersatzteile (Elektrodenfassungen, Türgeschränk usw.) und für die Werkzeuge. Schließlich gehören dazu die Werkstattleistungen, das heißt der Lohn- und Sachaufwand der Hauptwerkstatt, Elektrowerkstatt und Bauabteilung für die Instandsetzungsarbeiten am Gebäude, am Ofen, an den Kranen und an den sonstigen maschinellen Einrichtungen des Elektrostahlwerkes.

Da die Notwendigkeit zu größeren Instandsetzungen stoßweise aufzutreten pflegt und die Kosten demgemäß eine beliebige Monatsaufstellung übermäßig belasten können, bedient man sich eines Kunstgriffs, um ihre Wirkung auf die Gestehungskosten gewissermaßen abzupuffern; man setzt auch in den wenig belasteten Monaten erfahrungsgemäß festgelegte Raten als Rücklage für größere Instandsetzungen ein nnd verkürzt um deren Betrag die plötzlich eintretenden außerordentlichen Beanspruchungen.

Über die Verbrauchszahlen an Schlackenbildnern, feuerfesten Baustoffen und Elektroden bei den verschiedenen Betriebsweisen sind die nötigen Anhaltspunkte in den betreffenden Abschnitten dieses Buches zu finden. Hier sei lediglich nachgetragen, daß im Blockstahlwerk der Verbrauch an Kokillen und Gießplatten etwa $1^1/_2$% des Blockgewichts zu betragen pflegt. Die Gesamtausgaben für Betriebshilfsmittel und Betriebserhaltung liegen unter den augenblicklichen Verhältnissen, je nach der Art des Betriebes, meist zwischen 20 und 35 RM je Tonne Ausbringen.

Energie und Brennstoffe. Unter diesem Titel werden angeführt die Kosten für den Ofenstrom, für den Kraftstrom (Krane und sonstige Antriebe), für den Lichtstrom, für Preßwasser (Ofenkippvorrichtung), für Preßluft (Ofenstampfen) und für Gebrauchswasser (Kühlringe usw.); ferner die Ausgaben für Gas oder Kohle zur Beheizung der Pfannen und Kokillenaufsätze, für Holz und Koks zum Ofenwarmfahren und ähnliche Kosten. Die Entnahme aus dem Speisenetz (Strom, Gas, Preßluft) soll durch Verbrauchszähler festgestellt werden; ist der Einbau eigener Meßinstrumente untunlich oder nicht lohnend, so sind die Gesamtkosten des betreffenden Gutes (beispielsweise Gebrauchswasser) nach Verbrauchsstellenzahl und Verbrauchsdauer schlüsselmäßig auf die einzelnen Betriebe zu verteilen.

Der Energiekostenanteil wird ganz wesentlich durch den Verbrauch an Ofenheizstrom und dessen Preis bestimmt. Die Angaben über den durchschnittlichen Kilowattstundenverbrauch bei verschiedener Betriebsweise sind an anderer Stelle dieses Buches zu finden. Was den Strompreis anbelangt, so sollte unter den heutigen Verhältnissen kein von einem Überlandnetz gespeistes Elektrostahlwerk in Deutschland einen Stromtarif hinnehmen, der zu einem Kilowattstundenpreis von über 4 Pfennig führt. Der Lichtbogenofen weist nämlich zwei Anreize auf, die ihn zu einem begehrenswerten Abnehmer für Kraftwerke machen: die hohe Leistungsentnahme und den ausgezeichneten Leistungsfaktor. Demgegenüber sind die Stromstöße beim Einschmelzen sowie die Verschiedenheit der Leistungsentnahme beim Einsetzen, Einschmelzen und Feinen nur bei kleinen Kraftwerken von nachteiliger Bedeutung. Man kann sich bei der Durchsicht der heute in Geltung befindlichen Stromtarife für Elektrostahlwerke des Eindruckes nicht erwehren, daß in manchen Fällen die Großkraftwerke es verstanden haben, ihren wirtschaftlich schwächeren Vertragspartnern gegenüber ungerechtfertigt hohe Strompreise durchzudrücken.

Kostenanteil an den gemeinsamen Werksbetrieben. In diese Gruppe gehören die anteiligen Kosten an denjenigen Werksabteilungen, deren Leistungen ohne scharfe Abgrenzung sämtlichen „Erzeugungsbetrieben" zugute kommen. Es sind dies insbesondere die Versuchsanstalt, das Laboratorium, die Wärmestelle, die Hüttenbahn und schließlich der allgemeine Werksdienst.

Unter letzterer Bezeichnung ist nicht etwa die Werksverwaltung zu verstehen, deren Kosten außerhalb der Verarbeitungskosten zu erscheinen haben. Es sind vielmehr unter diesem Sammelnamen eine Anzahl genau gekennzeichneter Aufwendungen zusammengefaßt, deren Einzelbeträge zu geringfügig für eine gesonderte Abrechnung sind.

Der allgemeine Werksdienst umfaßt folgende Ausgaben: Abwässerbeseitigung, Arbeiterannahme, Werksbeleuchtung, Werksbewachung, Werksfeuerwehr, Pförtner, Platzunterhaltung, Sanitätsdienst, Speiseräume und sonstige Arbeiterwohlfahrtseinrichtungen.

Die Kosten sämtlicher gemeinsamer Werksbetriebe werden auf die Erzeugungsbetriebe nach bestimmten Schlüsseln verteilt. Die Schlüsselung kann von Werk zu Werk verschieden sein; sie soll jedoch stets als Endergebnis eine möglichst gerechte Belastung der kostentragenden Betriebe bewirken. Für die Laboratoriumskosten wird als Schlüssel meist die Analysenanzahl, multipliziert mit einem Bewertungsfaktor, gewählt; beispielsweise hätte eine Vanadinbestimmung gleich sechs, eine Siliziumbestimmung gleich zwei Kohlenstoffbestimmungen zu gelten usw. Für die Ausgaben der Versuchsanstalt und Wärmestelle wird als Verteilungsschlüssel zweckmäßig eine nach dem jeweiligen Arbeitsbereich festgelegte Verhältniszahl angenommen. Die Hüttenbahn verteilt ihre Ausgaben für Betrieb und Unterhaltung der Regel- und Schmalspurlokomotiven, Wagen und Geleise nach der Anzahl der beförderten Tonnen oder der geleisteten Tonnenkilometer. Die Kosten des allgemeinen Werksdienstes schließlich werden meist in genügend gerechter Weise nach der Arbeiterzahl verteilt.

Gutschriften. Den Lastschriften aus den gesamten bisher angeführten Kostenarten: Löhne und Gehälter, Betriebshilfsmittel und Betriebserhaltung, Energie und Brennstoffe, Anteil an den gemeinsamen Werksbetrieben stehen auch einige Gutschriften gegenüber. Im Elektrostahlbetrieb setzen sie sich hauptsächlich aus dem Erlös für Elektrodenbruchstücke, Kokillenbruch und Bruchgut von feuerfesten Steinen sowie dem Wert des Betriebssammelschrotts (unbrauchbare Ofenwerkzeuge, Ofenbauteile usw.) zusammen. Nach Abzug der Gutschriften von den Lastschriften bleiben die reinen Verarbeitungskosten übrig.

Der Übersichtlichkeit halber sei in Zahlentafel 14 (S. 278 und 279) der Aufbau der Verarbeitungskostenberechnung zusammenfassend dargestellt.

Die Verwaltungskosten und der Kapitaldienst.

Die Summe der Einsatzkosten und der Verarbeitungskosten ergibt die „Betriebsselbstkosten" oder „Betriebsgestehungskosten" des betrachteten Erzeugnisses. Um zu den „Gesamtgestehungskosten" zu gelangen, muß man noch die Aufwendungen für die Verwaltung und für den Kapitaldienst (Zinsen und Abschreibungen) hinzurechnen.

Die Auslagen für die Verwaltung wurden bisher mit den verschiedensten Namen — Generalunkosten, Allgemeines, gemeinsame Unkosten usw. — belegt; der Vielfältigkeit der Benennung entsprach eine ebensolche Vielgestaltigkeit des Inhalts. Um eine reinliche Scheidung zu fördern, ist hier, den Vorschlägen des Selbstkostenausschusses des Vereins deutscher Eisenhüttenleute folgend, ein genau begrenzter Teil der sonst vielfach unter den „Generalunkosten" mitangeführten Ausgaben als „allgemeiner Werksdienst" in die Verarbeitungskosten übernommen worden. Wenn man sich überdies vor Augen hält, daß die eigentlichen Vertriebskosten des Erzeugnisses und die Umsatzsteuern nicht in die Gesamtselbstkostenaufstellung eines Werkes hineingehören, so kommt man von selbst zu einer eindeutigen Festlegung der Kostenarten, die unter den Begriff „Werksverwaltung" fallen. Es sind dies vorzugsweise die folgenden: Gehälter für die Werksleitung, für technisches Büro, Lohnbüro, Rechtsbüro und Einkaufsabteilung; ferner der Unterhalt des Verwaltungsgebäudes und der Bürobedarf; weiterhin die Post- und Fernsprechgebühren, die Büchereikosten, die Patentkosten und die Versicherungen; schließlich die Reiseauslagen für den Betriebsdienst, die Kosten der Rechtsstreitigkeiten, die aus dem Bedarf des Betriebes erwachsen usw.

Die Verteilung der Verwaltungskosten auf die einzelnen Betriebe erfolgt zweckmäßigerweise im Verhältnis der Verarbeitungskosten. Diese Schlüsselart ergibt meist eine gerechtere Umlage als der bisher meist verwendete Lohnsummenschlüssel.

Die Kosten für den Kapitaldienst, das heißt die Aufwendungen für die Verzinsung, die Rückstellungsbeträge für die Anlagewert-

Zahlentafel 14. Verarbeitungs-
Elektrostahlwerk: 520 t Erzeugung

	Preis in RM	je	Insgesamt		Je t Ausbringen	
			Menge	Wert in RM	Menge	Wert in RM
A. Lastschriften.						
Löhne und Gehälter						
Erzeugungslöhne . .						
Hilfslöhne						
gesetzl. Soziallasten .						
Gehälter						
Betriebshilfsmittel u. -erhaltung						
Kalkstein (Schlackenbildner)		t				
Kalk (Schlackenbildner)		t				
Koksmehl (Schlackenbildner)		t				
Flußspat (Schlackenbildner)		t				
Eisenerz (Schlackenbildner)		t				
Manganerz (Schlackenbildner)		t				
Silikaziegel (Feuerfeste Stoffe Ofen)		t				
Silikamörtel (Feuerfeste Stoffe Ofen)		t				
Sinterdolomit (Feuerfeste Stoffe Ofen)		t				
Magnesitziegel (Feuerfeste Stoffe Ofen)		t				
Sintermagnesit (Feuerfeste Stoffe Ofen)		t				
Stahlwerksteer . . .		t				
Pfannensteine. . . .		t				
Gießsteine		t				
Elektroden		t				
Kokillen u. Platten .		t				
Magazinstoffe . . .						
Ersatzteile						
Werkzeuge						
Hauptwerkstatt (Werkstattleistung.)						
Elektrowerkst. (Werkstattleistung.)						
Bauabteilung (Werkstattleistung.)						
Rücklage für größere Instandsetzungen .						

verminderung, sowie schließlich die Steuern entziehen sich einer Erörterung im Rahmen dieses Buches.

Die Sortenberechnung.

Wenn ein Elektrostahlwerk nur eine bestimmte Stahlsorte, beispielsweise gewöhnlichen Stahlformguß, herstellt, läßt sich der eben geschilderte Aufbau der Gestehungskostenberechnung in seiner ganzen Einfachheit anwenden: Einsatzlastschriften minus Einsatzgutschriften plus Verarbeitungslastschriften minus Ver-

kostenberechnung.
im Monat Juni 1928.

	Preis in RM	je	Insgesamt Menge	Insgesamt Wert in RM	Je t Ausbringen Menge	Je t Ausbringen Wert in RM
Energie u. Brennstoffe						
Ofenstrom	0,032	kWh	390000	12480,00	750	24,00
Kraft- u. Lichtstrom.	0,036	kWh				
Koks		t				
Generatorgas		nm^3				
Preßwasser		m^3				
Preßluft		m^3				
Gebrauchswasser . .		m^3				
Kostenanteil an gemeinsamen Werksbetrieben						
Versuchsanstalt . . .						
Laboratorium. . . .						
Wärmestelle						
Hüttenbahn						
Allgem. Dienst . . .						
Kleine Sammelkosten						
Summe Lastschriften .				52520,00		101,00
B. Gutschriften.						
Kokillenbruch		t				
Elektrodenbruch . . .		t				
Silikabruch.		t				
Betriebssammelschrott .		t				
Summe Gutschriften .				520,00		1,00
Verarbeitungskosten. .				52000,00		100,00

arbeitungsgutschriften plus Verwaltungskostenanteil, das Ganze geteilt durch das Ausbringen, ergibt die Gestehungskosten je Tonne. Diese summarische Ermittlung läßt sich jedoch bei der Herstellung verschiedenartiger Stahlsorten, wie sie in den Blockstahlwerken die Regel bildet, nicht durchführen. Hier müssen vielmehr für jede Stahlsorte mindestens die Einsatzkosten getrennt aufgestellt werden; ob auch hinsichtlich der Verarbeitungskosten eine Unterscheidung nach Sorten vorzunehmen ist, ist eine nicht allgemeingültig zu beantwortende Frage. Daß, um zwei

Grenzfälle herauszugreifen, eine Stahlsorte, die nach kurzer Schmelzungsdauer in großen Blöcken vergossen wird, niedrigere Verarbeitungskosten verursacht als eine solche, die nach langer Schmelzungsdauer vorzugsweise in kleinen Blöcken vergossen wird, liegt auf der Hand; ob jedoch diese Verschiedenheit in den Verarbeitungskosten auch buchhalterisch erfaßt werden soll, darüber entscheiden lediglich Zweckmäßigkeitsgründe. Werden nämlich für jede einzelne Stahlsorte die Verarbeitungskosten getrennt berechnet, so besteht die Möglichkeit, daß irgendwelche Zufälligkeiten im Schmelzungsgang oder in der Arbeitsweise eine bestimmte Stahlsorte grundlos hoch belasten. Andererseits ist nicht zu verkennen, daß in Werken mit sehr verschiedenartiger Erzeugung die Verrechnung nur eines durchschnittlichen Verarbeitungskostensatzes die höherwertigen Stahlsorten entlastet, die geringerwertigen dagegen überlastet. Gestatten die Wettbewerbsverhältnisse eine solche zusätzliche Belastung der minderen Sorten nicht, so muß man sich wohl oder übel dazu bequemen, auch die Verarbeitungskosten gesondert zu errechnen. Es wird jedoch nur in den seltensten Fällen zweckmäßig und lohnend sein, mehr als drei „Schwierigkeitsgruppen" einzuführen und abzusondern; eine Sortenaufteilung nach Verarbeitungskosten für geringwertige, mittelwertige und hochwertige Stähle genügt wohl immer, um dem verschiedenen Geldaufwand bei der Erschmelzung gerecht zu werden.

Literaturverzeichnis.

Von den vor 1924 erschienenen Arbeiten sind nur die wichtigsten angeführt.

Sisco, F. T.: The Manufacture of Electric Steel. New York: McGraw Hill-Book Co 1923.

Rodenhauser, W. und J. Schoenawa: Elektrische Öfen in der Eisenindustrie. Leipzig: Oskar Leiner 1911.

Stansfield, A.: The Electric Furnace for Iron and Steel. New York, Mc Graw-Hill Book Co 1923.

Clausel de Coussergues, Ch.: L'Electro-Sidérurgie. Paris: J.-B. Baillière 1923.

Ruß, E.: Die Elektrostahlöfen. München und Berlin: R. Oldenbourg 1924.

Geilenkirchen, Th.: Das Elektrostahlverfahren. In „Hütte" Taschenbuch für Eisenhüttenleute, 2. Aufl., S. 564. Berlin: Wilhelm Ernst & Sohn 1922.

Philips, M.: Der Elektrostahl. In Geiger, Handbuch der Eisen- und Stahlgießerei, 2. Aufl., Bd. 1, S. 241. Berlin: Julius Springer 1925.

Sommer, F.: Elektrostahl. In „Hütte" Taschenbuch für Stoffkunde, S. 258. Berlin: Wilhelm Ernst & Sohn 1926.

Titze, A.: Die metallurgischen Vorgänge bei der Elektrostahlerzeugung. Wien: Selbstverlag 1925.

Oberhoffer, P.: Das technische Eisen, 2. Aufl. Berlin: Julius Springer 1925.

Rapatz, F.: Die Edelstähle. Berlin: Julius Springer 1925.

Osann, B.: Lehrbuch der Eisenhüttenkunde Bd. 2, 2. Aufl. Leipzig: Wilhelm Engelmann 1926.

Mathesius, W.: Die physikalischen und chemischen Grundlagen des Eisenhüttenwesens, 2. Aufl. Leipzig: Otto Spamer 1924.

Rummel, K.: Das Selbstkostenwesen auf Eisenhüttenwerken. Düsseldorf: Stahleisen 1927.

Sommer, F. und F. Rapatz: Beitrag zur Kenntnis des Schieferbruches und der Flockenbildung im Stahle. Stahleisen Bd. 42, S. 1708. 1922.

Eilender, W.: Die Stahlherstellungsverfahren unter dem besonderen Gesichtspunkte der Edelstahlerzeugung. Stahleisen. Bd. 44, S. 1637. 1924.

Goerens, P.: Die Eigenschaften der Edelstähle. Stahleisen. Bd. 44, S. 1645. 1924.

Kriz, St.: Die feuerfesten Stoffe für Elektrostahlöfen. Stahleisen Bd. 45, S. 17. 1925.

Keil, O. v. und H. Heß: Bilanz eines Elektro-Lichtbogenofens. Stahleisen Bd. 45, S. 1134. 1925.

Wark, N.: Auflösung des Siliziums im Stahle. Stahleisen Bd. 46, S. 1192. 1926.

Körber, F., Wever, F. und H. Neuhauß: Über die Verwendung des Hochfrequenz-Induktionsofens für die Edelstahlerzeugung. Stahleisen Bd. 46, S. 1641. 1926.

Bardenheuer, P.: Die Flocken im Nickelchromstahl. Mitt. Eisenforsch. Bd. 7, S. 1. 1925.

Wever, F. und W. Fischer: Zur Kenntnis des Hochfrequenz-Induktionsofens. Mitt. Eisenforsch. Bd. 8, S. 149. 1926.

Unger, M.: A Six-ton Induction Furnace Installation. General El. Rev. Bd. 27, S. 498. 1924.

Barton, L.: Refining Metals Electrically. The Foundry Bd. 52. 1924 und Bd. 53. 1925.

Goerens, P.: Über Stahlqualitäten und ihre Beziehungen zu dem Herstellungsverfahren. Z. V. d. I. Bd. 70, S. 1093. 1926.

Mars, G.: Fortschritte im Elektrostahlschmelzen. Gieß.-Zg. Bd. 23, S. 117. 1926.

Kothny, E.: Die Wirtschaftlichkeit des Elektroofens in der Gießerei. Gieß.-Zg. Bd. 24, S. 57. 1927.

Albrecht, C.: Kühlmittel für Öltransformatoren. Siemens-Z. Bd. 6, S. 353. 1926.

Metzger, Th.: Hochleistungs-Lichtbogenofen in der Eisen- und Stahlindustrie. Centralbl. Hütten Walzw. Bd. 30, S. 87. 1926.

Schey, S.: Beschreibung einer neuzeitlichen Lichtbogen-Elektrostahlofenanlage. Centralbl. Hütten Walzw. Bd. 31, S. 18. 1927.

Kothny, E.: Feuerfeste Werkstoffe für den Elektrostahlofen. Feuerfest Bd. 3, S. 157. 1927.

Thierbach, B.: Der Buchholz-Schutz für Umspanner. Z. V. d. I. Bd. 71, S. 448. 1927.

Groß, R.: Neuzeitliche Entwicklung des Elektroofens im Eisenhüttenbetrieb. Z. V. d. I. Bd. 71, S. 1098. 1925.

Widdel, E.: Der Fiat-Ofen in der Stahlformgießerei. Z. d. V. I. Bd. 71, S. 1785. 1927.

Fettweis, F.: Kerbzähigkeit. In Werkstoffhandbuch Stahl und Eisen, Bl. D 1. Düsseldorf: Stahleisen 1928.

Hauttmann, H.: Schweißstahl, Paketierschweißstahl. In Werkstoffhandbuch Stahl und Eisen, Bl. I 1. Düsseldorf: Stahleisen 1928.

Schiffer, E.: Probenahme und Analyse von Eisen und Stahl. In Werkstoffhandbuch Stahl und Eisen, Bl. V 1. Düsseldorf: Stahleisen 1928.

Stahlwerksausschußberichte des Vereins deutscher Eisenhüttenleute. Düsseldorf: Stahleisen, und zwar:

Eilender, W.: Die Elektrostahlerzeugung vom Gesichtspunkte der Großindustrie. 1913, Nr. 17.

Sommer, F.: Die Fortschritte der Elektrostahlerzeugung. 1924, Nr. 77.

Eilender, W. und L. Lyche: Die Verwendung der Söderbergschen Dauerelektrode an Elektrostahlöfen. 1924, Nr. 78.
Müller-Hauff, A.: Die qualitative und wirtschaftliche Bedeutung des sauren Elektrostahles. 1925, Nr. 97.
Sommer, F.: Die Bemessung der Transformatoren für Lichtbogen-Elektrostahlöfen. 1925, Nr. 99.
Lyche, L. und H. Neuhauß: Wärmebilanz eines Hochleistungs-Elektrostahlofens. 1926, Nr. 101.
Riecke, E.: Arbeitsweise von Lichtbogenelektroöfen. 1926, Nr. 102.
Kriz, St.: Belastungsfähigkeit, Bauart und Bemessung der Transformatoren für Lichtbogen-Elektrostahlöfen. 1927, Nr. 118.
Wever, F. und G. Hindrichs: Zur Metallurgie des Hochfrequenz-Induktionsofens. 1927, Nr. 131.
Kriz, St.: Die Energieverluste an Lichtbogen-Elektrostahlöfen. 1927, Nr. 132.
Schenk, H.: Über die Anwendung der theoretischen Chemie auf einige für die Stahlerzeugung wichtige Vorgänge. 1928, Nr. 134.
Wark, N.: Energieverluste eines 7 t-Héroultofens unter besonderer Berücksichtigung der Wärmespeicherungsvorgänge. 1928, Nr. 148.
Klinar, H., Reinhold, O. und N. Wark: Energieverluste eines 15 t-Héroultofens unter besonderer Berücksichtigung der Gewölbeabnutzung. 1928, Nr. 149.
Kriz, St.: Abmessungen, Leistungen und Betriebsverhältnisse deutscher Elektrostahlöfen. 1929, Nr. 160.

Werkstoffausschußberichte des Vereins deutscher Eisenhüttenleute. Düsseldorf: Stahleisen, und zwar:
Bodenstein, M.: Die Geschwindigkeit chemischer Reaktionen. 1924, Nr. 53.
Aichholzer, W.: Flocken im Chromstahl. 1927, Nr. 105.
Oberhoffer, P., Schiffler, H. I. und W. Hessenbruch: Sauerstoff in Eisen und Stahl. 1927, Nr. 108.
Jansen, F.: Die Bruchproben des Stahlwerkers. 1927, Nr. 109.
Hamasumi, M.: Die Bestimmung des Kohlenstoffs auf Grund des Bruchgefüges. 1927, Nr. 110.

Sachverzeichnis.

GPSR Compliance

The European Union's (EU) General Product Safety Regulation (GPSR) is a set of rules that requires consumer products to be safe and our obligations to ensure this.

If you have any concerns about our products, you can contact us on ProductSafety@springernature.com

In case Publisher is established outside the EU, the EU authorized representative is:

Springer Nature Customer Service Center GmbH
Europaplatz 3
69115 Heidelberg, Germany

Batch number: 10682439

Printed by Printforce, the Netherlands